전지적
감시자 시점

박기복 장편소설

전지적
감시자 시점

• 차례 •

1. 연쇄살인마 자살 사건　● 6

2. 전지적 감시자 시점　● 54

3. 담배 살인　● 108

4. 죽은 시인의 사회　● 152

5. 달콤한 유혹　● 210

6. 파멸의 소용돌이　● 268

| 작가의 말 |　● 292

1 연쇄살인마 자살 사건

　여느 날처럼 아무런 기대 없이 눈을 뜨고, 잠이 덜 깬 상태에서 집을 나섰다. 새벽에 여러 경찰서를 돈 끝에 사건 하나를 겨우 건졌다. 시답지 않은 사건이지만 새벽에 쏟은 고생이 아까워서 기사를 작성했다. A씨와 B씨를 등장시키고 줄거리를 조금 각색한 뒤 있지도 않은 네티즌 반응을 덧붙여 기사를 마무리했다. 소중한 잠을 희생해서 작성한 기사였지만 인터넷 검색으로 대충 만든 기사와 별반 다를 것이 없었다. 이런 의미 없는 고생은 다시는 하지 않겠다고 새삼 다짐하며 늘 하던 대로 손을 빠르게 놀렸다.

　먼저 조회 수가 높은 기사 중에서 일부 대목을 긁어 와서 몇 단어를 바꾸고 인터뷰하지도 않은 전문가 의견을 붙여 기사 한 꼭지를 만들어 냈다. 그다음 인스타그램, 페이스북, 틱톡, 유튜브 등에서 내가 팔로우하는 유명인들을 뒤졌다. 적당한 사진과 문장을 몇 구절 고른 뒤 대중이 좋아할 만한 댓글을 각색해서 또다시 기사 한 꼭지를 완성했다. 커뮤니티도 돌아다녔다. 회원들이 많이 본 글을 골라서 같은 방식으로 기사를 꾸몄다. 메일함에 쌓여 있는 보도자료는 기사 거리가 부족할 때 매우 유용하다. 특히 기사 형식으로 배포된 보도자료는 내 수고를 덜어 주어 좋다. 꾸며 주는 단어만 몇 개 바꾸고, '전해진다'나 '여겨진다'처럼 애매모호한 서술어를 덧붙이면 기사 한 편이 되기 때문이다. 기사를 다 쓴 뒤에는 대충 오탈자만 확인했다. 꼼꼼하게 읽고 수정하는 노력을 기울일 만한 기사가 아니기 때문이다. 오탈자 없는 기사를 쓰는 것은 기자로서 지키는 마지막 자존심이다.

기사를 몇 편 작성하지도 않았는데 집중력이 급격히 떨어졌다. 새벽에 일찍 깬 탓이다. 기분을 전환하고 싶어 신문사에서 나와 가까운 커피숍으로 갔다. 맛은 별로지만 싼 맛에 먹는 커피를 주문하고 기다렸다. 그 와중에도 휴대폰에서 눈을 떼지 않고 기사 거리를 찾았다. 한참을 뒤진 끝에 제법 흥미 있는 아이템을 발견했다. 오늘 사용한 어떤 아이템보다 흥미로웠다. 그때 내 호출벨이 울렸다. 나는 휴대폰을 보면서 커피를 받으러 갔다. 워낙 익숙한 공간이었기에 주변은 살피지 않았다. 그러다 단단한 벽 같은 데 세게 부딪쳤는데, 곧바로 뜨거운 커피가 휴대폰을 쥔 손으로 쏟아졌다.

"앗 뜨거!"

나는 놀라서 휴대폰을 놓쳤다.

"괜찮으세요."

남자 목소리였다.

남자 손에는 반쯤 남은 커피가 들려 있었고, 바닥에 떨어진 휴대폰은 커피를 뒤집어 쓴 상태였다. 나는 데인 손보다 휴대폰이 더 걱정이었다.

"여기 휴지."

남자가 휴지를 내밀었다. 나는 그때까지도 남자 얼굴은 보지 못했다. 휴지로 휴대폰에 묻은 커피를 닦았다. 커피 자국이 사라지고 반쯤 깨진 액정이 드러났다. 나는 짜증이 잔뜩 난 채 그 남자의 얼굴을 째려보았다.

'뭐야? 이 남자…….'

연예인 정도는 아니지만 꽤 잘생겼다. 부드러운 눈매와 입술이 순한 인상을 풍겼다. 몸도 제법 탄탄하고 옷도 과하지 않고 세련되었다. 머리를 향해 차오르던 짜증이 빠르게 가라앉았다.

"죄송합니다. 제가 수리비는 드리겠습니다."

남자 목에 걸린 이름표에 눈이 갔다. 이름표가 뒤집어져 있었는데 근처에서 가끔 보던 IT 기업의 로고가 새겨 있었다.

"돈이면 다예요?"

나는 일부러 심술을 냈다.

"죄송합니다."

제법 예의바른 사과였다.

"제 일은 휴대폰이 없으면 안 되는데……."

"그럼, 제가 바로 수리할 수 있는지 알아보겠습니다."

그러더니 곧바로 전화를 걸었다.

"어, 성재야. …… 내가 급해서 그러는데 지금 가면 바로 수리해 줄 수 있냐? …… 내 건 아니고, 내가 실수해서 어떤 여자분 액정이 깨졌거든. …… 어, 고마워."

통화를 마친 입술에 친절한 웃음이 걸렸다.

"근처 휴대폰 A/S센터에서 제 친구가 일하는데 지금 가져가면 바로 고쳐 줄 수 있답니다."

"저 혼자 거길 가라고요?"

남자는 스마트워치를 확인하더니 내가 기대한 반응을 보였다.

"그럼 제가 함께 가겠습니다."

나는 커피를 받는 것도 잊은 채 카페를 나섰다. 처음 만난 사이고, 좋은 사건도 아닌데 A/S센터까지 걸어가는 시간이 조금도 어색하지 않았다. 휴대폰은 A/S센터에 가자마자 바로 수리를 받았다. 그렇게 빠르고 깔끔한 서비스는 처음이었다. 나는 휴대폰을 만지작거리며 작동이 잘 되는지 확인하는 척했다. 이 남자를 그대로 보내기는 아쉬웠다. 어떻게 하면 자연스럽게 인연을 이어지게 할까 머리를 굴렸다. 그러다 카페에서 주문한 커피를 받지 않고 그냥 와 버렸다는 데 생각이 미쳤다.

"작동은 잘 되시죠?"

"네. 잘 되네요."

"조금 전 일은 거듭 사과드립니다. 저는 그럼 이만……."

바쁘게 돌아서는 그 남자를 다급히 불렀다.

"저기요. 잠깐만요."

"네, 또 무슨……."

"그쪽 때문에 제 커피를 그냥 놓고 왔어요."

"제가 지금 바쁜데……."

"저도 바빠요. 그러니 나중에 커피 한 잔 사요."

"네, 좋습니다. 그럼 연락처를 주세요."

나는 재빨리 명함을 건넸다.

"기자시네요."

내 명함은 곧바로 그 남자의 주머니 속으로 들어갔다.

"그쪽 전화번호도 줘야죠."

"음…… 네. 그러죠."

그 남자는 내 명함을 다시 꺼내더니 번호를 보면서 전화를 걸었다. 곧이어 내 전화벨이 울렸다. 연락처 추가 화면을 누르자 이름 바로 아래 칸에 커서가 깜박였다.

"이름이?"

그 남자는 목에 건 신분증을 들어 보였다.

"김지훈입니다."

이름을 '김지훈'으로 입력하려다 '지훈 씨'로 바꾸었다.

"늦지 않게 연락드리겠습니다. 지금은 바빠서 이만."

지훈 씨는 고개를 가볍게 숙이더니 빠른 걸음으로 빠져나갔다. 그 뒷모습을 물끄러미 바라보는데 가슴이 설레었다. 한동안 잊고 지내던 감정이다. 이제껏 기자 생활을 하면서 상대한 남자들은 다 거칠었다. 범죄자뿐 아니라 형사나 기자들도 마찬가지다. 기사를 읽은 사람들의 반응도 다를 것이 없었다. 이런 부드러운 느낌이 낯설고 반갑다. 잠깐 드라마 속 한 장면을 상상하다 머리를 쥐어박으며 현실로 돌아왔다. 몽상에서 깨어나 A/S센터를 빠르게 나가는데 전화벨이 울렸다.

"야, 너 어디야?"

지훈 씨 목소리가 달콤한 마시멜로라면 팀장 목소리는 썩어 버린 할라피뇨다.

"문자를 몇 통이나 보냈는데 확인도 안 해!"

"액정이 깨져서요."

"핑계 댈 거야?"

이때는 무조건 잘못했다고 빌어야 한다.

"죄송합니다."

"빨리 카톡이나 확인해!"

팀장은 자세한 설명도 해 주지 않고 전화를 끊어 버렸다. 입맛이 썼다. 팀장이 보내 준 링크를 열었더니 한 온라인 커뮤니티로 연결되면서 곧바로 글이 떴다. 글을 올린 지 한 시간도 지나지 않았는데 조회 건수는 20만, 댓글도 5000개가 넘었다. 누르는 그 순간에도 조회수와 댓글이 올라가고 있었다. 일단 제목부터 끌렸다.

남편은 성추행범으로 누명을 쓰고
10살 아들은 머리에 피가 나도록 맞았어요.

남편, 성추행범, 누명이 풍기는 어감도 강한데, 10살 아들과 피까지 곁들여지니 클릭할 수밖에 없는 강렬한 향이 풍겼다. 팀장이 왜 다급하게 연락했는지 알 만했다. 며칠간 인터넷을 달아오르게 할 만한 화젯거리다. 재빨리 글을 읽었다.

어젯밤이었어요. 저는 남편과 10살인 제 아들이랑 함께 공원에서 시간을 보내고 있었어요. 모처럼 남편과 둘이서 맥주도 한잔 하고, 아들은 놀이터에서 재미나게 놀고 있었답니다. 그러다 남편이 아들과 함께 화장실에 다녀오겠다고 갔어요. 그런데 남편이 화장실에서 나오다가 웬 젊은 여자한테 성추행범으로 몰렸어요. 남편은 절대 그럴 사람이 아닌데~ 뭐 요즘 여자들이 민감하니 그런 오해를 받을 수 있다고 쳐요. 저는 절대 안 했다는 남편 말을 믿지만, CCTV도 많은 공원이니 찍힌 영상을 경찰이 조사하면 진실이 드러나겠죠.

문제는 그다음이에요. 그 여자의 남자친구가 나타나서 남편을 몰아붙이고 멱살을 잡고 욕을 해댔어요. 아빠가 그렇게 당하는 꼴을 아들이 옆에서 봤으니 어떻겠어요. 아들은 아빠를 때리지 말라고 울부짖으며 말렸죠. 이런 말은 그렇지만 제 아들은 언어 장애가 조금 있어요. 아마 제대로 말을 못했을 거예요.

근데 그 남자가 제 아들을 때렸어요. 겨우 10살인데...ㅜㅜ

얼굴에는 피멍이 들었고, 넘어지는 바람에 머리를 바닥에 찧으며 피가 났어요. 피가 나자 애가 놀라고 당황했는지 그 남자와 여자는 재빨리 도망쳐 버렸어요. 아들은 울면서 저한테 달려왔고.

다친 아들을 껴안고 급히 응급실로 갔습니다. 아래에 아들이 병원에서 치료받은 사진이랑 진단서를 첨부합니다. 여자친구 앞에서 잘난 척하려는 영웅 심리는 알겠는데, 겨우 10살짜리 애를 이렇게 피나게 때리다니……. 남편은 성추행범으로 몰리고, 아들은 폭행을 당하고, 억울하고 속상해서 밤새 한숨도 못 잤습니다.

첨부된 사진은 글보다 더 자극적이었다. 뒤통수가 찢어지고 얼굴은 피멍이 들어 있었다. 아이 눈을 까만 줄로 가려서 표정이 명확히 드러나지는 않았지만, 짓물러서 일그러진 입술만으로도 아이가 느꼈을 공포와 고통이 생생하게 다가왔다. 응급실에서 치료받는 사진과 전치 3주의 진단서는 아이가 어떤 행패를 당했는지 생생하게 증언했다. 아이가 당했을 고통이 안쓰러웠고, 그것을 뒤늦게 안 엄마의 속상함이 고스란히 전해졌다. 댓글을 보니 대다수가 나와 비슷한 반응이었다. 몇몇이 신중론을 폈지만 비난의 융단 폭격에 묻혔다.

포털을 열었다. 검색하기도 전에 관련 기사들이 눈에 띄었다. 대부분 커뮤니티에 실린 글을 중계방송하듯이 소개하는 기사다. 기사를 쓰는 데 몇 분도 걸리지 않을 만큼 뻔한 형식이 대부분이다. 그 기사들 사이에 내가 쓴 기사는 없었다. 아무래도 엄청 까이게 생겼다. 욕을 그나마 덜 먹으려면 남들이 놓치거나 짚어 내지 못한 사실을 찾아내야 했다. 대충 다른 기사를 복사해서 짜깁기하는 기사로는 팀장이 하는 욕을 피하기 어려울 듯했다.

택시에서 내리자마자 경찰서로 뛰었다. 경찰서는 이미 기자들로 바글댔다. 워낙 많은 기자가 한꺼번에 밀려들자 전투 경찰이 방패를 들고 경찰서 진입을 막았다. 기자들 사이에서 험한 말이 쏟아지자 경찰은 강당에 자리를 마련하여 기자회견을 열었다. 질의응답이 이어졌지만 빠르게 수사해서 곧 진실을 밝히겠다는 내용이 전부였다. CCTV를 확보해서 분석 중이며 피해를 주장하는 그 엄마와 조사 일정을 조율하고 있다는 사실 정도가 새로웠다.

경찰은 나중에 혹시라도 문제가 될 만한 답변은 단 하나도 내놓지 않았다. 나는 질의응답을 들으면서 기사를 작성했다. 처음부터 끝까지 쓰면 시간이 걸리므로 이미 잘 정리된 기사를 복사한 뒤 커뮤니티에 올라온 원문과 적당히 섞었다. 그다음 댓글 중에서 눈길을 끌 만한 것들을 골라서 덧붙였다. 기사 하나로는 아무래도 모자란 듯해서 다시 사건을 대충 요약한 뒤 경찰이 CCTV를 확보했고, 피해자와 조사 일정을 조율하고 있다는 내용으로 또 하나의 기사를 완성했다. 마지막으로 아동 폭력과 관련하여 한때 인터넷을 뜨겁게 달구었던 기사들을 긁어 와서 한데 묶은 뒤 문제 해결이 시급하다는 하나 마나 한 대안을 덧붙였다. 그렇게 기사 세 꼭지를 순식간에 해치우고 나니 기자회견이 끝났다.

강당을 채웠던 기자들은 빠르게 흩어졌다. 각자 자기 방식으로 남들보다 한발 앞서 단독을 찾기 위한 경쟁이 시작된 것이다. 나도 평소에 안면을 튼 형사들에게 전화를 걸었다. 그러나 아무리 노력해도 팀장의 분노를 달랠 만한 정보는 찾아내지 못했다. 팀장에게 보고하다 험한 욕을 무진장 들었다. 팀장이 워낙 큰 소리로 욕설을 내뱉어서 남이 들을까 걱정되었다. 통화음을 낮추고 건물을 빠져나왔다. 욕은 계속 이어졌고, 나는 잘못과 죄송이란 단어를 반복했다. 통화를 마치고 나니 손에 땀이 흥건했다. 주차장을 달구는 햇살이 뜨거웠다.

"이 짓을 그만두든지 해야지."

짜증이 나서 주차된 차의 바퀴를 발로 차고 팔을 냅다 휘둘렀다.

"어멋!"

두툼한 서류를 들고 막 차에서 내리던 여자가 내가 휘두른 팔에 밀려 넘어지며 손에 든 서류 뭉치를 떨어뜨렸다.

"앗, 죄송합니다. 괜찮으세요?"

여자는 입술을 꾹 다문 채 인상을 썼다. 나는 바닥에 떨어진 서류를 얼른 챙겨서 건넸다. 여자는 괜찮다는 말도 안 하고 네가 건네는 서류 뭉치를 낚아채더니 바쁜 걸음으로 경찰서로 들어갔다.

나는 달아오르는 열기를 식히려고 손으로 부채질을 했다. 저녁에 친구들과 오랜만에 만나 술을 마시기로 했던 약속이 떠올랐다. 바빠서 참석하지 못한다는 글을 단톡방에 남겼더니 친구들이 길길이 날뛰었다. 나는 피곤에 절은 얼굴과 주차장의 뜨거운 열기를 한꺼번에 담은 사진을 찍어서 단톡방에 올렸다. 사진과 함께 다시 미안하다는 말을 전송한 뒤에야 토닥토닥, 쓰담쓰담이란 이모티콘을 받았다.

나는 토라진 친구들을 힘들게 달래고 서둘러 경찰서를 빠져나왔다. 택시를 타고 병원도 가고 사건이 벌어진 공원도 찾았다. 틈틈이 경찰에 전화도 하고, 커뮤니티를 비롯하여 인터넷 곳곳을 뒤졌다. 식사는 컵라면으로 때우고 바쁘게 움직였다. 아무리 뒤져도 더는 새로운 정보가 나오지 않아서 퇴근하려는데 경찰이 긴급 기자회견을 연다는 알림이 떴다. 이 늦은 밤에 기자회견이라니 짜증이 났지만 나만 빠질 수는 없었다. 서둘러 해당 경찰서를 찾았다. 대한민국 기자들이 한곳에 다 모이기라도 한 듯이 강당이 북적였다.

경찰은 먼저 CCTV를 공개했는데 영상에서 확실한 사실은 드러나지 않았다. 다친 아이의 아빠가 젊은 여자에게 성추행을 했는지 여부뿐만 아니라, 아이가 남자에게 맞았는지도 확인이 불가능했다. 아빠와 아이, 젊은 여자와 남자친구가 번갈아 가며 영상에 등장하기는 했는데 사건의 진실을 밝힐 만한 장면은 CCTV에 찍히지 않았다.

경찰은 피해를 주장하는 엄마 A씨뿐 아니라 가해자로 지목된 남자 M씨와 여자친구 N씨도 이미 조사를 끝마쳤다고 밝혔다. 이렇게 빨리 조사를 다 마치다니, 이례적인 일이다. 그런데 M씨와 N씨의 주장은 커뮤니티에 올라온 글과 정반대였다. N씨는 자신이 분명히 성추행을 당했으며 아이 아빠인 B씨가 그 사실을 인정했다고 밝혔다. 또한 B씨에게 격하게 따지던 M씨는 아이가 쓰러지자 깜짝 놀랐고, N씨는 아이까지 얽힌 상황이 부담스러워 그냥 가자고 했다는 것이다. 그들은 아이를 폭행했다는 혐의를 부인했으며 변호사를 통해 아이 엄마를 무고죄로 고발하겠다는 의사를 밝혔다고 한다. 또한 현장을 조사한 결과, 아이 혈흔은 B씨와 M씨가 충돌한 지점에서 제법 떨어진 곳에서 발견되었다. 대놓고 발언하지는 않으나 경찰은 혈흔을 근거로 B씨나 A씨를 의심하는 것 같았다.

　기자회견장이 술렁거렸다. 가해자로 지목된 M씨와 N씨가 억울함을 호소하고, 혈흔이 사건 현장에서 벗어난 데서 발견되었다고 해서 아이 부모를 의심해도 될까? 가해자와 피해자를 뒤바꾸기에는 충분치 않은 근거였다. 경찰도 이 점을 알았는지, 다른 조사 결과를 덧붙였다.

　"오후에 언어치료사 K씨가 경찰서로 찾아왔습니다. K씨는 인터넷에 도는 사진을 보고 자신이 1년째 언어치료를 하는 아이임을 알아보았다고 합니다. K씨는 A씨가 평소에 아이를 학대한다고 의심할 만한 증거를 제출했습니다. 아이가 말더듬이가 된 것도 A씨의 가혹한 훈육이 원인일 가능성이 높다고 증언했습니다. 경찰 프로파일러들이 자료를 검토한 결과, 아동학대가 거의 확실하다는 점에 의견 일치를 보았습니다. K씨는 평소에 A씨의 아동학대를 의심했으나 몸에 상처나 멍이 없어서 경찰에 신고하지는 못했다고 합니다."

A씨의 주장을 거짓으로 판단하느냐는 질문에 경찰은 한발 뒤로 물러났다.

"전문가가 긴급하게 병원에 가서 아이의 몸을 살폈으나 그날 입은 상처 외에는 없었고, 가혹한 양육을 받았다는 명확한 증거도 아직 확보하지 못했습니다. 따라서 지금은 어떤 결론도 내리지 않고 여러 가능성을 열어 두고 조사에 임하고 있습니다."

경찰은 늦은 밤에 기자회견을 연 까닭도 설명했다.

"현재 커뮤니티에 올라온 글을 근거로 마녀사냥 같은 비난 여론이 들끓고 있는데, 이는 무고한 시민에게 돌이키기 힘든 큰 피해를 입힐 수 있습니다. 최종 수사 결과가 발표될 때까지 기자분들께서는 억울한 피해자가 생기지 않도록 신중한 보도를 이어 가 주시길 바랍니다."

추가 수사와 신중한 보도를 언급하기는 했지만 급하게 중간 수사 결과를 발표한 것으로 보아 경찰은 A씨와 B씨가 자신들의 죄를 가리기 위해 무고한 사람에게 죄를 뒤집어 씌웠다고 거의 결론을 내린 것 같았다. 처음에 억울한 피해를 호소하는 글로 대중의 공분을 불러일으켰다가 나중에 정반대로 결론이 났던 사건은 예전에도 여러 번 있었다. 경찰은 이 사건도 그런 사건 가운데 하나로 본 것이다.

경찰은 기자들에게 양측의 주장이 상반되고 아직 증거가 명확하지 않으니 균형 잡힌 보도를 해 달라고 거듭 당부하며 기자회견을 마쳤다. 그러나 기자들은 사건의 반전이 주는 매력에 휩쓸렸다. 신중한 보도는 대중의 관심을 끌어내지 못한다. 강한 자극일수록 대중은 손쉽게 손가락을 놀려서 뉴스를 소비한다. 반전, 충격, 경악 등 문구를 달고 속보가 쏟아졌고 나도 거기에 합류했다. 대중은 즉각 반응했다. 나는 경찰서에서 신문사로 이동하면서 실시간으로 대중의 반응을 확인했고, 신문사에 도착하자마자 정보를 슬라이스처럼 조각내서 몇 꼭지를 완성했다.

노트북을 닫으니 벌써 자정이었다. 머리가 지끈거렸다. 낮에 먹은 욕이 귀에서 윙윙거렸다. 3~4일은 우려먹을 만한 이슈로 여겼는데 아무래도 내일까지만 관심을 끌고 그 뒤에는 잊힐 듯했다. 당사자들에게는 인생이 걸린 사건일지 모르지만 나를 비롯한 기자들, 아니 대중에게는 하루 이틀 정도 놀라거나 화를 내다가 사라질 사건이었다. 내일 활용할 소재를 몇 가지 메모하고 눈을 감았다. 뻑뻑한 눈을 손으로 비비자 아릿한 통증이 시신경을 쥐어짰다. 새벽부터 한밤중까지 쉬지 않고 내달린 하루가 먹구름이 되어 나를 짓눌렀다.

'친구들에게 연락해 볼까? 아니야. 술자리에 뒤늦게 끼면 나만 어색해져.'

간신히 눈을 뜨고 노트북을 챙겨서 일어났다. 신문사 건물에서 나와 터덜터덜 걷다가 편의점에 들어갔다. 맥주 두 캔과 땅콩 한 봉지를 샀다. 편의점 맞은편에 위치한 작은 공원의 넓은 의자에 앉아 캔을 땄다. 알싸하고 시원한 액체가 입과 목을 감싸며 찌들었던 하루를 조금은 다독였다. 피곤한 어깨를 두드리며 한 모금 마시고 땅콩을 씹었다. 빌딩을 밝힌 조명을 멍하니 보며 맥주를 다시 입으로 가져가는데 조명이 가려지며 검은 실루엣이 나타났다.

"어, 또 뵙네요."

지훈 씨였다.

"이 시간까지 일하셨나 봐요?"

지훈 씨는 여전히 친절했다.

"아, 네. 기자회견이 늦게 열려서……."

"이렇게 늦게 열리는 기자회견도 있어요?"

"공원아동폭행사건 때문에 경찰이 긴급하게 기자회견을 열었거든요."

"아! 그 사건? 정말 고생하시네요."

눈빛에서 안쓰러움이 스쳤다. 고생한다는 말이 인사치레가 아님을 증명하는 눈빛이었다.

"커피는 다음에 꼭 사 드리겠습니다. 그럼."

지훈 씨는 가볍게 목례를 하더니 가려고 했다.

"저, 저기요."

몸을 돌리던 지훈 씨는 그대로 시선만 나를 향해 돌렸다.

"여기 맥주 캔이 하나 더 있는데 같이 마실래요?"

"그럴까요? 안 그래도 맥주 드시는 모습을 보니 저도 술 생각이 나던 참이었습니다."

내게서 맥주를 받은 지훈 씨가 땅콩 옆에 앉았다. 캔이 경쾌하게 열렸다.

"그럼 이렇게 만난 기념으로……."

땅콩 위에서 캔과 캔이 부딪쳤다. 맥주 캔에 흐르는 물방울이 모든 피로를 씻어 냈다.

"기자는 이런 늦은 시간까지 일하는 날이 많나 봐요."

지훈 씨가 말했다.

"그럴 때도 있고, 아닐 때도 있어요. 사건이 많으면 밤을 새우고, 없으면 정시에 맞추어 퇴근하기도 하고."

"사건에는 예고가 없으니 일상을 계획하기가 쉽지 않겠어요."

오늘 처음 만난 남자에게서 이런 위로를 받다니 가슴이 따뜻했다.

'혹시 이미 애인이 있거나 결혼한 것은 아니겠지?'

나는 기자의 눈으로 면밀히 관찰했다. 결혼반지나 시계는 없었다. 여자의 손길이 느껴지는 액세서리나 선물받은 향기도 감지되지 않았다. 결혼은 안 한 것 같은데 연애 여부는 확실하지 않았다. 이럴 때는 슬쩍 돌려서 물어보면 좋다.

"지훈 씨도 늦게까지 자주 일하나 봐요."

"IT 업계가 좀 그렇죠."

"여자친구가 별로 안 좋아하겠어요."

지훈 씨가 어색함과 순진함이 반반씩 뒤섞인 웃음을 지었다.

"그러게요. 그래서 아직 여친이 없나 봅니다."

기자가 된 이후에 만난 수많은 뉴스 중에 가장 반가운 뉴스다.

"저도 그래요. 업무가 불규칙하니 남자 만날 시간도 없네요."

일부러 나도 혼자임을 밝혔다.

"같은 처지끼리 서로 위로하죠."

지훈 씨와 다시 맥주 캔을 부딪쳤다. 맥주 맛이 어느 때보다 상큼했다.

"그나저나 그 사건 참 이상해요."

"뻔한 전개죠. 그런 사건은 과거에도 종종 있었고."

나는 내가 아는 몇 가지 사건을 나열했다.

"저도 기억나네요. 그렇지만 이 건은 조금 납득이 안 돼요."

"어떤 점에서요?"

"그 부모가 평소에 아동학대를 했다면, 자기가 남긴 글이 결국 자신을 향한 부메랑이 될 걸 몰랐을 리 없거든요."

"그렇긴 한데 들킬 리 없다고 믿었을 수도 있죠."

나는 조심스럽게 반론을 폈다. 지훈 씨 의견에 반박하려는 것이 아니라 대화를 길게 이어 가고 싶어서 제기한 반론이다.

"커뮤니티에서 빠르게 번질 만한 내용이면 경찰이 조사할 수밖에 없다고 판단했겠죠. 전 그걸 노리고 올렸다고 봐요. 그런데 경찰이 조사에 들어가면 자신의 아동학대가 드러날 수도 있는데, 그런 위험을 감수하면서 굳이 왜 그랬을까요?"

"그런 사람들은 자기감정에 지나치게 매몰되어 판단력이 마비되거든요. CCTV만 확인하면 곧바로 드러날 수밖에 없는 사건인데도 상대방이 다 잘못했다는 식으로 글을 올리는 경우가 비일비재해요."

"그건 일회성 사건인 경우 아닐까요? 부모가 아동학대를 계속해 왔다면 경찰이 개입할 때 자칫 자기 치부가 드러날 위험이 커질 것은 예상하지 않았을까요? 더구나 남편이 성추행범이 될 위험까지 감수해야 하는데. 전 판단력을 갖춘 어른이라면 그럴 가능성이 낮다고 봅니다."

나는 다시 반박하려다 그만두었다. 가만히 따져 보니 그 논리가 나름 타당했다. 그러나 문제는 언어치료사 K씨가 제출한 증거와 증언이다. 증거는 아이를 상담하고 치료한 기록이었을 것이고, 그 증거들을 보고 경찰 프로파일러들도 아동학대의 가능성이 높다고 판단했다. 그렇게 명백한 증거를 뒤집을 수 있을까?

'그 언어치료사가 거짓말을 하거나 거짓 증거를 냈을 확률은?'

그러기에는 언어치료사가 감당할 위험이 지나치게 컸다. 자신과 관계없는 사건에 굳이 나서서 위험을 감수할 까닭이 없었다.

'결국 그 언어치료사가 문제인데…… 언어 치료? 어, 혹시?'

문득 낮에 주차장에서 부딪쳤던 여자가 떠올랐다. 그 여자가 든 서류 봉투에 쓰인 글씨에는 '언어 치료'가 분명히 있었다.

'맙소사. 바로 그 여자였어!'

그 여자가 이 사건을 뒤집은 증거를 제공한 K였다. 봉투 겉면에 무슨무슨 언어 치료라고 적혀 있었다. 그러나 아무리 기억을 뒤져도 정확한 명칭이 생각나지 않았다. 한 번만 보면 모두 기억하는 드라마 주인공들이 미치도록 부러웠다. 나는 답답함에 맥주를 벌컥 들이켰다. 맥주가 바닥을 드러내자 나도 모르게 손에 힘이 들어갔고, 맥주캔이 찌그러졌다.

"갑자기 무슨 안 좋은 기억이라도?"

"아, 제가요?"

"한참 고민하다 갑자기 캔을 찌그러뜨리셔서……."

"아, 그게…… 취재하다 어떤 중요한 증인과 엇갈렸는데 그 기억이 명확하지 않아서요."

"아하! 그럴 때가 있죠. 문득 기막힌 발상이 떠올랐는데 몇 분이 지나 그게 뭐였는지 생각나지 않으면 정말 답답하죠. 전 그래서 작은 아이디어라도 무조건 휴대폰에 적어 놔요. 휴대폰은 늘 손에 있으니까요."

"그렇죠. 저도 메모하는 습관은……."

그러다 낮에 친구들과 카톡을 했던 것이 떠올랐다. 그때 나는 내 피곤한 상황을 친구들에게 납득시키기 위해 사진을 찍었다. 혹시 사진에 그 여자가 탔던 차가 찍혔을지도 모른다는 생각이 번개처럼 스쳤다. 나는 휴대폰을 열고 얼른 사진을 확인했다. 놀랍게도 내가 발로 찼던 차의 번호판이 뚜렷하게 찍혀 있었다.

"찾으셨어요?"

"네, 여기 사진이 있네요."

사진을 뚫어지게 보면서 나도 모르게 자리에서 일어났다.

"확인하러 가시게요?"

마음이 급했다.

"죄송해요."

"아뇨. 중요한 일이잖아요."

나는 그 여자가 누구인지 빨리 확인하고 싶어 조급해 했을 뿐 내일이 중요하다고는 조금도 생각하지 않았다. 그런데 지훈 씨는 중요하다고 말했다. 말 한마디로 내 자존감을 높여 주다니, 지훈 씨는 참 남달랐다.

"시원한 맥주 잘 마셨습니다. 나중에 커피뿐 아니라 술도 한잔 사야겠네요."

"그럼 저야 좋죠."

나는 최대한 환하게 웃고는 곧바로 신문사로 뛰어갔다.

'내게 행운이 왔어. 지훈 씨와 함께.'

신문사로 뛰어가는 내내 심장이 미친 듯이 뛰었다. 정보망을 이용하여 차량 소유자를 알아내고 곧바로 언어치료사가 누구인지 파악했다. 이름은 김현지, 나이는 35살, 1인 가구인 것으로 보아 배우자는 없는 듯했다. 나는 인터넷을 뒤져 김현지와 관련된 정보를 수집했다. 블로그를 비롯하여 페이스북과 인스타그램을 샅샅이 뒤졌다. 블로그는 언어 치료에 관한 평범한 자료나 기본 정보뿐이고, 인스타그램은 음식, 풍경, 여행 사진밖에 없었다. 카톡 프로필 사진은 단 한 장뿐이었는데, 그마저도 '김현지 언어치료 상담센터'라는 간판을 거리에서 찍은 사진이었다.

페이스북은 블로그와 인스타그램을 결합한 듯한 게시물이 대부분인데, 몇 가지 글에서 묘한 이질감이 들었다. 뭐라고 콕 짚어서 해석하기는 어려웠지만 이상하게 찜찜했다. 일단 캡처를 하고 나중에 더 자세히 살펴보기로 했다. 더 파고들고 싶었지만 그러기에는 시간이 모자랐다. 다음 날 취재 시간을 확보하려면 미리 기사를 일정량 준비해 두어야 했기 때문이다. 미리 써 놓지 않으면 기사를 쓰느라 취재할 시간이 나지 않는다.

손쉽게 기사를 쓰기에는 보도자료가 적당했다. 메일함을 열고 경찰과 검찰의 보도자료를 뒤졌다. 여고생 살해 사건 범인이 마침내 기소되었다는 보도자료를 활용하여 기사를 썼다. 펜타닐 사망 사건을 계기로 펼쳐진 검경합동 지도 점검 결과를 담은 최종보고서도 요약해서 실었다. 둘 다 예전에 보도했던 기사라 손쉽게 추가 기사를 작성할 수 있었다. 이외에도 다른 기자들이 쓴 기사를 적당히 섞어서 몇 꼭지 더 채웠다. 모든 업무를 마치고 나니 회색 창가로 여명이 스며들었다. 밤을 지새웠지만 조금도 피곤하지 않았다. 마치 신입 기자

때로 돌아간 듯 의욕이 넘쳤다.

잠깐 눈을 붙이고 믹스커피를 진하게 타서 마신 뒤 바로 '김현지 언어치료 상담센터'가 위치한 곳으로 향했다. 다른 기자들이 김현지 정체를 알아내기 전에 내가 먼저 만나야 했기에 마음이 급했다. 센터 근처에 도착해서 보니 김현지 자동차가 주차되어 있었다. 사무실로 전화를 걸자 김현지가 바로 받았다. 기자라고 하면 만남을 거부할까 봐 조카가 말더듬이 심해서 이모인 내가 상담을 받고자 한다고 둘러댔다. 상담은 얼마든지 환영이라고 하기에 지금 찾아가도 되느냐고 물었다. 오늘 오전은 한가해서 바로 상담이 가능하다고 해서 곧 찾아가겠다고 했다. 나는 센터 간판이 보이는 커피숍에서 말더듬이 조카를 어떻게 꾸며 댈지 준비했다.

20분쯤 뜸을 들인 뒤 센터로 갔다. 센터는 입구부터 사각지대 없이 CCTV가 설치되어 있었다. 초인종을 누르니 김현지가 곧바로 문을 열어 주었다. 상담센터는 대기실, 사무실, 치료실로 나뉘었는데 정갈하고 깔끔했다. 나는 녹음 앱을 켜고 김현지와 마주앉았다. 계획한 대로 조카 이야기로 말문을 텄다. 나는 조카가 말더듬이가 심해서 걱정이라며 어떻게 하면 되는지 물었다. 김현지는 전문가답게 꼼꼼하게 질문과 조언을 섞어 가며 대화를 이끌었다. 나는 대충 둘러대며 김현지가 얼마나 신뢰할 만한 사람인지 살폈다. 상담이 15분쯤 진행되었을 때 김현지가 갑자기 팔짱을 끼더니 의자에 몸을 깊이 파묻었다. 그러더니 눈을 찡그리며 나를 위아래로 살폈다.

"어디서 오셨어요?"

김현지가 목소리를 낮게 깔았다.

'들켰다! 눈치 빠르네.'

나는 어차피 곧 신분을 밝힐 계획이었기에 주저하지 않고 소속과 신분을 밝혔다.

"어떻게 아셨죠? 경찰이 알려 주던가요?"

"어제 주차장에서 어떤 여자와 부딪쳤던 일 기억나세요?"

김현지 등이 의자에서 살짝 떨어졌다.

"봉투를 떨어뜨렸을 때 겉면을 봤죠. 기자회견장에서 언어치료사란 단어를 듣자마자 바로 그 봉투에 적힌 이름이 떠올랐어요."

차 번호판으로 신분을 알아냈다고 밝힐 수는 없었다.

"잠깐 본 이름을 기억했다고요? 기억력이 비상하시네요."

놀라움보다는 불신이 섞인 말투였다.

"제가 대단한 기억력의 소유자는 아니에요. 다만 그 사건으로 신경이 곤두서 있었거든요. 그러다 보니 운 좋게 봉투 겉면에 적힌 명칭을 굳이 기억하지 않으려고 해도 기억이 났죠."

김현지는 팔짱을 풀고 처음 상담했던 자세로 돌아왔다. 나는 그 몸짓을 어느 정도 나를 믿는다는 신호로 해석했다.

"최 기자님이 저를 알아냈으면 다른 기자들이 제 정체를 알아내는 것도 시간문제겠네요."

"아마도 그렇겠죠."

"그럼 솔직하게 취재에 응할게요. 단 제 신분은 비밀로 해 주세요."

나는 철저한 비밀 보장을 약속했다. 내가 확언을 했음에도 김현지는 만일을 대비하기 위함이라면서 각서를 써 달라고 요구했다. 나는 신분증이 복사된 종이에 각서를 쓰고 지장을 찍었다.

"먼저 왜 경찰서에 자진 출두해서 증언했는지 알고 싶어요."

"진실을 위해서죠. 그 엄마는 저한테도 아이에 대해 숱하게 거짓말을 했어요. 그 때문에 치료에 상당히 애를 먹고 있죠. 인터넷에 엄마가 올린 사진을 보자마자 그 아이임을 알아보았고, 내용을 확인한 뒤 평소에 저한테 했던 거짓말들이 떠올랐어요. 무엇보다 최근에 아동학대가 명백하다고 판단해서 신고를 준비 중이었기에 바로 결정을 내렸습니다."

"아동학대가 명백하다고 판단하신 근거가 있나요? 혹시 상처라도 발견하셨어요?"

"아뇨. 그렇지는 않아요. 이 엄마는 애를 절대 안 때려요. 정서적으로만 학대하죠."

"정서적으로만 학대했다면 그동안 손찌검은 안 했다는 뜻인데, 이번에는 때렸잖아요. 그냥 등짝을 때린 정도도 아니고 전치 3주가 나올 만큼 심하게 때린 게 말이 되나요?"

"제가 보기에 애 아빠가 때린 것 같아요. 성추행을 했는지 안 했는지는 모르지만 그것 때문에 곤혹을 치르고 괜히 아이에게 분노를 터트린 거죠. 너무 과하게 아이를 때린 바람에 어쩔 수 없이 병원에 가야만 했고, 의사는 아이 상태를 보고 아동학대가 의심되어 신고하려고 했겠죠. 아동학대가 의심되면 의료인은 신고가 의무거든요. 아마 그걸 막으려고 거짓말을 했을 테고, 거짓말을 진실로 포장하기 위해 인터넷에 올렸겠죠. 인터넷에서는 그런 사건을 접하면 진실을 확인하지도 않고 일단 비난부터 하니까. 여론이 유리하게 형성되면 경찰

수사도 자신들에게 유리하다고 판단했을 거예요."

김현지가 한 설명을 듣고 나니 그동안 찜찜했던 점들이 해소되는 듯했다. 나는 아이 엄마가 어떤 거짓말을 했고 아이 상태가 어땠는지, 왜 엄마가 아이를 학대했다고 판단했는지 등을 잇달아 물었다. 김현지는 차분하고 정확하게 답변을 이어 나갔다. 말에 막힘이 없었고, 사례는 작은 부분까지 세세하게 묘사하며 주장을 뒷받침했다. 답변에서 빈틈을 찾기 어려웠다. 김현지는 보도를 안 한다는 전제로 아이와 상담한 내용을 기록한 일지, 아이가 그린 그림, 치료 장면을 찍은 영상의 일부를 보여 주며 어떤 점이 학대를 당한 증거인지 설명했다. 인터뷰를 마치고 나니 경찰이 서둘러 중간 조사 결과를 발표한 이유를 납득할 수 있었다.

이런 기사는 최대한 빨리 정리해서 내면 좋기 때문에 인터뷰를 마무리하자마자 아침에 찾았던 카페로 다시 갔다. 커피를 주문하고 자리에 앉는데 지훈 씨에게서 문자가 왔다.

> 🗨 오늘 점심 때 커피 어떠세요?

그 제안이 반가웠다. 곧바로 답장을 보내서 처음 만난 카페에서 만나기로 약속했다. 단독 인터뷰도 따고, 지훈 씨와 다시 만날 약속까지 잡으니 오랜만에 행복했다. 하지만 그 행복이 왠지 낯설었다. 찰나의 쾌락처럼 스쳐지나가는 자극이 아닌 잔잔하게 내 주위에 머무는 행복이 낯설게 느껴진 지 오래다. 잠시 일이 손에 잡히지 않았다. 커피 향이 내가 해야 할 일을 일깨운 뒤에야 노트북을 열었다.

전체 기사 개요를 작성하고 중요하게 다루어야 할 사안은 문장으로 정리했다. 인터뷰 총평도 심혈을 기울여 작성했다. 총평은 기사 방향이 된다. 방향성이 명확해야 세부 사항이 질서 정연하게 과녁을 향해 뻗어 나간다. 참으로 오랜만에 기사다운 기사를 쓰는 기분이다. 틀을 잡고 세부 사항까지 꼼꼼하게 확인하며 문장을 덧붙여 가는데 나한테 욕하는 취미로 사는 팀장에게서 전화가 왔다. 팀장은 내가 '여보세요' 하고 대꾸하기도 전에 다짜고짜 험한 말을 쏟아 냈다.

"야! 오전부터 어디 싸돌아다녀? 대충 기사 몇 꼭지 채우고 놀러 다니는 거야? 그따위 기사를 기사랍시고 던져 놓고는 월급 타 먹고 싶어? 주니어 기자가 되었으면 주니어답게 해! 넌, 밥만 축내는 식충이야?"

낯선 행복은 사라지고 익숙한 불쾌함과 무기력이 다시 내 어깨를 의자 삼아 앉았다.

"너 조회 수는 확인해 봤냐? 사람들이 클릭하지도 않는 기사밖에 쓸 줄 모르는 기자가 무슨 기자야? 그따위로 기자질 할 거면 당장 때려 쳐."

팀장이 그러는 이유를 모르지는 않는다. 오늘은 지난 한 달 동안 팀별 조회 수가 발표된 날이기 때문이다. 아침부터 짜증 내는 것을 보면 팀장도 위에서 대차게 까인 모양이다. 다른 팀원들도 나와 다를 바 없으니 우리 팀 실적이야 뻔하다. 뭐라고 항변했다가는 더 심한 욕을 먹기에 조용히 죄송하다는 말만 때맞추어 추임새처럼 반복했다. 물론 당장 그만두겠다고 소리치며 대차게 대들고 싶지만, 그럴 용기는 없었다. 그만두면 갈 데도 없다. 아직 갚아야 할 대출이 많이 남아 있다. 친구들에게 기자라고 으스대며 이것저것 아는 척하던 짓도 못 하게 된다. 나가지 말고 어떻게든 버티라던 선배들 조언도 떠올랐다. 이 더러운 욕을 들으며 언제까지 버틸 수 있을까? 언제까지 이렇게 살아야 할까?

"너 어디서 뭐해?"

통화한 지 3분이 지나서야 팀장은 제대로 된 질문을 했다. 그때서야 차분하게 내가 아침에 한 일을 보고했다.

"그래?"

팀장 목소리가 정반대로 변했다.

"오! 최시아, 이번에는 제대로 한 건 하는 거야? 기사는?"

"틀은 잡았고 20~30분 정도면 마무리됩니다."

"좋아. 일단 보내 봐."

나는 아직 마무리가 덜 된 기사를 팀장에게 보낸 뒤 서둘러 기사를 다듬었다. '단독'을 달고 나가려면 최대한 빨리 완성하는 것이 좋다. 이 기사는 팀장에게 인정받을 절호의 기회다. 집중력이 올라가며 예상보다 빠르게 기사를 완성했다. 식은 커피를 마시며 오탈자를 확인하는데 팀장이 기사 하나를 보내왔다. 그 기사를 빠르게 훑는데 손끝이 점점 떨리더니 기사 끝에 이르자 마비가 왔다. 때맞추어 팀장한테서 전화가 왔다.

"기사 봤냐?"

"네."

"소감은?"

나는 팀장이 원하는 답을 알고 있었지만 내 입으로 내뱉을 수는 없었다. 나는 또다시 내 무능력과 불운을 탓했다. 직접 인터뷰하지 않았음에도 마치 김현지를 인터뷰한 것 같은 기사였다. 내가 작성한 기사보다 내용이 훨씬 자세했다. 아이가 아동학대를 당했다고 경찰이 판단한 근거가 꼼꼼한 전문가 분석과 함께 실려 있었다. 아마 경찰 빨대를 통해 김현지가 경찰에 제출한 자료를 확보한 모양이다. 나는 각서를 써서 개인 신상이나 치료 과정이 드러날 만한 기사는 쓰지 않기로 약속했다. 내가 이 기사처럼 쓴다면 아마 김현지는 그 각서를 근거로 소송을 할지도 모른다. 아마도 신문사는 나를 보호해 주지 않을 것이다. 재판이 벌어지면 얼마나 귀찮고 힘들어지는지 이 업계에 발을 들여놓은 뒤로 숱하게 목격했다.

"단독 인터뷰까지 따내 놓고 이거밖에 못 만들어 내? 네 능력이 그거밖에 안 돼?"

단독 기사로 충분한 가치가 있지 않느냐고, 그 누구보다 먼저 중요한 증인을 인터뷰까지 했으면 능력 있다고 인정해야 하지 않느냐고 따지고 싶었지만 나는 아무 대꾸도 하지 못했다. 그저 침묵으로 팀장의 질책을 인정해야만 했다.

"신상이라도 밝혀."

"개인정보는 철저히 비밀에 가려 주기로 서약서를 썼습니다."

"좀 더 매운 맛은 없어?"

"⋯⋯무⋯⋯슨?"

"야, 넌 창의력이 그렇게 없어? 상상력은 엄마 배 속에 두고 나온 거야? 없으면 지어내기라도 해! 쥐어짜라고."

"인터뷰 총평은 이미 제가 보내⋯⋯."

"반전에 반전 뭐 이런 건 생각 못 해? 인터뷰해 보니 영 신뢰가 안 가더라, 이 증인이 제출한 자료는 믿을 수가 없다더라, 이 증인이 악감정으로 거짓말을 할 이유가 있어 보이더라…… 뭐 그런 거 없냐고?"

"그런 건 없었습니다. 신뢰할 만한 전문가였고……."

"누가 뭐래? 내가 예시를 들어 준 거잖아. 예시를……. 요즘 것들은 예시를 들면 예시가 아니라 진짜로 받아들인다니까. 도대체 독해력이 없어, 독해력이."

팀장이 나를 까는 이유는 하나밖에 없었다. 조회 수 때문이다. 지난 달 우리 팀 조회 수가 워낙 밀린 탓에 어떡하든 반전 계기를 마련하고 싶은 것이다. 팀장은 그 정도 기사로 조회 수를 기대만큼 끌어당기지 못하리라 판단했겠지만, 이 정도면 충분하지 않을까? 김현지는 신뢰할 만한 전문가고, 내가 본 자료는 무척 타당했다. A씨는 아동학대범일 가능성이 높다. 이것만 해도 특종이다. 더구나 단독 인터뷰다. 모처럼 '단독'을 단 기사를 썼는데 이런 무시를 당할 이유가 없다. 그러나 내 기사에는 자유가 없다. 팀장이 바꾸라고 하면 바꾸어야 한다. 무엇보다 팀장의 촉은 언제나 정확했다. 조회 수를 높이려면 내 기사를 고쳐야 하는데, 방향이 잡히지 않았다.

'단독이면 뭐해. 곧 변기로 버려질 배설물일 뿐인데.'

'이따위 기자질 그만둘까?'

'그럼 내일 아침 일어나서 뭐하지?'

도대체 몇 번째 떠올리는지 헤아리기도 불가능한 덧없는 질문이다. 내게는 지금과 다른 아침을 떠올릴 상상력이 없다. 내일 걱정은 내일 하자면서 일단 저지를 용기도 없다. 그래서 오래 전부터 고민해 왔음에도 이제껏 헛헛한 생활에서 벗어나지 못했다. 기자로 계속 머물려면 팀장 입맛에 맞는, 아니 대중이 미친 듯이 클릭할 기사를 써 내야만 했다. 그 기사가 진실이 아니어도 좋다. 어차피 진실이든 배설물이든 뒤섞여서 시간이라는 변기 속으로 버려질 테니까.

'어떻게 이 판을 흔들까?'

'어떻게 하면 팀장 코를 납작하게 해 줄까?'

'어떤 기사가 나가야 대중이 미친 듯이 눌러 댈까?'

사실 관계는 흔들기 어려웠다. 내게는 전문가인 김현지를 이길 능력이 없다. 경찰 프로파일러뿐 아니라 다른 전문가까지 아동학대가 확실하게 의심된다고 하는데 그것을 뒤집기는 불가능하다.

"메시지를 흔들기 힘들면 메신저를 공격하는 수밖에 없는데……."

비판 기사를 쓸 때 흔하게 쓰는 방식이다. 결코 좋은 방법은 아니다. 그러나 손쉬운 방법이고, 효과도 아주 좋다. 죄를 짓지 말자는 주장에는 아무도 반박하지 못한다. 그러나 도둑이 그 주장을 한다면 다들 비웃을 것이다. 자연스럽게 도둑이 한 주장도 설득력이 훼손된다. 대중은 메시지와 메신저를 분리하지 않는다. 무능력보다는 게으름 때문이다. 조금만 꼼꼼하게 따져 보면 말도 안 되는 비판이지만 거의 다 휘말려 든다. 되도록 쓰고 싶지 않은 방법이지만 팀장이 말한 반전의 반전을 창조하려면 그 수밖에 없다.

문제는 나도 김현지를 신뢰하게 되었다는 점에 있다. 나는 단독 인터뷰를 했고, 그 어떤 기자보다 메신저를 신뢰하게 되었다. 그 신뢰를 뒤집어야 한다. 인터뷰를 통해 접한 김현지는 전문가다웠다. 심지어 머무는 공간마저 완벽했다. 어떻게 해야 대중이 메신저를 의심하게 만들까?

그러다 문득 김현지 페이스북에서 본 몇몇 찜찜한 글이 떠올랐다. 그 묘하게 찜찜했던 느낌의 정체는 불분명했다. 아무래도 거기에 해답이 있을 듯하다. 캡처해 두었던 글을 읽고 또 읽었지만 내 의심의 정체가 무엇인지 정리할 수가 없었다. 머리를 쥐어짜도 답이 나오지 않았다. 노트북을 세게 덮고 자리를 박차고 일어났다. 지훈 씨를 만나러 가야 할 시간이다.

지훈 씨와 카페에서 만났다. 커피 맛과 향에는 감각이 반응하지 않았지만 내 시선은 행복감에 젖었다. 잠깐이지만 좋았다. 그러나 문득문득 뒤엉켜 떠오르는 기사 걱정에 온전히 그 감정에 머물지 못했다.

"고민 있으세요?"

지훈 씨가 조심스럽게 물었다.

"그렇게 보여요?"

"네. 얼굴에 쓰여 있어요."

나를 이렇게 정성스럽게 관찰하는 사람은 처음이다. 몇 년 동안 만난 친구들조차 자기밖에 관심이 없는데.

"취재를 하다 의심이 드는 글을 발견했는데, 잘 모르겠어요. 찜찜하기는 한데 그 찜찜함의 정체가 뭔지 도무지……. 근거도 불분명한데 의심하는 제가 이상해요?"

"아뇨. 때로는 직감이 정확하죠."

지훈 씨는 나를 지지했다. '직감'이란 단어로 내게 확신을 심어 주었다.

"제가 전문가 한 분 소개해 드릴까요?"

"전문가요?"

"인공 지능의 언어 모델과 관련한 프로젝트를 하다가 만난 분인데 언어를 통해 인간 내면이나 사회상을 탐구하는 교수님이세요. 제가 소개해 드릴 테니 한번 그 글을 보여 주고 해석해 달라고 하세요."

또다시 지훈 씨가 내게 구원의 손길을 내밀었다.

지훈 씨는 그 교수에게 직접 전화를 걸어서 나를 소개했다. 나는 취지를 설명하고 캡처한 글을 바로 보냈다. 지훈 씨가 회사로 돌아간 뒤에도 나는 카페에서 초조하게 해석 결과를 기다렸다. 30분쯤 뒤 그 교수에게서 전화가 왔다.

"이 글을 쓴 분, 어릴 때 아동학대 경험이 있을 확률이 높습니다."

"정말이요? 확실한가요?"

"단어와 표현 곳곳에 모성에 대한 강한 혐오가 함축되어 있어요."

교수는 표현 하나하나를 짚으며 어떤 대목이 혐오를 내포하는지 알아듣도록 조목조목 설명해 주었다. 내가 왜 글을 읽으며 정체 모를 찜찜함을 느꼈는지 명확해졌다.

"학대를 당했으면 자기 엄마에 대해 분노해야지 왜 모성을 혐오하는 거죠?"

"그 글을 쓴 시점에 어떤 사건을 겪거나 목격하면서 잠재된 분노를 건드렸겠죠. 평소에는 이런 정서를 거의 드러내지 않겠지만, 특정 계기를 만나면 자신도 모르게 분출됩니다."

"그럼, 아이가 아동학대를 당한다는 의심이 들면 자신도 모르게 모성에 대한 혐오 정서가 표출될 수도 있겠네요?"

"그럴 가능성이 있죠."

"그런 사람이 아동 상담을 한다면 어떨까요?"

"아마 아동학대에 상당히 민감하게 반응할 거예요. 그래서 웬만한 전문가도 놓치는 아동학대를 정확히 짚어 내기도 하죠."

"조금 조심스러운 질문인데……."

"괜찮으니 물어보세요."

"실제로는 아동학대가 아닌데도 자기 판단에 아동학대로 의심이 들면, 아이에게 그 생각을 주입해서 아이 스스로 학대당한다고 믿게 만들 수도 있나요?"

"가정이고 사례에 따라 다르지만, 아주 불가능하지는 않죠. 실제로는 성폭행을 당하지 않은 아동에게 상담사가 교묘한 유도를 통해 성폭행을 당했다고 믿게 만든 사례가 보고 된 적도 있습니다. 상담사가 나쁜 마음을 먹고 의도한 경우도 있지만 대부분은 확증 편향에 사로잡힌 상담사가 작은 사건으로 의심을 키운 뒤 내담자 심리를 교묘하게 뒤틀어 버린 것이죠."

전문가 인터뷰를 통해 기사를 어떻게 써야 할지 명확해졌다. 주장을 뒷받침할 이론은 갖추었다. 필요한 것은 검증이다. 김현지가 실제로 어릴 때 아동학대를 당했는지 확인만 한다면 반전의 반전을 만들어 낼 수 있다. 이것이야말로 단독을 넘어 특종이 될 것이다.

이미 김현지와 친밀한 인간관계를 다 조사해 두었기에 그들 모두에게 DM으로 취재를 요청했다. 내 신분을 밝히고 공원아동폭행사건과 관련하여 아동학대 문제를 심도 깊게 파헤치는 기사를 쓰는데, 인터뷰를 한 김현지 상담사를 더 잘 알고 싶어서 연락했다고 DM에 적었다. 마치 오직 당신 한 사람에게만 보내는 것처럼 느껴지도록 DM을 꾸몄다. 나는 그 누구든 한 명쯤은 내게 응답하리라 확신했다. 그렇게 확신하는 까닭이 있다.

학창 시절에 어떤 소식을 들으면 소문을 퍼트리지 못해 안달 난 애들을 여럿 겪었다. 그 애들은 굳이 전하지 않아도 되는 사소한 정보를, 굳이 알리지 말아야 할 사람한테도 모두 퍼트렸다. 나중에 그 사실을 알게 된 소문의 당사자에게 된통 비난을 당하지만, 그 애들은 아랑곳하지 않았다. 그 시절에는 그런 애들을 이해할 수 없었다. 왜 그렇게 참지 못하고 아무한테나 나불대는지 납득할 수 없었다.

그러다 기자가 되면서 내 궁금증이 풀렸다. 그들은 작은 관심과 인정에 목말라 있으며, 어떻게든 자신이 중요한 사람처럼 인식되기를 원했다. 취재하면서 이런저런 사람을 만나다 보니 세상에 그런 사람이 무지 많아서 일정한 규모 이상의 인간관계가 형성되면 그런 인간이 반드시 한 명 이상 있다는 사실도 알게 되었다. 김현지가 맺은 인간관계 안에도 분명히 그런 인간이 있을 것이다. 나는 그런 사람에게서 곧 연락이 오리라고 확신했다.

연락을 기다리며 지훈 씨에게 문자를 보냈다. 교수님이 아주 친절하고 상세하게 설명해 주어서 도움을 많이 받았다며 고마움을 전했다. 지훈 씨는 예의 바른 말투로 겸손한 답장을 보내왔다. 참 친절한 사람이다. 문자를 마치고 짬이 나는 시간에 지훈 씨의 SNS 계정이 있는지 뒤졌다. 이럴 때 남들 뒤를 캐는 기자 생활의 전문성이 발휘되었다. 검색한 지 10분 만에 지훈 씨 계정을 찾아냈다. 게시물이 제법 많았다. 음식, 여행, 풍경, 운동 등 친근한 게시물이 대부분이었다. 지훈 씨 취향이 담긴 흔적이기에 다 캡처했다. 자기 일과 관련한 게시물이 없는 점은 아쉬웠다. 캡처한 사진을 꼼꼼하게 살피며 지훈 씨가 어떤 사람인지 파악했다. 보면 볼수록 괜찮은 사람이다.

DM을 보내고 두 시간 뒤 김현지 친구에게서 기다리던 연락이 왔다. 예상대로 알고 있는 사실을 누구에게든 털어놓지 못해 안달 난 그런 부류다. 그런 종류의 인간은 자신이 하는 말이 얼마나 중요한지 띄워 주어야 한다. 그러면 자신이 마치 대단한 인간이라도 된 듯 착각하며 내가 원하는 말을 쏙쏙 털어놓는다. 김현지의 친구는 내 예상에서 한 치도 벗어나지 않았다. 나는 중요하지 않은 질문 몇 가지를 하다가 은근슬쩍 핵심 질문을 던졌다.

"혹시 김현지 씨도 비슷한 경험이 있나요?"

"학대 경험요? 있죠. 옛날에 우리끼리 술 먹을 때, 현지가 어릴 때 엄마한테 학대당한 경험을 털어놓은 적 있어요. 자기도 엄마처럼 아이를 괴롭힐까 봐 절대 결혼 안 한다고 했던 말이 기억나요. 현지는 자기 엄마를 끔찍하게 싫어했어요."

사실은 확인했다. 이제 이 사실을 결합해서 기사를 쓰면 된다. 김현지에게는 미안하지만 내가 살기 위해서는 어쩔 수 없다. 솔직히 이런 일에 괜히 나선 김현지가 잘못한 것이다. 그냥 조용히 있었으면 아무런 불이익도 당하지 않았을 것이다.

나는 일단 사건 개요를 적고 김현지가 경찰에게 아동학대 증거를 제공한 당사자임을 밝혔다. 김현지와 인터뷰를 진행한 사실도 적었다. 인터뷰는 경찰이 밝힌 사실을 재확인한 정도에 그쳤다고 간략하게 서술하고, 김현지의 신뢰성을 확인하는 차원에서 추가로 취재하던 중 심각한 문제를 발견했다면서 그 문제점을 자세히 소개했다.

K씨는 어릴 때 엄마에게 학대를 당했다. 그 상처에서 벗어나기 위해 심리 상담을 오랫동안 받았고, 그것이 계기가 되어 아동 언어 치료사가 되었다. 상담을 통해 상처를 극복했다고는 하나 K씨에게는 모성에 대한 극도의 반감이 남아 있었다. K씨는 모성을 믿지 않았다. 모성은 만들어진 신화라고 치부하며 혐오했다. 이것이 그저 K씨 개인의 성향이라면 아무런 문제가 되지 않는다. 그러나 이번 사건처럼 부모에 의한 아동학대 여부가 중요한 쟁점으로 떠오른 경우에는 다르다.

어쩌면 K씨는 A씨가 아이를 엄격하게 훈육하는 것을 보고 아동학대로 인식했을지도 모른다. 외국 사례를 보면 상담자에게 영향을 받은 아동이 학대를 당하지 않았음에도 부모에게 학대를 받았다고 스스로 믿게 되는 경우도 있으며, 심지어 성폭행을 당하지 않는데도 성폭행을 당했다고 믿고 경찰에 고발하는 사례도 보고된 바 있다. K씨의 경우처럼 모성에 대한 혐오 정서가 강한 상담사는 아이에게 엄마에 대한 나쁜 이미지를 은연중에 심어 주었을 가능성이 존재한다.

A씨가 조금 엄격하게 아이를 통제하고 훈육했을 뿐임에도 K씨의 편견과 혐오 정서가 작용하여 아이가 학대로 인식하게 되었을

지도 모른다. 만약 그렇다면 경찰이 사건 판단의 중요한 근거로 삼은 심리 상담 자료는 아이가 학대를 받았다는 증거가 아니라 심리 조작의 증거가 된다. 물론 이것은 어디까지나 추론이다. 그리고 충분히 가능성이 존재하는 추론이다.

이 사건에서 언어치료사 K씨가 제공한 자료와 증언은 사건의 진실을 뒤집는 핵심 열쇠인데, 그 열쇠가 오염되었을 가능성이 있는 것이다. 따라서 K씨가 제공한 자료를 바탕으로 A씨가 아동학대를 저질렀다는 결론을 내려서는 안 되며, 당연히 공원아동폭행 사건이 A씨와 B씨의 조작극이라는 경찰의 1차 판단도 오류일 가능성이 존재한다. 당사자들의 주장이 엇갈리는 상황에서 경찰이 한쪽 주장을 신뢰하게 된 증거에 문제가 생긴 이상, 경찰은 이 사건에 대한 판단을 처음부터 다시 해야 할 것이다.

첫 기사를 쓰고는 곧바로 보충 기사를 썼다. 언어전문가의 인터뷰, 주변 지인을 취재한 내용, 아동학대가 뒤집어진 미국 사례, 경찰이 아동학대로 판단한 근거를 비판하는 내용을 담아 일필휘지로 기사를 써 내려 갔다. 특히 학대를 당하지 않은 아이가 심리상담가의 유도에 넘어가 아동학대를 받았다고 실토한 사례, 성범죄를 당하지 않은 아동이 거짓말로 부모와 선생님을 고발하여 처벌받게 한 사례 등을 꼼꼼하게 수집해서 상담가가 편견에 빠지면 얼마나 위험한지 강조했다. 아이 몸에 학대 흔적이 없다는 점도 덧붙였다. 나는 기사 끝에 꼭 단서 조항을 달았다. 의심을 털어 낼 타당한 근거가 존재하지 않는 한 의심은 기자로서 당연히 제기해야 한다는 점, 의문의 가능성이 있으므로 일방이 제공한 증거만 믿고 사건의 실체를 판단하면 안 된다는 점, 기자인 나는 아직까지 어느 쪽 의견이 타당한지 결론을 내리지 않았다는 점을 강조했다. 나는 진실을 파헤치는 기자로서 객관적으로 사건을 바라보고 있는 척했다.

기사를 보내자마자 팀장한테서 연락이 왔다.

"야, 최시아! 네가 대박 칠 줄 알았어."

팀장한테서 그런 반응은 처음이었다. 팀장은 잔뜩 칭찬을 늘어놓더니 내가 듣고 싶었던 말로 통화를 마무리했다.

"장난 아닐 거야. 기대해!"

팀장이 장담하고 몇 분 뒤 인터넷에 기사가 떴다. 첫머리에 '단독'이 번쩍거렸다. 기사 끝에 자랑스럽게 내 이름이 바이라인으로 찍혔다. 나는 잔뜩 긴장한 채 반응을 기다렸다. 기사가 뜬 지 십여 분이 지나자 포털 첫 화면에 걸렸다. 내 이름이 포털 첫 화면에 뜨다니, 기적 같은 일이다. 곧이어 조회 수가 폭발했고 SNS뿐만 아니라 인터넷 커뮤니티로 기사가 폭풍처럼 퍼져 나갔다. 반전의 반전이 주는 매력은 무시무시했다. 다른 언론사들이 내 기사를 곧바로 베꼈다.

물론 모든 여론이 다 내 기사를 지지하지는 않았다. 허무맹랑한 가정으로 진실을 왜곡한다는 비난도 무척 많았다. 곳곳에서 댓글로 치열한 싸움이 벌어졌다. 그럴수록 조회 수는 올라가고 관심은 폭발했다. 평소에 있는지도 몰랐던 윗사람들에게 격려 전화가 왔다. 물론 김현지에게서도 연락이 왔다.

"제 인터뷰를 이런 식으로 악용하고 비틀어 버리다니, 어떻게 이럴 수가 있죠?"

나는 기자로서 할 일을 했을 뿐이라고 담담하게 대꾸했다. 감정이 폭발해서 욕이라도 할 줄 알았는데 김현지는 잠시 침묵하더니 말없이 전화를 끊었다.

인터넷은 무서운 세상이다. 그날 밤 김현지의 신상이 공개되었다. 기사를 바탕으로 네티즌들이 김현지가 올린 글을 찾아낸 것이다. 김현지의 페이스북과 블로그는 곧바로 비공개로 전환되었다. 나는 이메일을 확인하던 중 새로운 정보를 알게 되었다. 아이를 폭행했다고 의심받는 남자 M씨의 이름은 문정국이며, 술집에서 시비가 붙어 폭행을 행사하여 입건된 전력이 두 번이나 된다는 내용이었다. 나는 곧바로 경찰 정보망을 통해 사실을 확인했고 다시 단독을 달고 기사를 내보냈다. 곧이어 이메일로 여자 N씨의 정보도 들어왔다. 역시 자신이 아는 비밀을 퍼트리고 싶어서 안달하는 인간은 어디에나 있다. N씨의 이름은 임채윤이며 평소에 40~50대 남성에 대한 혐오 정서를 표출하는 글을 커뮤니티에 많이 남겼다는 제보였다. 나는 그 사실도 단독을 달고 내보냈다. 내가 올린 기사는 잇달아 높은 조회 수를 기록하며 인터넷을 달구었다. 내 기사가 나가고 얼마 지나지 않아 문정국과 임채윤의 신상 정보가 인터넷으로 공유되며 비난의 대상이 되었다. 여론은 점점 내게 유리한 방향으로 흘러갔다.

첫 기사가 나가고 만 하루가 지나서 평소에 알고 지내던 주 형사에게서 만나자고 연락이 왔다. 바쁘다며 일부러 튕겼다. 주 형사는 두 번이나 전화한 뒤 신문사로 직접 찾아왔다. 주 형사는 내가 취재한 내용을 더 알고 싶다고 했다. 나한테 특별한 비밀 자료가 있다고 믿는 듯했다. 나는 거래 조건을 제시했다.

"단독 기사로 내보낼 만한 특별한 사건이 생기면 저한테 맨 먼저 주겠다고 약속하세요. 그럼 드릴게요."

주 형사는 그러겠다고 약속했고, 나는 내게 들어온 이메일과 취재 자료를 형사에게 건넸다.

"수사 방향이 바뀌나요?"

자료를 받아 가는 주 형사에게 마지막으로 물었다. 주 형사는 쓴 웃음을 짓더니 내게 받은 자료를 흔들어 보였다. 맞다는 뜻이다. 나는 이 한마디 대화를 활용하여 또다시 기사를 작성했다. 그날 저녁, 편집국장이 나와 팀장을 따로 불렀다. 생전 처음 보는 비싼 요리가 내 앞에 놓였다. 평소와 달리 팀장은 나를 입이 마르도록 칭찬했다. 수습 때부터 싹수가 달랐다면서 인재를 알아본 자신을 은근히 자랑했다. 편집국장은 앞으로도 기대한다면서 연신 술을 권했다. 편집국장과 팀장은 2차를 가고 나는 빠져나왔다.

집으로 가는 발걸음이 그렇게 가볍기는 처음이었다. 이틀 밤을 신문사에서 보내고 집에 돌아가는 길임에도 조금도 힘들지 않았다. 집에 빨리 들어가고 싶지 않았다. 도시의 불빛이 모두 나를 위해 빛나는 것 같았다. 그러다 편집국장이 힘주어 내뱉은 말이 떠올랐다.

"최 기자, 앞으로도 기대할게."

들을 때는 몰랐는데 곱씹어 보니 그 말은 무거운 짐이었다. 덕담이 아니라 지시였다. 앞으로 내가 쓰는 기사는 어제, 오늘 내가 쓴 기사와 비교당할 것이다. 앞으로 이번과 같은 결과를 만들지 못하면 오늘 내가 이룬 성과는 칭찬의 근거가 아니라 비난의 논리가 되어 날아올 것이다. 지나친 성공이었다. 계속 이런 성공을 거둔다면 문제없겠지만, 나는 나를 안다. 나는 그런 엄청난 기사를 계속 생산할 능력이 없다. 이번과 같은 행운이 계속해서 찾아오리란 보장도 없다. 갑자기 발걸음이 무거웠다.

문득 지훈 씨가 생각났다. 문득이 아니다. 어느 순간부터 지훈 씨는 내 안에서 별처럼 반짝거리고 있다. 실력이 모자라다면 내게는 행운이 필요한데, 지훈 씨와 함께하면 행운이 계속될 것 같았다. 어쩌면 지훈 씨가 내게는 행운의 부적과 같은 존재가 아닐까?

평소의 나라면 그런 황당한 믿음에 빠질 리 없지만 그때는 무척 자연스럽게 그런 확신이 들었다. 나는 지훈 씨에게 문자를 보냈다. 혹시 시간 되면 술을 사 줄 수 있느냐고 물었다. 잠시 고민하는 듯 뜸을 들이던 지훈 씨에게서 좋다는 문자가 왔다.

지훈 씨와 약속을 잡은 술집은 '청남수제맥주'였다. 이름에서 드러나듯이 수제맥주 전문점인데, 오래된 나무와 낡은 벽돌로 장식한 실내는 동유럽의 어느 지방에 있는 맥주가게 같은 분위기를 자아냈다. 맥주 맛은 이제 막 사귄 연인처럼 입에 착착 감겼다. 술이 몇 잔 들어가니 어색함이 사라지면서 대화가 술술 풀렸다. 나는 약간 들떠서 말이 빨라졌지만 지훈 씨는 개의치 않았다. 길게 마시고 싶었지만 일 때문에 멈추어야 하는 아쉬움을 달래며 가게를 나왔는데 집으로 가는 방향이 달랐다. 더 긴 시간을 보내고 싶은 마음을 숨기고 아무렇지 않은 척하며 지훈 씨와 작별했다. 그러다 몇 걸음 걷지 않아서 내 실수를 깨달았다.

'이렇게 만남을 끝내면 안 돼. 지훈 씨를 계속 만날 건수를 만들어야 하는데 괜히 들떠서 그 중요한 목적을 까먹다니······.'

다시 지훈 씨 쪽을 보았다. 지훈 씨는 빠른 걸음으로 멀어지고 있었다.

'어떡하지? 이대로 보내면 다시 만날 수 있을까? 이제 뭐라고 핑계를 대고 만나지? 다시 못 만나면······.'

마음이 어지러웠다.

'자연스럽게 만남을 이어 가는 것이 더 좋은데, 어떡하지?'

나는 망설이다 지훈 씨 뒤를 밟았다. 이러면 안 된다고 나를 질책하면서도 어쩔 수 없었다. 이런 황당한 짓을 하는 자신을 이해할 수 없었지만 뒤따르는 걸음을 멈추지 못했다. 지훈 씨는 계속 걸었다. 집이 걸어서 갈 만한 거리에 있는 것 같았다. 20여 분쯤 걷던 지훈 씨가 한 건물로 들어갔다. 도시 어디서나 흔히 볼 수 있는 5층짜리 건물이다. 입구에는 비밀번호가 달린 문과 출입자를 감시하는 CCTV가 외부인 접근금지 팻말을 들고 서 있었다. 지훈 씨가 사라진 문을 맥없이 바라보다 발길을 돌렸다.

집으로 가는 택시를 탔다. 걸을 때는 자세히 보였던 거리가 뿌옇게 흐려졌다.

'내일은 또 뭘 쓰지?'

그렇게 많은 글을 썼는데 또 글을 써야 하다니 끔찍했다. 내게 글은 숙제다. 안 하면 야단맞고 벌점이 떨어지는 학창 시절의 과제물이다. 엄마 몰래 일기를 쓸 때는 이렇지 않았다. 친구와 낄낄거리며 늦은 밤에 문자를 나눌 때도 이렇지 않았다. 돈을 위해, 남을 위해 글을 쓰면서 글은 고문이 되어 내 어깨와 손등을 찔러 댔다.

'오늘 집에 가서 일기를 써 볼까?'

나에 대한 글을 쓴다고 생각하니 글이 낯설었다. 잠시 이방인이 나를 차지한 것 같았다.

다음 날, 후속 기사 몇 편을 쥐어짰다. 수많은 기자가 쏟아 내는 기사에 밀려 내 기사는 자취를 감추었다. 또다시 예전처럼 오물 처리장으로 곧바로 버려진 것이다. 사람들은 그 기사의 원조가 누구인지 따지지 않았다. 그저 손끝을 유혹하는 문구를 따라서 동물처럼 반응만 했다.

그다음 날 관심은 시들해졌고, 나는 다른 기사를 생산해 내야 했다. 대중의 관심은 빠르게 옮겨 간다. 관심을 소비하는 속도가 점점 빨라진다. 그 속도를 따라가며 뉴스 아이템을 찾기는 쉽지 않은 과제다. 예상치 못한 큰 성공은 예전처럼 허접한 기사를 쓰려는 손끝을 주저하게 만들었다. 팀장의 눈초리가 다시 매섭게 변했다. 지훈 씨에게 연락했더니 프로젝트 중이라 연락을 못 한다는 답장이 왔다. 직접 입력한 것이 아니라 자동으로 발송된 문자 같았다. 퇴근해서 집으로 가야 하는데 어쩌다 보니 또다시 그 건물 앞에 서 있었다. 이러면 안 된다고 질책하면서도 절제력이 작동되지 않았다. 이러는 내가 낯설었다.

그다음 날, 나는 예전의 나로 돌아가 있었다. 기사는 엉망이고 팀장은 며칠 묵혀 두었던 욕을 퍼부어 댔다. 한번 성공하더니 게을러졌다는 비난을 덧붙였다. 그 말이 더 아팠다. 지훈 씨가 보고 싶었다. 지훈 씨라는 행운이 있어야 이 늪에서 벗어날 수 있을 것 같았다. 일정한 간격으로 문자를 보냈지만 프로젝트 중이라는 자동 응답만 똑같이 날아왔다.

'아무래도 나를 피하는 것 같아.'

'문자를 확인했으면 나중에라도 답했을 텐데, 나를 지겨워하는 거야.'

좋은 방향으로 생각을 끌어가려고 했지만, 의지와 달리 불길한 결론만 줄줄이 딸려 나왔다. 불안은 잠을 쫓아내고 피로를 증폭시켰다.

다시 출근했지만 일이 손에 안 잡혔다. 몸도 마음도 피곤했다. 영광의 그늘은 짙고 칙칙했다. 차라리 욕을 먹더라도 그냥 있는 그대로 기사를 썼어야 했다. 단독 인터뷰로 충분했다. 그 정도였으면 이런 그늘에 짓눌리지 않아도 되었다. 주눅이 든 탓에 그 전처럼 짜깁기 기사도 제대로 되지 않았다. 피곤해서 점심도 대충 먹었다. 억지로 밥을 삼키고 커피 한 잔으로 발걸음을 달래며 걷는데 누가 나를 잡았다.

"어머, 지훈 씨!"

햇살이 맑게 웃음 지었다.

지훈 씨는 급하게 주어진 프로젝트 때문에 정신없이 일하느라 제대로 답장하지 못했다며 사과했다.

"그럼 술 한잔 사세요."

그렇게 인연이 다시 이어졌고, 내 어둠은 빛 속으로 사라졌다. 지훈 씨를 다시 만나자 행운도 다시 찾아왔다. 주 형사에게서 연락이 온 것이다.

"특종이라도 건네주려나 봐요."

내가 장난스럽게 말했더니 주 형사는 씁쓸하게 눈살을 찌푸렸다.

"성사만 된다면 그렇게 되겠죠."

어투가 무척 심각했다.

"인터뷰를 권하러 왔습니다."

그러면서 주 형사가 어떤 사건인지 말했을 때, 엄청난 행운이 찾아왔음을 직감했다. 역시 지훈 씨는 내게 행운의 부적이요, 영광을 선물하는 빛이다.

"연쇄살인을 저지른 살인자가 자신이 저지른 범행을 모두 자백하는 유서를 남기고 자살했습니다."

더구나 살인자는 전교 1등을 거의 놓치지 않은 모범생이었고, 피살자들은 전부 같은 학년의 고등학생이었다. 사건을 접하자마자 기사에 쓸 사건의 명칭이 바로 떠올랐다.

고등학생 연쇄살인마 자살 사건

사건의 핵심을 짚으면서도 대중이 좋아할 만한 요소를 갖춘 명칭이었다. 살인자의 자살, 연쇄살인, 고등학생이란 의미가 곁들여진 제목은 먹이를 찾아 인터넷을 방황하는 눈들을 단숨에 붙잡을 만했다. 앞 글자만 따서 만든 '고연자'란 줄임말도 마음에 들었다.

"자살한 그 학생의 엄마를 만나 보세요."

주 형사는 그 엄마의 전화번호, 주소와 함께 자세한 신상 정보를 건넸다.

내가 인터뷰할 대상은 '나은주', 나이는 48살이다. 젊었을 때 이혼하고 어린 아들을 혼자 키웠다. 이혼한 남편은 곧바로 해외로 이민을 갔다. 나은주는 이혼한 뒤 어렵게 살다 부동산 투자로 큰 재산을 쌓았다. 연쇄살인을 저지르고 자살한 고등학생 이름은 '이정우', 나은주의 외동아들이다. 이정우는 학교에서 전교 1등을 놓치지 않을 만큼 뛰어난 학생으로 착하고 성실해서 선생님들 기대를 한 몸에 받고 있었다. 그런 학생이 동학년 세 명을 죽이고 자살한 것이다.

문제는 이 세 사건 모두 경찰이 유서와는 다른 결론을 이미 내렸다는 데 있다. 이 사실이 밝혀지면 경찰의 무능이 드러나는 것이기에 경찰은 내부에서 비밀리에 재수사를 진행했다. 그러나 살인자가 사망해 버렸고, 다른 결론을 내릴 만한 증거가 없는 상황에서 진상 조사에 어려움을 겪고 있었다. 이정우가 남긴 유품을 확보해서 샅샅이 뒤졌으나 사건의 진실을 밝힐 어떤 증거도 없었다. 나은주는 아들이 저지른 일에 대해서는 일절 입을 열지 않고 있었다. 경찰은 사건의 파장을 고려하여 이정우가 자살한 사실을 비밀에 붙였으며, 나은주도 주변에 아들의 죽음을 알리지 않았다. 방학이라 학생들 쪽으로도 아직 소문이 나지 않았다. 경찰은 비밀 유지를 약속받고 선생님들을 통해 은밀히 조사했으나 아무런 진척이 없었다. 무엇보다 경찰로서는 세 번째 살인 사건의 진상을 밝히는 것이 시급했다. 이정우가 아니라 다른 사람을 살인범으로 체포했고, 검찰이 이미 기소까지 했기 때문이다.

"그 엄마가 인터뷰에 응한대요?"

경찰에도 밝히지 않은 아들의 감추어진 내면이나 사생활을 기자에게 흔쾌히 밝힐 리 없다고 생각했다.

"오래된 경험에서 오는 촉이죠."

주 형사는 확신에 차서 말했다.

"촉도 근거가 있어야죠."

"아들이 잔혹한 범죄자로 세상에 알려지기를 원하는 엄마는 없거든요."

"그렇다면 인터뷰를 해도 진실을 다 밝힐 리 없죠."

"당연히 꾸며 내겠죠. 인터뷰를 하고서 최 기자가 어떤 기사를 쓰던 경찰은 관계하지 않겠습니다. 다만 조건이 있어요."

나는 주 형사가 원하는 바를 알아차렸다.

"인터뷰 녹음 파일을 건네야 하는군요."

"비슷합니다. 프로파일러들이 인터뷰에서 진실과 거짓을 가리고, 감추어진 비밀을 찾아낼 겁니다."

서로에게 이득이 되는 거래다. 경찰은 나를 통해 수사에 도움을 받고, 나는 특종이 될 뉴스를 낼 기회다. 문제는 나은주가 인터뷰 요청을 수락할지 여부다. 나은주는 쉽사리 인터뷰에 응할 것 같지 않았다. 방법을 고민했지만 답이 나오지 않았다.

'답이 나오지 않으면 일단 해 보자.'

수습기자 때부터 머리를 들이밀며 단련한 기자 정신을 끄집어내어 활성화시켰다. 수습기자 때 선배들은 무작정 경찰서에 쳐들어가게 시켰다. 쓰레기통으로 버려지는 명함에 자존심을 구기면서도 끝까지 밀고 들어가서 기사 거리를 찾았다. 뻔히 실패가 예정되었어도 일단 도전해서 작은 정보라도 얻어 내려고 몸부림쳤다. 그것이 수습기자 시절의 기자 정신이다. 이제는 주니어 기자이지만, 내게는 수습기자 때 발휘한 단순 무식한 도전 의식이 필요했다. 나는 각오를 단단히 하고 나은주에게 전화를 걸었다.

  신호음이 음성사서함으로 넘어갈 때까지 나은주는 전화를 받지 않았다. 전화를 끊고 일 분 뒤에 다시 전화를 걸었다. 이번에도 신호만 길게 이어졌다. 세 번째 걸었을 때도 마찬가지인가 싶더니 음성사서함으로 넘어가기 직전에 "여보세요." 하는 여성의 목소리가 들렸다. 며칠째 물 한 잔 마시지 못하고 사막을 건너는 사람의 목에서 나오는 듯한 목소리다.

  "안녕하세요? 저는 최시아 기자라고 합니다."

  "그런데요?"

  나는 주 형사 이름을 대며 아드님 사건과 관련해서 인터뷰해 보라는 권유를 받았다고 말했다. 잠시 아무런 답이 없었다. 끊어질 듯 말 듯한 숨소리만 가느다랗게 이어졌다.

  "제가 인터뷰를……."

  "이름이 뭐라고 했죠?"

  나는 다시 내 이름을 밝혔다.

  "요즘 제정신이 아니에요."

  "어떤 상황인지는 잘 알고 있습니다."

  "잠시 생각해 보고 연락할게요."

  미처 내가 다른 말을 하기도 전에 가는 숨소리로 이어지던 전화가 툭 끊겼다.

  인터뷰 성사 여부는 판단이 서지 않았다. 딱 잘라 거절하지 않는 것을 보면 수락할 가능성이 아예 없지는 않았다. 초조한 기다림이었다. 나은주에게서 전화가 온 것은 그로부터 세 시간 뒤였다.

"만나고 나서 결정할게요."

다음 날 오후 2시에 카페에서 만나기로 했다. 아무래도 내가 신뢰할 만한 기자인지 판단하고 싶은 듯하다. 신뢰만 얻으면 인터뷰는 성사될 가능성이 높다. 그날 밤, 지훈 씨를 '청남수제맥주'에서 다시 만났다. 지훈 씨는 여전히 멋졌고, 대화는 즐거웠으며, 나는 들떴다. 다만 새 프로젝트 때문에 당분간 만나기 힘들다는 소식은 무척 실망스러웠다.

다음 날, 서둘러 기사 몇 꼭지를 채우고 집으로 다시 갔다. 차분한 색조에 단정한 옷으로 갈아입고 화장도 새롭게 했다. 약속 장소는 손님들이 앉는 공간이 분리된 고급스런 카페였다. 커피 값이 비쌌다. 가장 싼 커피도 내게는 부담스러웠다. 약속 시간이 되어도 나은주는 나타나지 않았다. 전화를 했더니 응답이 없었다. 괜히 비싼 커피 값만 날리는 것은 아닌지 걱정되었다. 커피를 거의 다 마시고 초조하게 기다리는데 문이 열리며 나은주가 나타났다.

미리 떠올렸던 이미지와는 사뭇 달랐다. 아들을 잃은 엄마의 처절함도, 끔찍한 사건을 겪은 이의 안타까움도 겉모습만 봐서는 짐작할 수 없었다. 키와 체형이 나와 비슷했다. 인상도 평범해서 거리에서 보면 거의 눈에 띄지 않을 듯했다. 그러나 가까이 다가오자 평범함이 사라지고 슬픈 사연을 겪은 여성임을 짐작하는 어둠의 안개가 스멀스멀 번졌다. 눈빛은 우울하고 입술은 건조했고 피부는 생기가 없었다. 애써 비극을 감추려고 하지만 그 어떤 노력으로도 감출 수 없는 참담함이 푸석푸석한 먼지 냄새를 풍겼다.

나는 살짝 일어나서 가볍게 목례했다. 무슨 말부터 꺼내야 할지 고르기 힘들었다. 보통은 내 신상을 밝히고 명함을 내밀며 간단한 인사를 건네는데, 이상하게 입이 떨어지지 않았다. 나은주는 쉽게 입을 열지 못하게 하는 기묘한 오라를 풍겼다.

자리에 앉은 나은주는 눈을 지그시 감았다. 나는 조용히 기다렸다. 문이 열리고 커피가 들어왔다. 커피 향이 공간에 퍼질 때까지 같은 자세를 유지하던 나은주가 슬며시 눈을 떴다. 나는 그 눈을 응시했다. 먼저 입을 열지 말라는 명령이라도 받은 듯 내 입은 꿈쩍도 하지 않았다. 나은주는 얕은 숨을 내쉬더니 가늘게 입을 열었다.

"나는 살인자의 엄마입니다."

2 전지적 감시자 시점

'나는 살인자의 엄마입니다.'

묵직하고 처절한 문장이었다. 죄책감에 짓눌린 고백이었다. 그 문장에 어떤 문장으로 반응해야 할지 갈피를 잡지 못했다. 그런 나를 가만히 보던 나은주가 느리게 입을 열었다.

"그런 내 말을 믿을 수 있겠어요?"

나는 조금 전까지 어떻게 하면 나은주가 나를 신뢰하게 만들까 고민했다. 나은주에게서 신뢰를 얻어야 인터뷰가 성사되리라고 믿었다. 그러나 실제로는 반대였다. 자신이 하는 말을 과연 내가 온전히 신뢰하는지 여부에 따라 인터뷰를 결정하겠다는 뜻을 나은주가 은근히 내비친 것이다. 나는 과연 살인자의 엄마가 하는 말을 온전히 믿을 수 있을까? 혹시 자식이 그럴 수밖에 없다며 정당화하고 왜곡하는 진술을 진실로 포장하는 데 협력하게 되지는 않을까? 그러다 속으로 헛웃음을 지었다.

'내가 언제 진실을 추구하는 기자였다고.'

내 기사에 대중이 열광하면 그것으로 충분하다.

"믿습니다. 아니 믿을 수밖에 없습니다."

나은주는 식어 가는 커피 잔을 가만히 쓰다듬더니 느리게 입으로 가져갔다.

"난 여기 있는데, 내 아들은 없어요. 그게 사실이죠. 그것만 사실이에요. 바꾸지 못해요. 아무것도 바뀌지 않아요. 그런데 인터뷰를 왜 해야 하죠?"

당연히 클릭받기 좋은 아이템이기 때문이다. 처음 사건을 접하자마자 그 생각부터 했다. 그러나 나은주에게 내 속셈을 밝힐 수는 없었다. 그렇다면 기자 본분에 충실한 답은 무엇일까? 살인자의 엄마를 인터뷰하면 살인의 동기, 배경 등을 이해하는 데 도움이 되고, 그것은 앞으로 비슷한 사건을 예방하는 대책을 제시하는 데 보탬이 된다. 인터뷰를 함으로써 경각심과 교훈을 주게 되고, 이는 가정과 사회가 같은 실수를 하지 않게 하여 비슷한 비극이 일어나지 않게 막는다.

'이런 대답이 설득력이 있을까? 나은주 마음속에서 공감을 불러일으킬까?'

확신은 없지만 대답을 미룰 수는 없었다. 나는 슬픔은 가슴에 담아 두지 말고 토해 내야 하며, 비극이 반복되지 않도록 하는 데 도움이 된다면 인터뷰는 충분한 가치가 있다는 취지로 답변했다. 아쉽게도 내 답변은 깔끔하지 않았다. 대학입시 면접관 앞에서 답할 때보다 더 횡설수설이었다.

나은주는 커피 잔을 쓸쓸하게 어루만지더니 미지근한 커피를 다시 입으로 가져갔다. 탁자에 놓는 커피 잔의 양이 거의 줄지 않았다.

"최 기자님은 행복하세요?"

"네? 그게 무슨……."

뜬금없는 질문이다.

"요즘 행복한지 궁금해서요."

나는 이런 대화를 나누려고 이곳에 오지 않았다.

"그게 이 인터뷰와 무슨 상관이죠?"

"답하기 어려운 질문인가요?"

질문과 질문이 맞섰다.

문득 이 관문을 넘어야 제대로 된 인터뷰가 성사되리라는 직감이 들었다.

나는 행복한가? 당연히 행복하지 않다. 불행은 기자의 숙명이다. 기자는 행복이 아니라 불행을 전하는 직업이기 때문이다. '오늘 아침에 아무 일도 일어나지 않았어요', '사람들이 다 서로 돕고 착해요' 따위는 기사가 되지 않는다. 1만 명이 행복해도 한 명이 불행하면 기자는 그 한 명의 불행을 기사로 쓴다. 그것이 뉴스가 된다. 불행만 좇으며 사는 기자는 불행에 중독된다. 행복하려면 기자를 하면 안 된다. 기자를 선택한 순간 불행의 굴레로 들어온 것이다.

"사건을 취재하며 살다 보니 남의 불행을 많이 접해요. 그러다 보면 제 현실은 그보다는 낫다면서 위안을 받을 때가 종종 있어요."

앞에 한 말은 진실이고, 뒤에 한 말은 거짓이다. 남들과 비교하며 행복해 보려고 했지만 남들이 겪는 불행이 나를 행복하지 못하게 했다. 그나마 그런 불행을 겪지 않았으니 다행이라는 위안은 삭막한 현실에서 벗어날 시도조차 못 하게 막아 버리는 족쇄로 작용했다.

나은주가 내 눈을 지그시 바라보았다. 나도 그 눈을 보았다. 검은 연못 안에 슬픔과 고통의 침전물이 진득진득 고여 있었다.

"나보다는 확실히 행복하겠네요."

"그런 뜻으로 드린 말씀은 아니에요."

나은주가 눈을 가만히 감았다 뜨더니 먼 천장을 향해 시선을 움직였다.

"나는 정우의 행복을 위해서만 살아왔을 거예요."

'살아왔어요'가 아니라 '살아왔을 거예요'라니, 이상한 표현이다.

"지금 나에게는 행복한 기억이 한 움큼도 남아 있지 않아요. 나도 행복한 적이 있었겠지만, 그런 적이 아예 없었던 것 같아요. 기억에 재가 뿌려졌나 봐요. 잿빛밖에 안 남았어요. 화산재에 뒤덮인 그 옛날의 폼페이처럼."

커피 잔 테두리를 따라 손끝이 느리게 돌았다.

"이제 나는 어떻게 살아야 할까요?"

나은주 자신이 스스로에게 묻는 질문 같았다. 물론 내가 답할 수 없는 질문이다.

"나는 무엇을 바라보며 살아야 할까요?"

내가 그 처지가 되면 어떨지 상상도 하기 싫었다.

"이 인터뷰를 한다고 내 삶이 뭐가 달라질까요?"

또다시 내가 대답할 수 없는 질문이다. 그러다 문득 나은주가 이제껏 자신을 계속 '나'로 지칭한다는 사실을 깨달았다. 보통 이런 대화에서는 '저'를 사용한다. 그런데 나은주는 처음부터 계속 자신을 '나'로 지칭했다. 특이한 말버릇일까? 아니면 다른 의도가 있을까?

"정우가 저지른 범죄가 용서받을 리도 없고, 자살한 정우가 돌아올 리도 없고."

커피 색깔마저 오염시키는 듯한 절망의 말은 더 이상 내 의문이 이어지지 못하게 막았다.

"최 기자님이 왜 나를 인터뷰하려고 할까? 나 같은 사람을 인터뷰해서 뭘 얻으려는 것일까? 그러다 궁금해졌어요. 최 기자님이 날 인터뷰하면 행복할까 하는……."

나는 그 질문에 답을 생각해야 했다. 단순히 답만 한다고 되지 않는다. 나은주가 만족할 만한 답이어야 한다. 솔직한 내 대답은 당연히 긍정이다. 행복할지는 모르겠지만 지금보다는 확실히 나아질 것이다. 조회 수는 올라가고, 다시 팀장 코를 납작하게 해 주고, 주 형사와 확실한 연결망이 확보되면 내 처지가 좋아질 것이다. 내가 좀 더 수완을 발휘하면 더 넓은 인맥이 만들어질지도 모르고, 그보다 더 좋은 일이 생길지 누가 알겠는가? 물론 이런 속셈을 그대로 털어놓으면 인터뷰는 거절당한다. 나는 뻔하지만 나름 괜찮은 거짓말을 지어냈다.

"기사가 선한 영향력을 발휘할 수 있다면 저는 행복할 거예요."

거짓말이었는데 곰곰이 곱씹어 보니 꼭 거짓말도 아니다. 이 인터뷰 기사는 참으로 오랜만에, 아니 거의 처음으로 삶이 있고 이야기가 있고 내 해석과 견해가 들어가는 기사를 쓸 기회이기 때문이다. 어쩌면 이상으로만 떠올렸던 세상에 작은 빛을 남기는 기사를 내 손으로 쓸 수 있을지도 모른다. 더욱 좋은 점은 이상을 이루면서도 조회 수라는 현실도 만족시킬 가능성이 높다는 것이다. 욕망에 충실하면서도 숭고한 가치마저 이룰 수 있는 기회는 흔치 않다. 욕망대로 쓰는데도 고결해지다니, 아담 스미스가 『국부론』에서 밝힌 비밀스러운 자본주의 원리가 내 손끝에서 구현되는 것이다.

처음으로 나은주가 커피를 깊이 마셨다. 커피양이 눈에 띄게 줄어들었다.

"처음에는 거짓말이란 말부터 나왔어요. 부정할 수 없는 사실임을 받아들이자 머리가 하얘졌죠. 그때 내 기억이 안개에 갇혔어요. 정우 얼굴도 잘 떠오르지 않을 지경이었죠. 아무것도, 아무것도 생각나지 않아요. 어쩌면 날 보호하기 위해 기억하고 싶지 않은 건지도 모르겠어요. 경찰서에서는 일부러 증언하지 않은 게 아니에요. 정말 아무런 기억이 떠오르지 않아 입을 열 수가 없었어요. 몇 번이나 경찰서에 갔지만, 그때마다 머리에 낀 안개 때문에 그 어떤 말도 할 수가 없었어요."

나은주가 커피 잔을 비웠다. 빈 커피 잔이 마치 나은주의 내면 같았다.

"최 기자님과 인터뷰를 하려면 내 기억을 되살려야 해요. 내게는 끔찍한 고통이죠. 솔직히 정우와 함께 한 과거를 되돌아볼 용기가 안 나요."

나은주의 표정은 초지일관 변하지 않았다. 목소리도 처음과 다름없이 일정한 속도로 무미건조하게 흘러나왔다. 표정과 목소리의 빛깔을 잃어버린 사람 같았다. 나은주를 집어삼킨 안개가 나에게도 스며드는 듯했다.

"최 기자님 뜻은 알겠어요. 그런데 나는 아직 자신이 없네요."

매만지던 커피 잔을 놓으며 나은주가 느리게 일어났다. 나도 따라 일어났다.

"인터뷰는?"

나는 빠져나가는 모래를 움켜쥐려고 마지막까지 손아귀에 힘을 주었다.

"연락할게요. 하든, 안 하든."

있는 힘껏 손을 움켜쥐었지만 나은주는 모래바람처럼 방을 빠져나갔다. 나는 카페 문이 닫히자마자 털썩 주저앉았다. 몸을 지탱할 힘이 몽땅 빠져나간 듯 다리가 풀렸다. 아무래도 인터뷰가 성사되기는 힘들 듯했다. 바로 거부당하지 않아서 그나마 희망의 끈은 남았지만, 그것은 오누이를 쫓던 호랑이가 붙잡은 썩은 동아줄처럼 허약했다. 식어 버린 커피 맛이 너무 썼다. 신문사로 들어가는 길이 월요일 아침 출근길보다 더 괴로웠다.

다음 날까지 일이 손에 잡히지 않았다. 욕을 입에 달고 사는 팀장조차 넋이 나간 나를 보더니 그냥 내버려 두었다. 나는 10시에 한 통의 전화를 받을 때까지 그렇게 무기력한 안개 속을 헤매고 있었다.

"여보세요. 최시아 기잡니다."

전화를 받는 내 목소리가 마치 AI가 내는 음성 같았다.

"나은주예요."

정신이 번쩍 들었다.

"최 기자님이 날 인터뷰하고 나서 행복해지면 좋겠어요."

기쁨과 당황이 뒤엉키며 말문이 열리지 않았다.

"인터뷰를 하려면 준비할 시간이 필요해요. 내가 준비되면 그때 다시 전화할게요."

"네, 기다리겠습니다. 준비되면 전화 주세요."

나는 전화를 조심스럽게 끊고 기쁨에 전율했다.

전화를 끊자마자 내 기사를 누를 수많은 대중이 떠올랐다. 내 이름이 유명해지는 순간을 상상했다. 가슴이 미치도록 뛰었다. 그러다 지나치게 흥분한 나를 자각했다. 주위를 살폈다. 다들 기사를 쓰느라 정신이 없었다.

'너무 티내면 안 돼.'

뛰는 가슴을 가라앉혔다.

'잘못하면 눈치 빠른 팀장한테 들킬지도 몰라.'

팀장이 아이템을 자기에게 넘기라고 하면 골치 아프다. 기회는 내 손 위에 올려졌다. 잘 움켜쥐기만 하면 된다. 너무 세게 쥐어 터지게 하는 실수를 저지르면 안 된다. 그렇다고 너무 살살 쥐어 빠져나가게 해도 안 된다. 적절하게 다루어서 완벽한 상품이 되도록 꾸며야 한다. 내 인생은 이 특종을 기점으로 완전히 달라질 테니까 말이다.

곧바로 주 형사에게 소식을 전했다. 주 형사는 자신이 주는 도청 장치를 달고 인터뷰해 달라고 요구했다. 녹음 파일을 건네는 것과는 결이 다른 요구라 처음에는 거부하다가 인터뷰에 도움이 될 자료를 추가로 넘겨받는 조건으로 그 요구를 받아들였다. 주 형사는 첫 인터뷰 일정이 잡히면 그때 도청 장치와 새로운 자료를 넘겨주겠다고 했다. 인터뷰를 준비하는 동안 입가에서 웃음이 떠나지 않았다. 기자로 일하면서 그렇게 많이 웃은 적이 없었다. 그러다 문득 나은주가 짓던 표정이 떠올랐다. 웃음을 짓던 얼굴 근육이 일그러졌다.

나은주는 자기 아들이 살인을 저지르고 자살했다. 아들은 자신이 범인인지도 모르고 지나간 사건인데도 스스로 죄를 고백하는 유서를 남겼다. 엄마로서는 감당하기 힘든 비극이었을 것이다. 살인자가 되더라도 자식이 살아만 있다면 그나마 나을지도 모른다. 살인자가 아닌 채로 자살했다면 고통스럽겠지만, 망각의 늪에 빠지지는 않았을 것이다. 그런 나은주가 겪은 아픔에 진심으로 공감하며 심장마저 떨었던 내가, 다시 예전의 허접한 나로 돌아가 기사를 통해 거둘 성과에 들뜨다니, 내 자신이 견딜 수 없게 추했다. 내 행위를 변명하고 나를 정당화하려는 시도는 오래전에 그만두었지만, 그래도 마지막 양심은 내 안에 살아 있다고 믿었다. 그러나 이제 보니 나는 뚜껑을 슬쩍 건드리기만 해도 악취를 풍기는 속물 그 자체였다. 아무리 추하다고 해도 어떻게 이 수준까지 추락했을까? 기자들의 지위가 옛날과 달라서, 타인의 손가락에 목줄이 걸린 하루살이라서, 나를 둘러싼 환경이 엉망이어서 내 삶이 추락했다고 믿었는데 그것은 핑계였다. 나를 괴롭히는 모든 어둠과 절망은 나라는 사람의 인간성이 구겨진 탓이다.

노트북을 덮었다. 속에서 구토가 올라왔다. 눈을 꼭 감고 겨우 견뎠다. 배가 뒤틀리며 저렸다. 배에 손을 얹고 심호흡을 하는데 공기가 부들부들 떨렸다. 인터넷으로 뉴스와 이슈를 소비하는 군중을 볼 때마다 자극만 좇아 반응하는 날벌레 같다며 그들을 깔보았다. 당신들이 조금만 현명하게 뉴스를 소비한다면 나 같은 기자들이 이따위 짓을 하며 살지는 않을 것이라고 날벌레 같은 군중을 원망했다. 그런데 어쩌면 인과 관계가 뒤바뀌었는지도 모르겠다.

'어쩌면 세상이 쓰레기가 아니라 내가 쓰레기인지도.'

이미 알고 있던 진실이다. 모른 척 회피하던 진실이다. 세상이 엉망이어서 내가 엉망이라고 믿었지만, 사실은 세상을 망치는 악업을 내가 앞장서서 저지르고 있었다. 나는 피해자가 아니라 가해자였다.

'인터뷰를 하지 말까?'

양심이 꿈틀대며 내게 물었다. 그러나 답변은 이미 정해져 있었다. 인터뷰를 하지 않을 수는 없었다. 내가 거부하면 주 형사는 다른 기자를 섭외해서 인터뷰를 추진할 것이다. 내가 거부한다고 현실이 바뀌지는 않는다.

'정직하게 쓰자. 최대한 거짓 없이 쓰자. 김현지한테 했던 짓처럼 하지 말고······.'

나는 다짐하고 또 다짐했다. 타락을 멈추고 정직한 기자가 되자고 결심하는 내가 자랑스러웠다. 나는 지훈 씨를 떠올렸다. 지훈 씨 덕분에 올바른 기자로 되돌아가는 듯했다. 지훈 씨에게 문자를 보냈다.

> 조금 전에 중요한 인터뷰를 따냈어요. 기자의 사명감도 다시 고민하게 되었네요. 다 지훈 씨 덕분이에요. 고마워요.

평소답지 않게 다소 오글거리는 문구였지만 꾹 참고 보냈다. 문자를 보내 놓고 한참을 기다렸지만 읽었다는 표시가 뜨지 않았다.

'더는 나와 연락하고 싶지 않은 것일까?'

바쁘다는 말은 들었지만 문자를 확인할 시간까지 없을까 싶었다.

괜히 걱정되고 초조해졌다. 별의별 생각이 다 치고 올라왔다.

'바빠서 그래, 바빠서. 별일 없을 거야.'
'새로운 프로젝트에 들어간다고 했잖아.'

흔들리는 마음을 겨우 진정시켰지만, 슬쩍 건드리기만 해도 뒤집어질 만큼 내 안정은 위태로웠다. 거리의 불빛이 켜질 때쯤 지훈 씨에게서 문자가 왔다.

🗨 바빠서 뒤늦게 확인했네요.

'죄송'과 '축하'의 의미를 담은 이모티콘이 잇달아 왔다. 이모티콘의 캐릭터가 귀여웠다.

🗨 인터뷰 잘하세요.
🗨 중요한 프로젝트라 한동안 연락이 안 닿을 거예요.

바쁜 와중에도 내게 응답해 준 정성이 고마웠다. 불안이 잦아들고 평안이 심장을 차지했다. 그러나 평안은 하룻밤을 넘기지 못했다. 아침에 정성들여 보낸 문자에 또다시 지훈 씨가 응답하지 않았기 때문이다. 어떤 상황인지 알면서도 그 무응답이 서운했고, 이 관계가 더 이상 이어지지 못할 것 같은 불안감에 시달렸다. 나답지 않은 감정의 널뛰기다. 감정이 내 통제를 벗어나서 요동쳤다. 불안감을 달래려고 맥주를 마시며 무작정 걷다 보니 어느새 지훈 씨가 사는 건물 앞이었다. 멍하니 현관을 드나드는 이들을 바라보다가 문득 내가 무슨 짓을 하는지 깨달았다.

'최시아! 너 이러면 안 돼!'

나는 황급하게 집으로 도망쳤다.

그렇게 속절없이 시간이 흘렀다. 준비되면 연락을 주겠다던 나은주는 계속 연락이 없었다. 주 형사도 수시로 물었지만, 내가 해 줄 답은 없었다. 나은주에게 구구절절하게 문자를 보냈지만, 기다려 달라는 답변만 애매하게 돌아왔다. 밤이 되면 지훈 씨가 사는 건물 앞에서 서성이고 있는 나를 발견하고 자신을 책망했지만, 그다음 날이면 또다시 나는 영혼이 없는 사람처럼 그 건물 앞에 서 있었다. 혹시라도 지훈 씨와 자연스럽게 마주칠지도 모른다는 기대감을 품었지만 그런 행운은 오지 않았다.

어느 날, 멍하니 드나드는 사람들을 바라보다 의도치 않게 공동현관의 비밀번호를 알게 되었다. 비밀번호를 누르고 공동현관으로 들어가서 우편함을 확인했다. 요금 청구서에서 지훈 씨가 403호에 사는 것도 알아냈다. 내 휴대폰에 저장된 지훈 씨 연락처에 공동현관 비밀번호와 주소를 입력해서 넣었다. 어떻게 할지 잠시 망설이다가 위로 올라갔다. 승강기에서 내리니 정면 천장의 CCTV가 나를 찍고 있었다. CCTV가 촬영하는 각도를 보니 계단으로 올라와서 벽에 바짝 붙으면 촬영을 피할 수 있을 것 같았다. 다행히 403호 앞에는 CCTV가 없었다. 현관 안에서 일어나는 신호에 집중했지만, 그 안에는 아무도 없었다. 복도 창가에 기대어 서서 현관 너머의 공간을 상상했다. 처음에는 지훈 씨 혼자였지만, 어느새 나도 그 공간에서 함께 움직였다. 비밀스러운 카메라가 나와 지훈 씨가 나누는 사랑을 따라다녔다. 한참 행복한 공상에 빠져 있는데 옆집 현관이 열리는 소리가 들렸다. 나는 재빨리 승강기 쪽으로 몸을 틀었다. 사람이 복도로 나오기 전에 계단으로 내려갔다. 급하게 계단을 내달리며 두 손으로 머리를 쳤다.

'최시아, 너 무슨 짓이야? 너 이러면 안 돼.'

건물 입구의 CCTV에 얼굴이 찍히지 않으려고 고개를 푹 숙인 채 손으로 얼굴을 감싸며 공동현관을 빠져나갔다. 거리에 나오니 마치 꿈에서 깬 듯했다. 조금 전에 한 짓이 현실 같지 않았다. 잠깐 가상현실에 들어갔다 나왔다고 믿고 싶었다.

그러나 스스로를 책망하는 와중에도 내가 이 짓을 계속하리라는 사실을 깨달았다. 나는 얼마 전까지만 해도 막막한 현실에 좌절을 반복한 탓에 지금보다 더 나은 미래의 나를 상상하기가 쉽지 않았다. 허망한 몽상에 잠기고 나면 처참한 현실을 자각하게 되어 더 괴로웠기 때문에 일부러 무의식 속에 깃든 몽상 능력마저 지워 버리려 애썼다. 그런데 지훈 씨라면 잃어버린 미래를 상상하게 해 줄 수 있을 것 같았다. 복도에서 창작한 행복한 미래는 충분히 가능할 것 같았다. 다른 사람이라면 불가능하겠지만 지훈 씨라면 가능하겠다는 믿음이 싹텄다. 내가 남자에게 이렇게 집착하다니, 나로서도 믿기지 않는 현실이다.

'내가 왜 이렇게 되었지? 내가 왜?'

진득한 후회와 상념으로 내 행동을 되짚는데 예상치 못한 일이 벌어졌다. 부끄럽고 창피한 감정은 점점 희미해지고 그 자리에 나를 정당화하는 논리가 진해져 갔다.

'나는 남자에게 집착하는 게 아니야. 나는 기자로서 성공하기 위해 행운이 필요할 뿐이야. 지훈 씨는 내게 행운의 부적 같은 거니까. 지훈 씨를 만나면 내게 좋은 일이 일어나니까. 그래 난 연애 따위에 집착하는 사람이 아니라고.'

행운을 움켜쥐려면 손 놓고 있으면 안 된다. 조금 더 당차게 다가가야 한다. 나은주도 마찬가지다. 이렇게 마냥 기다릴 일이 아니다. 반쯤 들어온 찬란한 미래를 과감하게 잡아야 한다. 그러려면 대책 없이 기다리는 미련함 대신에 꼼꼼한 계획과 추진력이 필요하다.

나는 마음을 다잡고 지훈 씨가 무슨 일을 하는지부터 조사했다. 지훈 씨는 AI플랫폼을 개발하는 팀을 이끄는데, 프로젝트에 들어가면 업무를 완수할 때까지 무척 바빴다. 특히 마감이 임박하면 집에도 못 가고 외부와 단절된 채 일에 몰두했다. 업무 특성을 파악하니 왠지 안심이 되었다. 그렇게 바쁜데 내 문자를 확인하고 답장을 보내는 것을 보니 나에게 관심이 크다는 증거다. 고심 끝에 취재를 핑계로 만날 계획도 세웠다. 몰아서 근무하는 환경이 삶에 어떤 영향을 끼치는지, 혼자 사는 30대 남자의 일과 생활이 어떤지 밀착 취재 형태로 만나는 기사를 쓰면 좋을 것 같았다. 보통 사람의 일과 생활을 보여 줌으로써 평범한 시민들의 공감을 이끌어 낸다면 기자로서 충분히 가치 있고, 조회 수도 나름 나오리라 판단했다. 무엇보다 내가 계획한 밀착 취재 방식이 무척 마음에 들었다. 어쩌면 지훈 씨 혼자 사는 집에 들어갈 기회가 생길지도 모른다. 계획을 짜면서 몹시 기쁘고 설레었다.

나은주에게도 연락했다. 그 어떤 편견 없이 있는 그대로 기사를 쓰겠다고 약속했고, 인터뷰가 잿빛에 묻힌 옛일을 되살리는 데 도움이 될 것이라고 설득했다. 잠시 고민하던 나은주는 그럴지도 모르겠다면서 드디어 첫 인터뷰 약속을 잡았다. 이번에도 나은주가 약속 장소를 정했는데 그곳은 공원이었다.

"걷기 편한 신발을 신고 와요."

걸으면서 인터뷰를 하고 싶은 모양이다.

"기자는 늘 걷기 편한 신발을 신고 지냅니다."

인터뷰 일정이 잡히자 그때서야 관련 내용을 팀장에게 보고했다. 팀장은 내 취재계획서를 보자마자 입이 찢어져라 반겼다.

"역시, 최시아! 한 번 대박을 터트리더니 제 실력을 발휘하는구나."

팀장이 기분 좋은 상태를 노려서 30대 남자의 일과 생활을 밀착 취재하는 계획서도 내밀었다. 팀장은 한껏 들떴는지 제대로 확인도 않고 내 계획이 좋다고 칭찬했다. 편집국장에게 다녀온 팀장은 싱글벙글 웃으며 나를 격려했.

"국장님 기대가 크니까 잘해 봐."

그러면서 팀장은 편집국장님의 배려라며 특별 취재용 카드까지 내게 맡겼다. 단 한 번도 받아 본 적 없는 특별한 카드다. 내 미래를 바꿀 기회가 왔다는 확신이 점점 강해졌다. 김현지 인터뷰가 우연히 얻어 걸린 대박이었다면, 이번에는 확실한 계획하에 특종이 될 것이다. 우연은 내가 바라는 대로 내 미래를 바꾸지 못했지만, 계획은 내가 꿈꾸던 내 미래를 현실로 바꾸어 줄 것이다. 주 형사에게 연락하자, 곧바로 도청 장치와 함께 두툼한 봉투를 들고 직접 신문사로 찾아왔다. 주 형사는 꼼꼼하게 도청 장치 사용법을 설명했다. 봉투에 든 자료에는 두 가지 색 포스트잇이 붙어 있었는데 기사에 넣어도 되는 자료와 인터뷰에 참고는 하되 절대로 기사로 쓰면 안 되는 자료를 구분한 것이었다.

드디어 나은주와 첫 인터뷰를 하는 날이 왔다. 약속 시간이 되기 전에 미리 인터뷰 장소에 나갔다. 청남가족공원이라는 예쁜 글씨 뒤로 드넓은 잔디밭이 펼쳐 있었다. 공원 곳곳에 볼거리도 많고 산책을 하기에 좋은 환경이었다. 가볍게 둘러보고는 공원이 내려다 보이는 카페로 들어갔다. 인터뷰 질문과 취재계획서, 미리 잡아 놓은 기사와 주 형사에게 받은 자료를 꼼꼼히 살피며 인터뷰를 준비했다. 내 몫의 하루 기사량을 채우지 않아도 되기에 업무 부담도 없었다. 오직 인터뷰에만 집중하라고 편집국장이 날 배려한 것이다. 따지고 보면 배려도 아니다. 허접한 기사 수십 개보다 질 좋은 기사 하나가 조회 수를 훨씬 더 많이 끌어오기 때문이다. 솔직히 하루에 기사 수십 개를 왜 써야 하는지 납득이 안 된다. 기사 수십 개의 조회 수를 다 더해도 인기 기사 하나의 조회 수에도 못 미치는데 말이다. 클릭 수에 목을 매야 하는 처지라면 양이 아니라 질로 승부하는 것이 옳지 않을까 하는 의문을 수습 시절부터 했다. 그 의견을 선배들에게 몇 번 밝혔다가 현실을 모르는 이상이라고 대판 깨졌다. 왜 내 의견이 그저 현실이 아닌 이상일 뿐인지 계속 의문이 들었지만 더는 주위에 내 의견을 드러내지 않았다.

카페에서 가볍게 끼니를 때우고 약속 시간에 맞추어서 나갔다. 나은주는 큰 소나무 아래에 놓인 장의자에 앉아서 기다리고 있었다. 나은주를 보자마자 도청 장치를 켜고 녹음 앱도 실행시켰다. 나은주는 내가 오는 것을 알아채고도 나에게 시선을 주지 않았다. 시선은 잔디밭 한가운데를 향한 채 꼼짝도 하지 않았다.

'이 공원에 아들과 얽힌 사연이라도 있는 것일까?'

조금 옆에 떨어져 앉아서 나은주 시선이 향하는 곳을 바라보았다. 넓은 잔디밭에는 아이 세 명이 뛰어다니며 놀고 있었다. 아이들은 가끔 한쪽을 바라보았는데, 그곳에는 엄마로 보이는 여자 세 명이 앉아서 아이들을 지켜보고 있었다. 아이들도 가끔 엄마 쪽을 쳐다보고는 더 신나게 뛰어놀았다. 나은주 시선에 담긴 의미가 조금은 헤아려졌다.

내가 인사도 건네기 전에 나은주가 입을 열었다.

"정우도 어릴 때 내가 지켜보면 안심하고 저기서 놀았는데……."

목이 아니라 무저갱에서 흘러나오는 음성이다. 음침한 굴을 거치며 습한 이끼를 잔뜩 뒤집어 쓴 단어들이 빛으로 나오자 아스팔트 위의 지렁이처럼 뒤틀렸다.

"난 누구보다 정우가 어떤지 잘 알 수밖에 없었어요. 아니 안다고 믿을 수밖에 없었어요."

'잘 안다'거나, '잘 안다고 믿었다'가 아니라 '잘 알 수밖에 없었다'니 이상한 표현이다. '안다고 믿을 수밖에 없었다'는 표현은 더더구나 이상했다. '저'가 아니라 '나'로 자신을 지칭하는 표현도 여전히 귀에 거슬렸다. 이래저래 나은주가 쓰는 표현에서 비밀스런 냄새가 났다.

"유서를 읽고 또 읽었죠. 살인을 고백하는 대목은 무미건조한 신문기사 같았어요. 해파리에 쏘인 피부처럼 아무런 감각이 느껴지지 않는 글이었어요. 그런데 왜 그런 일을 벌였는지, 왜 스스로 죽기로 결심했는지는 모르겠어요. 그 안에 담긴 진짜 심정이 무엇인지."

나는 주 형사에게 비공개를 조건으로 유서를 전달받았다. 유서에서 정우는 자신이 누구인지 밝히고는 곧바로 자신이 행한 살인을 담담하게 고백했다. 다른 이들은 모르는 범죄 수법이 담겼는데 경찰을 당황시키기에 충분한 내용이었다. 처음 두 사건의 피해자는 살인 정황이 없어서 사고로 처리되었고, 세 번째 사건은 경찰이 유력한 범인을 잡아서 이미 기소까지 한 상태였다.

담담하게 자신의 범죄를 고백하던 유서는 마지막 부분에서 은유를 흠뻑 머금은 시로 바뀌어 있었다.

나는 여행을 즐기듯 걷고 싶었지만
결국 이 나이에 유서를 쓰게 됐어.
안 그래도 피로 어긋난 길인데
또다시 얹힌 붉은 멍울에 난 좌절했어.
멍울을 깨뜨린 손은 떨렸고
부서진 날개는 허무했어.
침묵은 영원한 파멸이 되고
나도 그래야만 했어. 그래, 이 길밖에 없어.
난 바보야.
그동안 내가 해 온 짓들은 다 멍청했어.

나를 바꿀 수 없는 내가 역겨워.

나는 내가 제일 미워.

새로운 여행은 이 길보다는 어긋나지 않기를.

엄마.

난... 무서워.

혹시라도 날 아는 모든 이들에게 부탁해.

날 잊어.

깨끗이 잊어.

나는 이 지구에 나의 어떤 흔적도 남는 걸 원치 않아.

차라리 파멸하길.

처음 사건을 접했을 때 자살은 세 명을 죽인 죄책감이 원인인 줄 알았다. 그러나 유서에는 자신이 저지른 살인에 대한 어떤 죄책감도 없었다. 유서에는 세 명을 죽인 동기가 은유의 형태로 감추어진 것 같았지만 도저히 해석되지 않았다. 주 형사에 따르면 프로파일러들이 이 유서를 분석했지만, 다른 증거 자료가 없고 지나치게 함축된 표현이라 명확한 해석을 하지 못했다고 한다.

이것은 공부를 잘하는 고등학생이라고 하면 흔히 떠올리는 사건과는 결이 다르다. 정우는 입시 스트레스 때문에 범죄를 저지르고 자살했다고 보기는 어렵다. 정우는 최상위권 성적에 돈 많은 엄마에게서 모든 지원을 아낌없이 받았다. 몇 달 후면 입시가 끝나고 최상위 대학에 입학이 보장된 우등생이다. 그동안 공부와 경쟁으로 힘든 티를 낸 적도 없다. 학교에서도 친구 관계가 넓지는 않았지만 갈등하는 관계는 없었다. 남모르는 사이코패스 성향이 있다고 해도 설명이 안 되는 점이 있었다. 사이코패스가 연쇄살인을 하면 일정한 패턴이 나타난다. 첫째, 둘째 살인은 비슷했지만 셋째 살인은 그 유형이 달라도 너무 달랐다. 온통 이해할 수 없는 것투성이다. 그래도 유서를 통해 확실해진 점도 있다. 이정우는 보통의 고등학교 3학년에 비해 훨씬 성숙하고 표현력도 뛰어나며 인생 고민이 깊었다는 것이다.

"내가 다 안다고 믿었는데, 갑자기 아무것도 모르는 바보가 된 거죠."

질문을 해야 하는데 입이 떨어지지 않았다.

"난 죄인이니 정우를 잃고도 슬퍼하지 못했어요. 내 슬픔은 죄가 되니까."

어둠이 거대한 중력이 되어 공기마저 짓눌렀다.

"왜 그랬는지 알고 싶었어요. 최 기자님의 인터뷰 요청을 수락한 이유예요. 인터뷰를 하려고 하니 그동안 내가 모른 척했던, 무지했던 것들이 꾸역꾸역 밀고 올라왔어요. 아직 답은 못 찾았어요. 그래서 기자님에게 부탁할게요. 나를 도와줘요."

나은주가 아이들을 보던 눈빛으로 나를 보았다.

"네. 그럴게요. 도와드릴게요."

"고마워요."

나은주가 핸드백을 챙기더니 자리에서 일어났다.

"걸으면서 이야기해요. 저 아이들을 보고 있기 힘드네요."

나는 가볍게 호흡을 가다듬고 한 걸음쯤 옆에 떨어져서 걸었다.

"제가 한 가지 여쭈어보아도 될까요?"

"질문하러 왔잖아요. 뭐든 물어보세요."

나는 어색함을 느꼈던 문장을 끄집어냈다.

"조금 전에 누구보다 정우가 어떤지 잘 알 수밖에 없었다고 하셨어요. 보통 사람들은 '잘 안다'거나 '잘 안다고 믿었다'고 표현해요. 그런데 정우 어머님은……."

"어머님이란 표현은 듣기 싫네요. 더는 나를 엄마라 부를 정우도 없는데."

"아, 죄송해요. 그럼 뭐라고?"

"이름으로 불러요. 편하게."

"그럼 은주님이라고 할게요. 그러니까 보통은 '잘 안다'거나 '잘 안다고 믿었다'고 표현하는데, 은주님은 '잘 알 수밖에 없었다', '안다고 믿을 수밖에 없었다'고 했어요. 그 표현이 자연스럽지 않아서……."

"내가 그렇게 말했나요?"

'저'라고 하지 않고 계속 '나'라고 하는 표현도 의문점 중 하나였지만, 일단 그것은 묻지 않기로 했다. 그냥 언어 습관이 그럴 수 있기 때문이다.

"네. 처음에 카페에서 뵈었을 때도 이상한 표현을 하셨어요. '나는 정우의 행복을 위해서만 살아왔을 거예요.' 하고 말씀하셨죠. 이 경우에도 보통은 '살아왔어요'라고 하지 '살아왔을 거예요'라는 불확실한 표현은 잘 안 쓰죠."

"그러게요. 내가 그렇게 말했다니……."

나은주는 입술을 살짝 일그러뜨리며 잠시 고민했다.

"그럼, 먼저…… 내가 그렇게 말한 이유부터…… 헤아려 보면 되겠네요."

"그러면 정우가 그런 선택을 한 이유를 이해하는 데 도움이 될까요?"

"어쩌면……."

나은주 표정은 여전히 잿빛이지만, 처음보다 조금은 편안해 보였다.

"모든 문제의 출발은 이혼이었어요."

"정우가 부모님 이혼으로 힘들어 했나요?"

"그건 모르겠어요. 정우가 유치원에 다닐 때였는데, 그때는 정우가 어떤지 살필 겨를이 없었거든요. 남편이 갑자기 이혼하자고 했는데, 그 이유를 말하지 않았어요. 혹시 여자 문제인가 싶어서 추궁했지만 아니라고만 하고. 나로서는 받아들일 수 없었죠. 절대 안 된다고 했더니, 이혼하지 않으면 모든 재산을 정리해서 그냥 외국으로 혼자 가 버릴 거래요. 황당했죠. 이유도 모른 채 이혼을 요구하는 남편이라니. 정우를 방패로 내세웠지만, 남편에게는 아무런 효과가 없었어요. 재산을 정리해서 절반을 줄 테니 그 돈으로 정우를 알아서 키우라는 무책임한 답만 돌아왔죠. 나도 정우와 함께 당신을 따라서 외국으로 가겠다고 했더니, 절대 안 된대요. 따라오면 나랑 정우를 버리고 도망쳐 버리겠대요. 남편은 정말 그럴 기세였어요. 버티고 버텼지만 자기 말대로 모든 걸 정리하는 남편을 보고 결국 포기했죠. 그렇게 졸지에 이유도 모른 채 이혼을 당하고 정우와 나만 덩그러니 남겨졌어요. 시댁 쪽은 모든 비난을 나에게 쏟아냈죠. 결혼 생활에 무슨 문제가 있어서 그런 거 아니냐고, 얼마나 아내가 싫었으면 자식까지 버리고 도망치겠냐고. 비난이 워낙 심했기에 도저히 참을 수 없어서 관계를 아예 끊었어요. 친정 엄마는 내 이혼 소식을 듣고 며칠 뒤에 쓰러지더니 손 쓸 새도 없이 돌아가셨어요. 암담했죠. 엄마는 그렇게 가시고 외동인데다 시댁과는 관계가 끊어졌으니 세상에 기댈 데가 완전히 없어진 거죠. 남편이 분할해 준 재산과 엄마가 남기신 유산이 내가 가진 돈의 전부였어요. 전셋집을 얻고 나면 이삼 년 정도 버틸 만한 돈이었기에, 그 돈을 쥐고 고민에 고민을 거듭했죠. 난 정우를 임신하며 직장을 그만두었고, 미혼 때 다녔던 직장에서 단순 업무만 했기에 내세울 경력이 없어서 취업도 마땅치 않았어요. 정우를 제대로 키우려면 그 돈을 어떻게든 불려야 했어요."

나은주는 말을 멈추더니 내 안색을 잠깐 살폈다.

"뻔한 사연이라 지루하죠?"

"아뇨. 그 막막함에 저도 공감해요."

나는 최대한 진지하게 반응했다.

"돈을 어떻게 벌었는지는 핵심이 아니니 건너뛸게요. 부동산 투자로 돈을 벌었다는 정도로만 말씀드릴게요. 처음부터 부동산에 투자를 한 것도 아니고, 부동산 투자로 곧바로 돈을 번 것도 아니에요. 수많은 시행착오를 겪었죠. 어쨌든 몇 년이 지나자 제법 재산이 모이고 생활이 안정됐어요. 그때 나는 세상을 다 가진 것 같았죠."

"행복하셨겠네요."

"행복이란 말로는 모자라요. 음, 황홀하다고 해야 할까……."

나은주 입술이 살짝 뒤틀렸다.

"생활이 안정되니 그제야 정우가 보였죠. 엉망이 된 정우가."

"정우가 공부도 잘하고 모범생이라고 들었는데, 어릴 때는 아니었나 보네요."

"모범생이 되기까지 정말 힘들었어요. 끔찍하게……."

* * * * *

나는 외동에 교류하는 친척도 거의 없는 집안에서 태어났지만, 외로움이나 불안을 느껴 본 적이 없다. 결혼하고 정우를 낳을 때까지 평범하면서 안정되게 살았다. 남편이 떠나고 엄마가 돌아가시자 갑자기 세상에 홀로 던져졌다. 불안이란 악당이 깊은 동굴이 아니라 발밑에서 하루에도 수십 번씩 꿈틀댔다. 남편이 떠나고 무너지지 않기 위해 살다 보니 아이를 살필 겨를이 없었다. 감기에 걸려서 병원에 갈 때만 걱정으로 지켜보았다. 유치원과 초등학교에서 정우가 어떻게 보내는지 알지 못했다. 부동산 투자가 대박을 터트리며 큰돈이 통장에 들어오자 삶에 여유가 생겼다. 모든 고통은 끝났다고 믿었다. 정우는 학교에 잘 다녔고, 크게 아프지도 않았다. 모든 것이 완벽했다. 학부모 면담을 위해 학교로 방문해 달라는 연락을 받고 담임을 만나기 전까지는 다 괜찮은 줄 알았다.

면담 약속이 잡힌 날, 아침 일찍 미용실을 찾아 머리도 하고 피부 관리도 받았다. 언뜻 보면 수수하지만 알 만한 사람이 보면 깜짝 놀랄 명품 브랜드 옷으로 몸을 감쌌다. 당연히 핸드백도 최고급 명품이었다. 외제차를 끌고 학교를 찾았다. 정우 입학식 이후에 처음 가는 학교였기에 정우 엄마가 얼마나 부자고 멋진지 자랑하고 싶었다. 정우가 내 후광을 등에 업고 남들의 부러움을 받으며 당당하게 생활하기를 바랐다. 그러나 담임과 면담을 하면서 내 기대는 철저히 부서졌다.

"어머님께 죄송한 말씀이지만 정우를 가르치기 참 힘듭니다. 수업 시간에 툭하면 딴짓을 하고, 늘 산만합니다. 수업에 방해가 된 적이 한두 번이 아닙니다. 조심스럽게 달래 보기도 하고, 야단도 쳐 보았지만 잠시 안 그런 척하다 금방 제멋대로 굽니다."

그렇게 말을 꺼내더니 담임은 정우가 평소에 얼마나 엉망진창인지 자세히 묘사했다. 정우가 아니라 다른 집 아이에 대해 듣는 것 같았다.

부동산 투자를 하다 보면 다양한 사람을 만난다. 투자에 성공하려면 물건뿐 아니라 사람을 알아보는 능력이 중요하다. 엉큼한 속셈을 품은 사람을 믿었다가는 크게 낭패를 당하기 때문이다. 나는 거래 상대자나 중개인이 어떤 사람인지 파악하는 능력이 제법 탄탄했다. 부동산 투자를 하면서 기른 안목은 다른 영역에서 만나는 사람의 진면목을 확인하는 데도 유용했다. 그런데 그 능력이 정우의 담임을 향해서는 조금도 발휘되지 않았다. 나름 사람을 볼 줄 아는 능력을 갖추었다고 자부하던 나였지만 그 순간에는 시력을 잃은 듯이 막막했다.

어쩌면 그 담임은 그리 믿을 만한 교사가 아니었을지도 모른다. 정우가 문제가 아니라 가르치는 방식이 문제였을 수도 있고, 편견으로 사이가 틀어져 정우가 엇나갔을 수도 있다. 만약 내가 정우를 잘 알고 있거나, 평소에 정우가 담임을 어떻게 여기는지 알았다면 강하게 반박하든 도움을 청하든 했을 것이다. 그러나 나는 정우에 대해 아는 것이 없었기 때문에 그냥 듣고만 있었다. 비싼 겉치장이 오히려 부끄러워질 즈음에 마지막 결정타가 날아왔다.

"제가 보기에 중증 ADHD가 의심됩니다."

아들이 정신과에 갈 만큼 문제가 심각하다니 이유도 모른 채 이혼을 당했을 때와 비슷한 충격을 받았다. 간신히 지옥에서 벗어난 나에게 또 다른 지옥이 펼쳐지고 있었다.

담임은 인터넷으로 ADHD를 검색한 결과를 보여 주면서 세부 사항을 하나씩 짚어 나갔다. 마치 정신과 의사 같았다. 학업에 집중하지 못할 뿐 아니라 모둠 활동에도 어울리기 어려워하고, 다른 사람 말은 제대로 듣지 않으며, 과제가 조금만 어려워도 피하려 하고, 조금 전에 지시한 것도 자주 잊는다고 했다. 수업 시간에 가만히 있지 못하고, 돌아다니면 안 되는 상황임에도 교실을 돌아다녀서 수업 분위기를 망치고, 질문을 받으면 엉뚱한 대답을 하고, 다른 아이들 차례인데 불쑥 끼어들기도 한다고 했다. 담임 말에 따르면 인터넷에 나온 ADHD 증상이 거의 다 정우에게 해당되었다. 담임은 마지막으로 처방까지 제시했다.

"이런 말씀드리기 죄송하지만, 소아정신과에 가서 검사를 받아 보시기를 권합니다."

정신과에 가서 검사하라고 했지만 담임은 이미 확실하게 진단을 내린 뒤였다. 나는 그러겠다고 대답하고는 면담을 끝냈다.

운전이 불가능할 만큼 한동안 멍했다. 약물에 중독된 듯 머리가 몽롱했다. 겨우 정신을 차리고 인터넷을 검색했다. 온갖 불길한 낙인이 우울의 비가 되어 내렸다. 휴대폰을 던져 버렸다. 집에 어떻게 왔는지 기억이 없었다. 남편과 엄마가 떠나고 나서는 그래도 당장 버티며 키워 나갈 종잣돈이라도 있었다. 살고자 하는 욕망도 강렬했다. 걱정과 불안 따위는 살필 겨를이 없었다. 그러나 정우에게 내려진 잔혹한 선고를 극복할 종잣돈이 내게는 없었다. 무엇을 어떻게 해야 할지 갈피를 잡을 수 없었고, 내게 남은 것은 벼랑에 내던져진 절망뿐이었다.

'어떻게 되돌릴까?'

똑같은 질문을 묻고 또 물었지만 답은 돌아오지 않았다. 앞날이 깜깜했다. 불안을 달래며 겨우 휴대폰을 다시 집어 들었다. 인터넷에서 정보를 모았다. 외면하고 싶은 정보가 넘쳐 났다. 꾹 참고 다 읽었다. 경험자들이 써 놓은 조언도 꼼꼼히 확인했다. 정보를 접하면 접할수록 조급하고 초조해졌다. 때를 놓치면 치료가 불가능하고 성인이 되어서도 제대로 사회생활을 하지 못한다는 불길한 예언이 나를 압박했다. 서둘러 정우를 정상으로 되돌려야 했다.

인터넷에서는 약을 먹이라는 의견과 약을 절대 먹이지 말라는 견해가 맞섰다. 나는 정신을 약으로 통제하는 방식이 마음에 들지 않았다. 평생 약에 의존해서 나약하게 살면 안 된다는 판단을 내렸다. 나는 남편에게 버려지고 엄마가 돌아가신 악조건에서도 꿋꿋하게 시련을 이겨 냈다. 정우는 내 아들이니 내 기질을 물려받았다면 이 어려움을 극복할 수 있으리라고 믿었다. 아니 믿어야 했다. 그래서 병원에는 가지 않기로 했다. 의사가 병명을 확정하면 되돌릴 기회가 완전히 막힐 것 같았다. 정우에게 낙인이 찍히는 비극은 막고 싶었다.

고심에 고심을 거듭하다 의외로 해결책이 쉬울지도 모른다는 생각이 들었다. 담임은 수업 시간에 집중하지 못하는 점이 가장 큰 문제라고 했다. 그렇다면 수업 시간에 집중만 하면 된다. 정우는 단지 아빠가 갑자기 사라지고, 엄마가 자신을 제대로 돌보지 않아서 살짝 삐뚤어졌을 뿐이다. 어릴 때부터 품성이 순해서 정우 같은 아이만 있으면 바랄 것이 없겠다는 말을 선생님들에게 자주 들었다. 주위 엄마들도 자기 아이가 정우와 친해지길 바랐고, 나는 정우 덕분에 누가 뭐래도 좋은 엄마로 평가받았다. 그런 정우의 본성이 사라지지 않았을 것이라고 믿었다. 내가 정성을 들이고, 수업에 조금만 집중하게 만들면 담임의 인식도 바뀌리라 믿었다. 수학 수업 시간에 산만함이 특히 심해진다고 하니 일단 수학을 가르치기로 했다.

학교에서 돌아온 정우를 앉혀 놓고 수학 문제집을 폈다. 정우는 엄마가 안 하던 행동을 하자 어찌할 바를 몰랐다. 나는 살살 달래면서 정우를 자리에 앉혔다. 쉬운 문제들을 풀어 보라고 시켰다. 정우는 연필을 잡고 푸는 척하더니 몸을 비비 꼬며 어찌할 바를 몰랐다. 가만히 지켜보다 풀이법을 설명했다. 잘 이해하지 못해서 두 번이나 반복해서 알려 주었다. 이해했느냐고 물었더니 고개를 끄덕였다. 그 아래에 있는 문제를 풀어 보라고 시켰다. 숫자만 다를 뿐 문제의 형태는 똑같았다. 정우는 연필을 꼭 쥔 채 숫자 하나도 쓰지 못했다. 하나씩 설명하며 직접 정우 손으로 숫자를 쓰게 했다. 답이 나왔고 나는 마치 정우가 푼 것처럼 칭찬했다. 다시 형태가 같은 문제를 풀게 했다. 이번에는 숫자 하나를 쓰더니 내 눈치를 살폈다. 나는 인내하며 같은 과정을 반복했다. 그런 과정을 몇 차례 밟았지만 정우는 똑같다. 30분이 흐르자 몸을 심하게 비틀더니 못 하겠다면서 연필을 던져 버리고는 일어나려고 했다. 내가 좋게 달랜다고 따를 낌새가 아니었다.

"자리에 앉아!"

나는 단호하게 명령했다.

"싫어!"

정우가 강하게 반항했다.

"너 왜 그래?"

"엄마야말로 왜 그래?"

"너야말로 몇 번이나 설명했는데 이것도 못 해?"

"풀기 싫어."

"똑같이 하면 되잖아."

"싫다고."

"집중해서 해!"

"싫다고 했잖아."

그러더니 정우는 벌떡 일어나서 화장실로 들어가 버렸다.

나는 화보다는 짜증이 났다. 똑같은 계산을 몇 번이나 반복했는데 그것을 따라하지 못하는 정우가 답답해서 미칠 지경이었다. 정우는 한동안 화장실에서 나오지 않았다. 나는 정우가 나올 때까지 끈질기게 기다렸다가 화장실에서 나온 정우를 붙잡아서 다시 앉혔다. 잠시 앉아 있던 정우는 몇 분도 지나지 않아 꿈틀댔고, 수없이 반복해서 설명했지만 한 문제도 풀어내지 못했다. 숫자와 수식을 따라서 쓰기만 하면 되는데 그것을 못 했다. 못 하는 것인지 안 하는 것인지 구분

되지 않았다. 이번에는 10분도 지나지 않아 자리에서 일어났고 또다시 큰 소리가 오갔다. 자리를 벗어난 정우를 다시 끌어 앉히고, 문제를 아무리 설명해도 풀지 못하고, 그러다 지쳐서 나가떨어지는 일이 반복되었다.

나는 결국 참지 못하고 하지 말아야 할 말을 토해 내고 말았다.

"너 바보야? 머리가 돌이야? 도대체 왜 그래? 수십 번이나 알려 주었으면 그대로 따라서라도 해야 할 거 아니야?"

그래도 때리지는 않았다. 아이를 때리는 것은 아동학대라고 믿었다. 보통 엄마들은 아이에게 화가 나면 등짝이라도 때린다는데 나는 등짝에 손 한 번 안 댔다. 어쩌면 그때 깔끔하게 등짝이라도 때렸다면 어땠을까 하는 생각을 나중에 했다. 엄마가 때리지 않는다는 것을 알았는지 정우는 내가 아무리 강하게 압박해도 무서워하지 않았다.

한동안 그런 신경전이 이어졌다. 나는 절대 포기하지 않겠다고 다짐하며 끈질기게 시도했다. 생존을 위해 노력했던 옛날의 끈기를 되살렸다. 그러나 효과가 없었다. 도리어 더 악화되었다. 돈은 내 노력으로 가능했지만 아이는 내 노력으로 바뀌지 않았다. 내 힘으로 될 일이 아니었다. 그래도 정신과에 가기는 싫었다. 인터넷을 다시 뒤졌다. 엄마표 학습은 하지 말라는 글을 맘카페에서 읽었다. 좋은 학원이나 선생님을 골라서 맡기는 것이 가장 좋은 해결책이라고 많은 엄마가 권하고 있었다. 좋은 학원이나 선생님의 정보는 학부모 모임에서 얻으라는 충고도 눈여겨보았다.

그래서 수소문 끝에 엄마들 모임에 참가했다. 모임에서는 학원과 선생님뿐 아니라 수많은 정보가 오갔다. 나로서는 이제껏 접한 적 없는 놀라운 정보들이었다. 그런데 한 엄마가 자신만 정보를 내놓고 나는 아무런 정보를 주지 않는다며 뾰족하게 쏘아붙이더니 정우는 어떤 학원을 다니는지 물었다. 나는 정우가 태권도 학원과 농구 클럽만 다닌다고 했다.

"아니, 정우 엄마는 어쩌려고 그래요?"

"일이 바쁘다 보니 잘 몰랐어요."

"그래도 그렇지. 그건 방치예요."

방치란 단어가 낙인이 되어 예리하게 번뜩였다.

"방치도 학대인데……."

학대란 단어를 작게 말했지만, 또렷이 들렸다. 내가 정우를 학대하는 못된 엄마라니 어이가 없었다. 못 들은 척했지만 속으로는 수없이 반박하고 비난까지 퍼부었다. 속편하게 살림만 하고 아이들만 돌보는 주제에 어렵게 성공한 나를 질투해서 내뱉는 헛소리로 치부했다.

처음에는 흘려보냈다. 지나가는 말이었다. 그렇게 잘 흘려보냈으면 흔적도 남지 않을 소음이었다. 그러나 자연스럽게 흘려보내지 못했다. 흘려보내야 했던 말을 귀에 붙잡고 대뇌에 새기면서 소음이 말이 되고 힘이 생겼다. 나는 그 말에 지배당했다. 어떤 변명도 꺼내지 못하다 결국 그 지적을 내면화했다. 누구보다 좋은 엄마였던 예전의 나와 지금의 나를 비교하면서 죄책감에 빠져들었다.

정우에게 맞는 방법이나 선생님을 고르기 위해 신중하게 정보를 수집하던 자세가 모래처럼 무너지더니 조급증이 나를 지배했다. 원래는 뛰어난 전문가를 신중하게 구해서 한 단계씩 천천히 적응시킬 계획이었지만, 학대라는 낙인이 죄책감이 되어 나를 모질게 다그쳤기에 어쩔 수 없었다. 부동산 투자에서는 절대로 하지 않았을 실수다. 결국 잘 알아보지도 않은 채 그 엄마가 던지는 정보들을 정우에게 모조리 뒤집어씌웠다. 소개받은 학원에 정우를 보냈다. 과외 선생도 구해서 붙였다. 처음 계획한 방향이 아니었지만 정우를 보내 놓고 나니 안심이 되었다. 죄책감이 덜어졌고, 정우 문제도 머지않아 해결되리라 기대했다.

엄마들이 좋다고 하는 데 맡겼으니 괜찮아지리라 믿었다. 실제로 잠시 괜찮아지는 듯싶었다. 그러나 얼마 지나지 않아 원 상태로 돌아갔다. 담임에게 들었던 말을 학원 선생에게 들어야 했다. 과외 선생도 똑같이 말했다. 학교에도 여러 차례 다시 불려 갔다. 벌점이 쌓이면 밟는 절차라고 하는데 정우는 짧은 시간에 벌점을 수북하게 받았다. 반성의 의미로 방과 후에 남아서 『명심보감』이나 『논어』를 쓰는 벌은 얼마나 받았는지 셀 수도 없었다. 점점 절망이 짙어졌다.

정우를 어떻게든 바꾸려고 야단도 치고, 타일러도 보고, 설득도 해 보았지만 변하지 않았다. 이런저런 거래도 많이 했다. 게임 하는 시간을 걸기도 하고, 원하는 만화책을 사 주기도 하고, 최신 휴대폰으로 바꾸어 주기도 했다. 그래 봤자 효과는 유성처럼 잠깐만 빛나다 사라졌다.

'정신과에 가야 하나?'

고민하고 또 고민했지만 정신과만은 피하고 싶었다. 그러다 내 인내심이 점점 바닥으로 가라앉더니 마침내 폭발하고 말았다.

어느 날이었다. 이런저런 조건을 다 들어준 뒤 한 시간 동안 앉아서 숙제를 하기로 했다. 힘들게 정우에게서 얻어 낸 약속이었다. 정우는 약속대로 책상에 앉아 공부했다. 오랜만에 집중하는 모습을 보니 뿌듯했다. 방 안이 조용했다. 평소답지 않게 집중력을 오래 유지했다. 방문을 살짝 열고 그 모습을 보았다. 정우는 집중력을 발휘하며 책상에 앉아 있었다. 드디어 나아지나 싶어서 흐뭇해 하는데 아무래도 이상했다. 슬며시 들어가서 정우 뒤로 접근했다.

"야!"

버럭 소리를 질렀다.

"공부한다고 약속해 놓고 만화를 봐?"

만화책을 낚아챘다.

"이리 줘."

정우가 내게서 만화책을 뺏으려고 했다.

"공부하겠다고 약속해서 사 주었더니, 엄마를 속여?"

정우는 자기가 약속을 저버린 것은 생각도 안 하고 만화책을 잡아채려고 온몸으로 달려들었다.

"내 놔! 내 놓으라고."

"이 따위 만화가 엄마와 한 약속보다 중요해?"

정우는 미친 듯이 달려들며 만화책을 붙잡았다. 분노가 끓어올랐다. 만화책을 뺏으려는 정우를 있는 힘껏 밀어내고는 만화책 속지를 잡고 잡아당겼다. 만화책이 쭉 찢어졌다.

정우는 고래고래 소리를 지르며 내게 달려들었다. 나는 더 화가 나서 만화책을 갈기갈기 찢어 버렸다. 그뿐 아니었다. 방 안에 있던 만화책을 모조리 꺼내서 집어던지기도 하고, 몇 권은 닥치는 대로 찢었다. 처음에 울고불고 난리를 치던 정우는 내가 더욱 무서운 기세로 만화책을 찢어 대자 무릎을 꿇고 잘못했다고 빌었다. 그때서야 나는 만화책에서 손을 뗐다.

울다 지쳐 잠든 정우를 보았다. 잠든 정우는 참 예뻤다. 악다구니를 쓰며 대들던 악당은 사라지고 잠시 천사가 되었다. 깨어나면 잠든 악당도 다시 나타날 것이다. 악당을 영원히 잠재우는 방법은 없을까? 악마는 놔두고 천사만 깨어나면 얼마나 좋을까? 잠든 정우의 얼굴을 쓰다듬으며 하염없이 눈물을 흘렸다.

그날 찢어 버린 만화책은 얼마 뒤에 다시 사 주었다. 그 뒤로 정우는 엄마 몰래 만화책을 보지 않았다. 물론 문제는 조금도 해결되지 않았다. 도리어 점점 심해졌다. 내 삶에서 즐거움은 사막의 물처럼 말라 버렸다. 스트레스가 극에 달하다 보니 내 몸이 견디지 못했다. 일을 하지 않아도 피곤하고 나른했다. 특별히 입맛이 없는 것도 아닌데 살이 많이 빠져서 병원에 갔더니 '갑상선기능항진증'이라고 했다. 정우에게 약을 먹이지 않으려고 그 난리를 쳤는데 내가 약을 먹게 되었으니 미칠 노릇이다. 외롭고 슬펐다. 속을 털어놓고 기댈 사람이 없는 내 처지가 한스러웠다. 그때 수없이 내게 물었다.

'돈을 벌기 위해 악착같이 일하지 않고 정우를 더 정성껏 돌보았다면 어땠을까?'

아마 정우가 이렇게 망가지지는 않았겠지만, 집안은 거지꼴이 되었을 것이다. 떠나간 남편을 향한 원망과 분노를 다스리기 어려웠다. 괴롭고 힘들다 보니 술을 마시지 않으면 잠들지 못했다. 극심한 우울증에 시달렸다. 나중에는 술을 마셔도 잠이 오지 않았다. 결국 정신과에 가야 했다. 아들이 아니라 내가 정신과에 가게 되다니 어처구니

없었다.

그 와중에도 만화책과 같은 충돌이 숱하게 일어났다. 휴대폰이 부서지기도 하고, 게임기가 박살이 나기도 했다. 그랬다가 며칠이 지나면 다시 새로 사 주었다. 내 분에 못 이겨 일을 저지르고 다시 원상회복하는 짓을 반복하는 내가 한심했고, 거듭되는 절망에 병은 더 깊어졌다. 다른 엄마들도 정우가 어떤 아이인지 알고는 나를 꺼렸다. 담임은 툭하면 전화를 걸어서 정우를 비난했다. 몸은 병들고 머리는 붉은 안개로 뒤덮었다.

그러다 반전이 일어났다. 정우가 우연히 레고에 빠졌기 때문이다. 정우가 처음으로 제대로 된 집중력을 발휘했다. 긴 시간 동안 조립하는 데도 꿈쩍하지 않았다. 어떤 일에도 좀처럼 집중하지 못하던 정우가 그렇게 긴 시간을 집중하니 보기 좋았다. 레고를 조립하며 행복해하는 모습이 예뻐 보였다. 레고에 빠지면서 게임도 안 했고 휴대폰을 붙잡고 지내는 시간도 확 줄었다. 유튜브를 볼 때도 레고만 찾아보았다. 정우와 레고에 대해 나누는 대화도 즐거웠다. 정우가 원하는 레고는 다 사 주었다. 조금도 망설이지 않고 마음껏 사게 했다. 정우 방 한쪽에 레고 세계가 들어섰다. 레고를 하면서 집중력이 좋아졌는지 제법 공부도 했다. 레고를 사 주는 조건으로 숙제나 공부를 내걸면 나름 잘 먹혔다. 나는 드디어 해결의 실마리를 잡았다고 믿었다. 물론 완전히 해결되지는 않았다. 여전히 집중력이 부족하다며 학원과 학교를 가리지 않고 지적을 받았다. 정우는 툭하면 나와 한 약속을 어겼고, 거짓말로 나를 속이려 들었다. 그럼에도 레고 덕분에 그 정도가 나아졌기에 희망에 부풀었다.

어느 날, 정우가 잘못을 저질렀다. 내가 가까이 지내지 말라고 한 못된 친구와 어울려 놀았다. 단순히 어울리기만 했다면 잠깐 타이르고 말았겠지만, 용돈 통장에 들어 있던 오십만 원을 하루 동안에 다 써 버린 것은 용납할 수 없었다. 정우가 돈이 많다는 것을 알고 접근하는 못된 놈들이 많기에 그렇게 주의를 주었는데 친구와 노는 것이 좋았던 정우가 친구의 꼬임에 속아 넘어간 것이다. 처음에는 부드럽게 야단쳤다. 그런데 정우는 내가 그 친구를 나쁘게 말하자 갑자기 화를 내더니 엄마에게 대들었다. 정우가 그렇게 나오니 나도 점점 화가 났다. 내가 그 친구의 못된 점을 하나씩 따지자 정우는 그 당시 드라마에 나오는 못된 악녀에 비유하며 나를 비난했다.

심장이 두근거리고 머리가 짐승의 입속에 던져진 듯이 아팠다. 화가 불덩이처럼 타오른 나는 때마침 책상 위에 반쯤 조립되어 있던 레고를 잡아서 던졌다. 레고가 벽에 부딪치며 부서졌다. 그 순간, 정우가 진동하는 휴대폰처럼 몸을 떨었다. 어쩌면 정우가 아니라 내가 떨었는지도 모르겠다. 시야가 흔들리면서 상황 판단이 어려웠다. 나는 잠시 얼음처럼 굳었다. 그때 정우의 입에서 낯선 단어가 튀어나왔다. 정우의 그 예쁜 입에서 한 번도 들어 보지 못한 말이었다.

"에잇! 씨팔, 미친년이."

엄마에게 씨팔, 미친년이라니!

그 순간, 내 이성의 끈이 끊어졌다. 나는 정우의 욕처럼 잠깐 동안 진짜 미친년이 되었다. 아무런 기억이 나지 않는다. 그저 내 손을 마구잡이로 휘두른 기억만 어렴풋이 난다.

내가 정신을 차렸을 때 정우 방 한쪽을 장식하던 레고는 3분의 2

이상이 파괴되어 있었다. 정우는 무릎을 꿇고 싹싹 빌었다. 그러지 않았다면 나머지 3분의 1도 파괴되었을 것이다. 나는 정우를 내버려 두고 그 방을 나왔다. 밖에서 들으니 훌쩍이며 방을 치우는 소리가 들렸다.

나는 이성을 되찾은 뒤 정우를 달래 다시 레고를 사 주겠다고 했다. 정우는 아무런 반응을 보이지 않았다. 평소 같으면 삐져 있다가도 좋아라 하며 달려들었을 정우인데 표정 하나 변하지 않았다. 나는 대수롭지 않게 여겼다. 다시 레고를 선물해 주면 기분이 풀어지리라 생각했다. 며칠이 지난 뒤에 나는 비싼 레고를 선물로 주었다. 그러나 정우는 레고 상자를 뜯지 않았다. 심지어 내가 놓아둔 자리에 그대로 둔 채 건드리지도 않았다. 박살이 난 레고 조각들은 방구석에 수북이 쌓인 채 버려졌다. 파괴된 레고 세상에는 정우의 손길 대신 먼지가 떨어졌다.

나는 뒤늦게 후회했다. 내가 넘지 말아야 할 선을 넘었다는 것을 알았다. 처음 건드렸던 레고 하나에서 멈추어야 했다. 정우가 오랫동안 애정을 쏟아 쌓아 올린 레고 세계만은 건드리지 말아야 했다. 자신이 애정을 쏟는 대상이 자신을 무너뜨리는 치명적인 수단으로 활용된다는 것을 몸서리치게 경험하자 정우는 더는 그런 대상을 만들지 않으려고 했다. 정우는 애정을 쏟으면 엄마에게 약점이 잡힌다는 것을 깨달았는지 그 어떤 대상에도 애정을 쏟지 않았다.

나는 최후의 무기를 스스로 무용지물로 만든 것이다. 최후의 무기는 쓰지 않고 위협용으로 두어야 했다. 엄마가 화가 나면 네가 그렇게 소중하게 가꾸는 레고 세계가 파괴당할 수도 있다고 그냥 위협만 가해야 했다. 그랬다면 정우는 내 말을 훨씬 더 잘 들었을 테고, 어쩌면 레고를 조립하며 기른 집중력으로 모든 문제를 극복해 냈을지도 모른다. 그 순간을 숱하게 후회했지만 되돌릴 방법은 없었다. 레고가 파괴되면서 정우를 바꾸려던 내 모든 시도는 무참히 무너졌다. 나는 자포자기에 빠졌다. 우울은 더 심해졌고 웬만큼 수면제를 먹어서는 잠들지 못했다. 갑상선 수치는 약을 먹는데도 점점 나빠졌다.

'이러다 내가 정신 병원에 입원하면 정우는 어떻게 되는 거지?'

내게는 너무나 두려운 미래였다. 그러나 내게는 그 미래를 막을 수단이 없었다. 내 영혼은 벼랑 끝에서 흔들렸다. 남들이 부러워할 만큼 돈을 벌었지만, 돈은 그 순간에 아무런 쓸모가 없었다. 남편이 그리웠다. 미치도록 보고 싶었다. 오랫동안 미워하고 원망하고 증오했음에도 끔찍한 절망의 순간에는 그 사람이 내 곁에 있기 바랐다. 이 세상에 나 혼자라는 외로움이 몸서리치게 싫었다. 하루하루 점점 못된 괴물이 되어 가는 정우가 버거웠다.

새벽 3시, 자주 드나드는 커뮤니티의 비밀 상담방에 익명으로 글을 올렸다. 절망에 지쳐 내 상황을 쏟아 낸 글이었다. 내가 뭐라고 썼는지 읽어 보지도 않았다. 다음 날 오전, 겨우 집 안을 정리하고 커뮤니티에 들어갔다. 여러 답글이 달렸는데 대부분 뻔했다. 그런데 마지막에 달린 답글이 내 심장에 와서 박혔다.

그 힘겨움, 제가 겪어 봐서 잘 알아요.

저도 남들이 권하는 방법을 다 써 봤어요.

공감, 배려, 사랑으로 감싸라는 처방전은 겉으로만 그럴 듯해요.

이런저런 거래는 이미 저도 다 해 봤지만 아이를 망치기만 했어요.

협박도 더는 통하지 않았어요.

그러다 벼랑 끝에서 발을 내딛으라는 문장을 접하고, 맞다고 생각했죠.

전 아들을 불러다 놓고 아파트 창문을 열었어요.

저희 집은 아파트 20층이에요.

벼랑 끝에 섰죠.

네가 바뀌지 않으면 나는 죽겠다고 말했어요.

아들은 처음엔 콧방귀도 안 뀌었어요. 뻔한 협박이라고 생각한 거죠.

나는 그때 정말 죽겠다는 결심이었어요.

이대로 살아봤자 아무 의미가 없다고 결론을 내렸으니까요.

나는 정말 뛰어내리려고 했어요.

아들도 제가 진짜 죽으려고 한다는 걸 알았어요.

그때부터 울고불고 난리를 치며 절 말렸어요.

전 그냥 죽으려고 했어요. 진짜 죽으려고 했어요.

몸싸움이 벌어졌고 아들이 간신히 절 막았죠.

아들이 약속하더군요. 엄마가 시키는 대로 하겠다고.

그 뒤로 정말 바뀌었어요.

이런 말 뭣하지만, 목숨을 걸 수 있나요?

목숨을 걸지 않으면 절대 바뀌지 않아요.

손이 부들부들 떨렸다. 나는 내게 물었다.

'정우를 위해 목숨을 걸 수 있어?'

나는 망설이지 않고 대답했다.

'그럴 수 있어.'

그 글을 읽고 또 읽었다. 곱씹고 또 곱씹었다.

'그래 이제껏 나는 목숨을 걸지 않았어. 편안한 방법만 택했던 거야. 이대로 계속 가면 내 생은 무너지고 말아. 내가 무너지면 어차피 정우도 끝이야. 그럴 바에는 스스로 파괴해 버리자. 파멸이 오기 전에 결단을 내려야 해.'

나는 단단히 결심했다. 정우가 학교에서 돌아오더니 가방을 툭 던져 놓고 자기 방으로 들어갔다. 나는 그런 정우를 가만히 지켜보았다. 학원 시간이 다가오는데도 갈 생각을 안 했다. 내가 잔소리를 하면 한참 듣다가 마지못해 나가던 정우였다. 그대로 내버려 두었다. 내가 아무 말도 하지 않으니 결국 학원에 가지 않았다. 학원에서 전화가 왔지만 받지 않았다. 정우의 휴대폰이 울렸다. 정우는 내가 듣는데도 태연하게 거짓말을 했다. 그러더니 나 보란 듯이 게임을 했다. 가만히 지켜보았다.

저녁은 차리지 않았다. 배가 고픈지 저녁 9시가 되어서야 정우가 거실로 나왔다. 나를 빤히 보며 밥을 달라고 했다. 부엌으로 갔다. 싱크대를 열고 칼을 꺼냈다. 그 칼을 꺼내 들고 거실로 나왔다. 정우의 눈동자가 심하게 흔들렸다. 뒤로 두어 걸음 물러나며 뭐하는 것이냐고 물었다. 칼을 오른손으로 움켜쥐고 거실 탁자 앞에 쪼그려 앉았다.

덤덤하게 말했다. 더는 이대로 못 살겠다. 오늘 엄마는 죽으려 한다. 차마 같이 죽자는 소리는 못 하겠다. 그러나 엄마는 더는 이대로 살 힘이 없다. 정우는 당황했다. 뭐라고 말을 하려는데 제대로 말을 꺼내지 못했다. 정우는 알았다. 내가 진짜 죽으려 한다는 것을.

손목에 칼을 댔다. 정우가 달려왔다. 그대로 힘을 주었다. 망설이지 않았다. 힘을 빼지 않았다. 온 힘을 다해 그었다. 정우가 한발 늦었고 손목이 붉어졌다. 피가 튀었다. 정우가 내 손목을 잡았다. 정우를 뿌리치고 손목을 그었다. 다시 피가 튀었다. 정우가 울부짖으며 나를 말렸다. 나는 다시 칼로 손목을 그었다.

"엄마 내가 잘못했어. 엄마가 시키는 대로 다 할게. 내가 잘못했어. 그러니까 죽지 마."

정우는 무릎을 꿇고 싹싹 빌었다. 정우의 얼굴과 옷에도 피가 흥건했다. 손목에서 피가 계속 흘렀다. 칼을 쥔 채 그런 정우를 가만히 지켜보았다. 정우는 내가 칼을 더는 쓰지 않자 재빨리 수건을 가져오더니 내 손목을 내리눌렀다. 수건이 붉어졌다.

"잘못했어, 내가 잘못했어. 다시는 엄마 말을 어기지 않을게."

"내가 그 말을 어떻게 믿어. 나는 널 못 믿어."

"아니야, 엄마. 나를 믿어. 다시는 엄마를 실망시키지 않을게."

"정말 약속해?"

"그래 약속해."

"네가 이 약속을 어기면 엄마는 그냥 죽을 거야. 네가 말려도 그냥 죽을 거야. 알았어?"

"알았어, 그러니까 제발 죽지 마. 엄마 말대로 다 할 테니까 제발 죽지 마."

정우의 눈에서 피눈물이 흘렀다.

* * * * *

예상치 못한 전개에 잠시 말문이 막혔다. 아무리 자식을 바꾸려는 간절함 때문이라고는 하지만, 자식이 보는 앞에서 죽겠다며 손목을 칼로 긋는 엄마가 있으리라고는 상상도 못 했다.

"안 믿기죠?"

나는 입이 떨어지지 않아 고개만 끄덕였다.

나은주는 왼쪽 손목을 가린 옷을 걷었다. 손목을 가로지르는 오돌토돌한 흉터 자국 세 개가 선명했다.

"일부러 치료하지 않았어요. 성형외과에 가서 치료하면 거의 안 보이게 할 수도 있었지만 일부러 그대로 두었죠."

"정우에게 그날을 잊지 말라는 뜻이었겠네요."

"외출할 때는 가리고 다녔지만 집에서는 일부러 드러내고 지냈어요."

나은주는 흉터를 쓰다듬더니 느릿하게 옷소매로 흉터를 가렸다.

"그 뒤로 정말 괜찮아졌나요?"

"아시잖아요. 정우가 학교에서 어떤 평가를 받았는지."

정우에게는 엄청난 충격이었을 것이다. 자신이 공부를 안 하거나 학교에서 문제를 일으키면 하나뿐인 엄마가 죽어 버린다는데 어떻게 바뀌지 않겠는가? 더구나 정우는 엄마가 죽으면 일가친척 하나 없는 고아가 된다. 정우는 무서웠고, 두려움에 떨며 이를 악물고 엄마가 원하는 대로 자신을 바꾸었다. 나은주는 정우가 얼마나 완벽하게 바뀌었는지 세세하게 설명했다. 마치 조금 전에 벌어진 일처럼 생생하게 묘사했다. 흔하게 듣던 엄친아 이야기다. 툭하면 문제라고 지적하던 학교와 학원 선생들이 어떻게 하셨냐고 놀라서 물어보았다는 이야기를 할 때는 살아 있는 아들을 자랑하는 것 같았다. 나는 어느 정도 듣다가 대답을 끊고 일부러 차갑게 물었다.

"너무 과한 방법을 썼다는 생각은 안 해 보셨어요? 아무리 목적이 좋다고 해도 그런 잔인한 방법은……."

"절박했어요."

"심리 상담이나 정신과 치료를 왜 안 받았는지 모르겠네요."

"그런 건 대부분 효과가 없어요. 내가 쓴 방법은 효과가 확실했고. 정우가 변하자 다른 엄마들이 몹시 부러워했어요. 기적의 비법을 알려 달라며 몰래 밥을 사 주는 엄마들도 있었으니까. 그렇지만 난, 절대 알려 주지 않았죠. 그 사건은 나와 정우만 아는 비밀이었으니까. 정우를 바른 길로 이끌게 만든 내 처절한 노력이었으니까."

"아직도 진심으로 잘했다고 생각하시는군요."

"자식이 멋져 보이면 좋잖아요. 누구나 다 그러지 않나요? 어떤 엄마가 자식이 남들에게 허접해 보이길 원하겠어요. 단지 그뿐이었어요."

"제가 보기에 그건……."

미친 짓이라고 하려다 애써 부드러운 단어를 골랐다.

"옳지 않아요. 그런 공포를 심어 주는 건……."

나은주가 멈추어 서더니 내 눈을 정면으로 바라보았다. 부담스러운 눈빛이다. 나는 살짝 시선을 낮추었다.

"최 기자는 이 일이 정말 좋아요?"

눈빛만큼 날카로운 질문이다. 좀 뜬금없는 질문이기도 하다.

"왜 그런 질문을 하시죠?"

"사람들이 기자를 기레기라고 부르면서 툭하면 비웃잖아요. 그런 취급을 당하는 그 기자란 직업이 좋아요?"

나은주는 질문하는 의도를 밝히지 않고 내 아픈 곳을 찔러 댔다.

"힘들지만…… 나름 괜찮아요. 보람도 있고."

"거 봐요."

나은주가 비릿하게 입술을 뒤틀었다. 내 거짓을 꿰뚫어 보고 짓는 표정 같았다.

"최 기자도 자기 직업이 그럴 듯하게 보이길 원하잖아요. 다 그래요. 아무리 마음에 안 드는 직장에서 힘들게 일해도 남들에게는 그 직장이 좋게 보이길 원하죠."

"제 일과 협박은 차원이 다릅니다."

"최 기자는 좋아서 이 일을 해요?"

반복해서 질문을 받으니 괜히 짜증이 났다. 나은주와 나 사이에 팽팽한 긴장이 흘렀다. 원활한 인터뷰를 위해서는 좋지 않은 긴장이었다. 짜증을 가라앉히려고 애쓰는데 나은주가 다시 나를 건드렸다.

"그만두면, 기자를 그만두면 할 일이 있어요?"

겨우 자제력을 발휘했는데 내가 가장 아파하는 곳을 무자비하게 찔러 왔다. 나은주가 어떤 사람인지 절감하는 순간이었다. 저 여자는 단순히 자식을 잃은 엄마가 아니라는 사실을 내가 잠시 망각하고 있었다. 이정우는 살인자다. 그것도 연쇄살인을 저지른 범죄자다. 살인자의 엄마는 연민으로만 대하면 안 된다는 사실을 되새겼다.

"심하시네요."

나는 일부러 정색하며 대꾸했다. 기세에서 밀리지 않겠다고 단단히 각오를 다지며 내가 만들어 낼 수 있는 가장 냉정한 눈빛으로 나은주를 노려보았다.

"나도 남편이 떠나고 힘들게 살 때 온갖 모욕을 다 견디며 일했어요. 그 모욕을 못 참고 그만두면 나와 정우의 앞날이 깜깜해지니 참아야 했죠. 내 수중에 돈이 없으면 지독한 가난과 멸시만 남아요. 그건 공포예요. 견딜 수 없는 공포! 그 공포 때문에 나는 참았어요."

나은주 시선과 내 시선이 허공에서 엉겨 붙었다. 질퍽한 늪에서 퍼 올린 진창이 바닥으로 뚝뚝 떨어졌다.

"세상은 가난하고 무능한 자에게 동정심을 베풀지 않아요. 도리어 손가락질하고 무자비하게 짓밟아 버리죠. 세상은 쉬지 않고 나를 협박해요. 가난하면 쓰레기 취급을 당한다! 자식이 엇나가면 넌 나쁜 엄마다! 네 아파트 평수는 사회적 지위다! 네 아들의 성적이 안 좋으면 네 인생도 망한 거다!"

냉기가 심장으로 파고들었다. 눈보라가 맨살을 할퀴듯 나은주가 내뱉은 단어들이 내 자존감에 상처를 입혔다. 애써 괜찮은 척했지만 흔들리는 감정을 추스르기가 쉽지 않았다. 잠깐만 긴장을 늦추면 이성을 잃고 눈물이 쏟아질 것 같았다. 그런데 나은주는 말투도 표정도 그대로였다. 어떤 미세한 변화도 없었다. 문득, 그 무미건조함과 침착함에 소름이 돋았다. 어쩌면 그 순간 나는, 살아생전 정우가 느꼈던 공포를 조금 맛보았는지도 모르겠다.

"최 기자도 예전의 나처럼 세상의 협박이 무서워서 기자를 그만두지 못하죠?"

나은주는 마치 옆에서 나를 지켜본 것처럼 내 치부를 계속해서 건드렸다.

"기자를 그만두면 지금처럼 대접받지 못할 테니까. 기레기라고 숱하게 손가락질을 당하지만, 특종과 단독을 잡아야 한다는 압박에 늘 시달리지만, 전망이 안 보이는 미래에 막막하지만, 그래도 기자란 신분을 잃고 겪게 될 멸시와 두려움보다는 나으니까."

나는 '네'라고 대답하려는 충동을 겨우 억눌렀다.

"인간은 협박과 공포 때문에 고통을 견뎌요. 그리고 그걸 자양분 삼아 더 나은 현실을 만들기 위해 노력하죠."

수긍할 수밖에 없는 지적이었지만, 상처 입은 자존심은 마지막 힘을 쥐어짜며 반발했다. 나는 그 반발력을 붙잡고 간신히 저항했다.

"아무리 공포에서 벗어나고 싶다고 해도…… 자식 앞에서 손목을 긋는 엄마는 없어요."

"용기가 없는 거죠."

말 끝머리에 나은주는 다시 입을 비릿하게 뒤틀었다. 세상을 무시하는 듯한 조소가 무너지던 내 의지를 빠르게 회복시켰다. 그래 봤자 당신 아들은 연쇄살인마일 뿐이라는 명확한 사실이 내게 저항할 힘을 주었다.

"그것 때문에 정우가 살인을 저지르고 스스로 죽음을 택했다고는 생각하지 않으세요?"

나는 강하게 물었다.

"그 사건이 벌써 6년 전이에요. 그게 문제였으면 진즉에 다른 쪽으로 터졌겠죠."

강한 반발이 올 줄 알았는데, 나은주는 아무렇지 않게 대꾸했다.

팽팽하게 부풀어 오르던 풍선에서 갑자기 바람이 빠져나갔다. 나를 채우던 긴장과 오기와 모멸감이 옅은 안개처럼 흐트러졌다. 나는 다시 이성을 되찾았다. 이 인터뷰는 성공해야 한다. 논쟁은 도움이 되지 않는다. 나는 다시 과거의 사건에 집중했다.

* * * * *

정우가 변하면 모든 불안이 사라지고 평화가 올 줄 알았는데 그렇지 않았다. 언제든지 예상치 못한 불행이 찾아올지도 모른다는 걱정에서 헤어날 수 없었다. 느닷없이 찾아오는 지진처럼 감당하지 못할 거대한 사건이 갑작스럽게 닥쳐서 나와 정우를 무너뜨릴 것 같았다. 남편이 그랬고, 엄마가 그랬으며, 정우가 그랬다. 내가 쌓은 재산도 한순간에 무너질까 봐 걱정되었고, 정우를 뒤흔드는 나쁜 일이 언제든지 일어날까 봐 불안했다. 내게 불안과 공포는 습관이 되었다. 부동산 투자는 이전과 달리 과감함보다는 안전함을 지향했다. 큰돈을 한꺼번에 벌기보다 작지만 꾸준히 수익을 올리는 쪽으로 투자 기조를 틀었다. 정우 의지가 약해져 다시 옛날로 돌아가리라는 걱정은 하지 않았다. 그만큼 내가 죽으려고 했던 사건은 강렬한 자극이었고, 만약 정우가 다시 무너지면 죽겠다는 각오는 더 단단해지고 있었다. 정우도 그것을 알았다. 문제는 의지와 상관없이 정우를 뒤흔드는 일이 벌어질지도 모른다는 두려움이다.

지진은 어느 날 갑자기 일어나는 것 같지만 전조 증상이 있다. 미약한 신호이지만 거대한 불행이 일어날지도 모른다는 위험 신호는 사전에 오는 법이다. 남편이 이혼하고 해외로 떠난다고 통보했을 때 나는 무방비인 채로 당했다. 믿는 도끼에 손발이 잘렸다. 어쩌면 남편은 끊임없이 어떤 신호를 보냈을 것이다. 그 신호들을 내가 포착하지 못한 탓에 지진보다 무서운 재난을 준비 없이 당했다. 엄마가 돌아가신 비극도 마찬가지다. 엄마랑 통화했던 때를 돌아보면 위험을 알리는 신호가 많았다. 다만 내가 엄마의 건강 상태를 알아차리지 못했을 뿐이다. 미리 살폈더라면, 아니 조금만 관심을 기울였더라면 아마도 엄마는 그렇게 황망하게 돌아가시지 않았을 것이다. 나는 살아남으려고 몸부림치느라 정우를 방치했다. 그 바람에 정우가 망가지는 과정에서 드러났을 수많은 징표를 하나도 포착하지 못했다.

부동산 투자는 정보 싸움이다. 정보가 없으면 투자를 통해 수익을 내지 못한다. 그래서 나는 유난히 예민하게 정보를 수집했다. 남들이 놓치는 정보를 세심하게 포착했다. 그 덕분에 남들이 기피하는 물건에 과감하게 투자했고, 다들 들떠서 달려들 때는 손을 뗐다. 손실은 최소화하고 이익을 극대화했던 비결은 예민하게 정보를 포착하는 능력에 있었다. 이제 그 능력을 정우에게 써야 할 때다.

전조 증상을 알아차리려면 평소에 정우가 어떻게 사는지 알아야 한다. 정보가 없으면 예측이 불가능하기 때문이다. 최대한 많은 정보를 수집한 뒤 그중에서 의미가 큰 정보를 가려내서 분석해야 한다. 다른 부모가 다 그렇듯이 일단 정우에게 꼬치꼬치 물었다. 정우는 이렇게 저렇게 지냈다고만 대답했다. 그러나 남자아이다 보니 묘사가 세밀하지 않고 여러 번 캐묻지 않으면 사건의 중심 맥락을 알기 어려웠다. 정우는 내게 거짓말을 하지 않았다. 엄마를 속이면 어떤 일이 벌어지는지 알기에 정직하게 대답했다. 문제는 내가 추가 질문을 해야만 사건의 면모가 드러난다는 점이었다. 그 점이 불안했다. 내가 제대로 묻지 않으면 답도 제대로 나오지 않기 때문이다.

'만약에 내가 놓친 어떤 지점에 불행을 알리는 전조 증상이 숨어 있으면 어떡하지?'

정우 입을 통해서만 정보를 얻는 것은 부동산 소유자 입을 통해서만 투자 정보를 얻으려는 것과 다름없었다. 부동산 투자처럼 다양한 정보를 수집할 통로를 마련해야만 했다.

부동산 투자를 잘하려면 크게 두 가지 영역의 정보를 풍부하고 정확하게 파악해야 한다. 하나는 전체 부동산 경기나 투자처가 있는 지역의 흐름이다. 부동산은 거대한 흐름 속에서 움직이기 때문에 전체 흐름이 중요하다. 전체 흐름과 지역 흐름이 늘 같지는 않다. 그 점을 세밀하게 파악해야 한다. 큰 영역의 흐름과 작은 영역의 흐름을 모두 꿰뚫어야 투자에 성공한다. 다른 하나는 투자 대상에 대한 정보다. 아무리 경기가 상승 추세고 그 지역이 뜬다고 해도 모든 물건이 다 오르는 것은 아니다. 큰 수익을 올리려면 적합한 대상을 찾아야 한다. 이처럼 전체 흐름을 읽으면서 동시에 개별 대상의 특성을 알아내는 것이 투자 성공의 비결이다.

나는 부동산 투자 정보를 수집하는 원칙을 정우에게 적용했다. 일단 전체 흐름을 파악하고자 부지런히 활동했다. 학교 행사나 면담에는 빠지지 않고 참가했고, 엄마들 모임도 여러 개 나갔다. 정우의 멋진 변화는 나를 인기 있는 엄마로 만들었기에 원하는 모임은 얼마든지 참석할 수 있었다. 학원도 부지런히 찾았다. 심지어 비행 청소년을 위한 봉사 활동까지 나가서 혹시 모를 사건에 대비했다. 나는 모든 곳에서 정보를 수집했고, 그 안에 혹시나 불행을 알리는 전조 증상이 있는지 신경을 곤두세우며 분석했다. 다음으로 정우가 어떻게 지내는지 세세한 정보를 수집하는 데 힘을 기울였다. 선생님들과 면담할 때면 작은 단어 하나 놓치지 않으려고 대화를 녹음했다. 정우와 가깝게 지내는 친구들도 꼼꼼하게 파악했다. 그들이 어떤 성향인지, 평판이 어떤지 자세하게 조사했다.

그렇게 많은 정보를 수집했음에도 불안은 사라지지 않았다. 옆에서 다 지켜보지 않는 한 구멍은 생길 수밖에 없기 때문이다. 내가 모르는 구멍이 목성의 대적반처럼 공포스럽게 휘몰아치는 꿈을 꾸기도 했다.

'옆에서 항상 지켜본다면 얼마나 좋을까?'

젖먹이 때는 그럴 수 있었다. 유아기에는 원하면 언제든지 지켜볼 수 있었다. 아이가 나이를 먹으면 먹을수록 지켜보는 시간은 줄어들고, 그만큼 전조 증상을 알아차릴 기회도 줄어든다.

'방법이 없을까?'

고민을 해도 더 이상 뾰족한 수가 생각나지 않았다. 그러다 모임에서 만난 어떤 엄마한테서 스파이 앱을 알게 되었다. 보통 엄마들은 자녀의 휴대폰 사용 시간을 통제하는 앱을 이용한다. 휴대폰을 너무 오래 쓰지 못하게 막는 용도다. 나도 그 정도는 알았고, 이미 이용하고 있었다. 하지만 스파이 앱은 차원이 달랐다. 스파이 앱을 이용하면 휴대폰 두 대를 동기화하여 쌍둥이 폰을 만들 수 있다. 그 엄마는 쌍둥이 폰을 만들어서 아이가 사용하는 휴대폰을 실시간으로 들여다본다고 했다. 실시간으로 아이가 무엇을 하는지 완벽하게 파악이 가능한 수단이 바로 스파이 앱이었다. 바로 이거다 싶었다.

나는 최신형 휴대폰 두 대를 사서 스파이 앱을 설치해 준다는 전문가를 찾았다. 사용법을 정확히 익히고 난 뒤 정우에게 선물했다. 정우는 선물을 받고 좋아했다. 효과는 기대 이상이었다. 정우가 휴대폰으로 무엇을 하는지 속속들이 알 수 있었다. 그런데 얼마 지나지 않아 그마저도 불완전하다는 사실을 깨달았다. 휴대폰을 쓰지 않는 시간이 꽤 많았기 때문이다. 학교에서 휴대폰 사용은 금지였다. 학원에서도 수업 시간에는 쓰지 않았다. 빈 시간에 어떤 일이 벌어지는지 정확히 알 방법이 없었다. 결국 나는 마지막 방법을 택하고 말았다.

* * * * *

나는 내 품속에 감춘 도청 장치를 떠올렸다. 실시간으로 세세한 정보를 알고 싶다면 도청만큼 적당한 방법은 없었다.

"설마 도청 장치를 설치했나요?"

"최 기자님이 궁금해 했잖아요. 내가 정우를 잘 알 수밖에 없었다는 표현이 이상하다고."

"정말 도청 장치를 했다고요? 아무리 자식이지만 그래도 사생활은 지켜 주셔야죠."

또다시 감정이 실린 질문이었다. 자식 앞에서 손목을 긋고, 스파이앱으로 휴대폰을 실시간으로 들여다보고, 도청 장치로 모든 생활을 엿듣는 엄마라니……. 내가 그런 엄마를 두었다면 어떨까? 만약에 정우가 그런 사실을 다 알았다면 어땠을까?

"그렇게 반응할 줄 알았어요."

나는 숨을 멈추고, 감정을 달래며, 간신히, 꼭 해야 할 질문을 덧붙였다.

"이걸…… 인터뷰 기사에 써도 괜찮으시겠어요?"

"상관없어요."

"비난을 크게 받을 거예요."

"난 정우를 지키지 못했어요. 전조 증상이 나타났을 때 알아차리고 싶어 도청 장치까지 설치했는데도 결국 실패했어요. 그렇게 꼼꼼하게 정보를 수집하고, 온갖 수단을 다 동원했는데 또다시 실패했어요. 남편이 떠나는 걸 예상치 못했고, 엄마가 죽는 걸 지켜봤으며, 정우가 ADHD로 오해받는 지경까지 망가지는 걸 막지 못해서……, 그래서 그렇게 했는데…… 실패했어요. 또다시 실패했어요. 분명히 전조 증상이 있었을 텐데, 내가 놓친 거겠죠."

문득 나은주는 정우가 벌인 범죄를 이미 다 알고 있지는 않았을까 하는 의문이 들었다. 그렇게 철저하게 감시했음에도 살인 사건을 세 번이나 모두 놓쳤다는 것이 도리어 이상했다. 주 형사가 건넨 수사 자료에 따르면 경찰은 정우의 휴대폰을 찾지 못했다. 자살한 정우의 몸에서 도청 장치가 발견되었다는 기록도 없었다. 정우는 엄마가 자신을 감시하는 도구를 무력화한 뒤에 자살했다. 우연히 도청 장치가 없는 옷을 입고 나가서 자살했을까? 그럴 가능성은 낮다. 정우가 자살할 때 교복을 입고 있었고, 도청 장치를 설치하기에 교복처럼 좋은 곳은 없기 때문이다. 어쩌면 정우는 엄마가 모든 것을 알고 있다는 점을 깨닫고 두려워서 자살하지 않았을까?

"혹시 정우가 세 명을 죽였다는 사실을 모르셨어요?"

느리게 걷던 나은주가 걸음을 멈추었다. 내 질문에 바로 답하던 나은주였는데 그 질문에는 금방 답을 하지 않았다. 나는 잠시 기다리다 다시 물었다.

"정말 모르셨어요?"

나은주는 느리게 시선을 아래로 내렸다.

"내가 알았다면 어떻게 했을까요?"

답을 찾기 어렵지 않은 질문이다. 저 여자는 절대 그 일이 드러나지 않게 막았을 사람이다. 도청한 녹음 파일에 살인을 한 증거가 남았을 테니 그 파일을 모두 없앴을 것이다. 살인을 저질렀음을 보여주는 직간접 증거도 미리 찾아내서 모두 없앴을 것이다. 혹시 모를 사태를 대비해서 아들을 보호할 알리바이도 교묘하게 준비했을 것이다. 그 외에도 수단과 방법을 가리지 않고 아들을 안전하게 보호할 대책을 마련했을 것이다.

"도청 파일부터 없앴겠죠."

"없앤 건 맞지만, 파일에는 그런 증거가 없었어요."

"파일에 증거가 없다면, 왜 없앴죠?"

"내 말을 신뢰할지 말지는 알아서 결정해요."

나은주는 더는 질문이 이어지지 못하게 막았다.

"피곤하네요. 앉을게요."

의자에 털썩 주저앉은 나은주가 핸드백을 열었다. 예쁘장하게 생긴 케이스를 꺼냈는데 그 안에 담배가 가지런히 클립에 끼어 있었다.

케이스에서 담배를 꺼낸 나은주는 라이터로 능숙하게 불을 붙였다. 담배를 오랫동안 피운 듯 자세와 호흡이 자연스러웠다.

"난 지켜보아야 했어요. 나와 같은 불행을 겪어 본 사람이 아니면 그 불안을 이해하지 못해요."

담배 연기가 눈빛을 더 뿌옇게 가렸다.

"지금도 이해가 안 돼요. 내가 뭘 놓쳤는지……."

나은주 입에서 나온 담배 연기가 구름을 향해 흐릿하게 날아갔다.

인터뷰가 진행되는 도중에 주변 사람이 많이 늘었다. 잔디밭에서 뛰노는 아이들의 웃음, 팔짱을 낀 다정한 연인들의 속삭임, 유모차를 끌고 가는 엄마들의 수다를 따라 시선을 옮기던 나은주는 긴 의자에 누워서 잠든 초라한 행색의 남자에게 시선을 고정했다. 옷차림을 보니 노숙자 같았다.

"최 기자는 지금이 꿈이면 좋겠다는 소망을 품은 적이 없어요? 난 꿈이길 숱하게 바라며 살아요. 『거울 나라의 앨리스』 이야기가 붉은 왕의 꿈인 것처럼, 내가 겪은 모든 일이 저기 노숙자가 꾸는 꿈이면 얼마나 좋을까? 남편이 떠나간 바로 그 순간부터가 꿈이라면……."

마지막 담배 연기를 깊이 들이마신 나은주는 눈을 지그시 감고 잠든 듯이 호흡했다. 노숙자처럼 잠들고 싶은지 한참 동안 그렇게 눈을 감고 있었다. 이윽고 나은주는 불 꺼진 담배꽁초를 케이스 안에 집어넣더니 천천히 일어섰다.

"피곤하네요. 인터뷰는 나중에 다시 해요."

3
담배 살인

 멀어지는 나은주를 붙잡으려다 그만두었다. 다음 약속은 잡지 못했지만, 인터뷰를 거부할 낌새는 없으니 불안하지 않았다. 녹음 앱을 닫고 도청기 전원을 끄려는데 주 형사에게서 전화가 왔다.

 "인터뷰 끝나셨죠? 잠깐 뵙죠."

 주 형사는 근처에 와 있었다. 도청 장치를 받을 때부터 짐작하던 바였다. 아마 인터뷰도 멀리서 촬영하며 지켜보았을 것이다.

 "어디 계세요?"

 "최 기자가 오전에 머물던 카페에 있습니다. 2층에서 기다리겠습니다."

 찜찜했지만 따질 상황은 아니었다. 도청 장치 전원을 끄고 카페로 갔다. 구석진 자리에 주 형사가 앉아 있었다. 내가 앉자마자 주 형사가 다짜고짜 물었다.

 "최 기자 생각은 어때요? 이정우가 살인을 저질렀다는 사실을 나은주가 몰랐을까요?"

 "모르겠어요. 사실 같기도 하고, 거짓말 같기도 하고."

"첫 희생자와 둘째 희생자 모두 살인 사건으로 처리되지도 않은 탓에 증거가 없어요. 셋째 사건은 다른 사람이 살인 혐의로 기소되었고. 이정우가 유서에서 밝힌 내용이 사실이라면 그걸 입증할 증거가 필요합니다."

"다 도청하셨으니 주 형사님도 이미 판단하셨을 거잖아요."

"제 생각에는 녹음 파일, 동기화된 쌍둥이 폰을 나은주가 모두 보관하고 있을 거라고 봅니다."

"왜 그렇게 보세요?"

"형사의 직감입니다."

"나은주 씨가 그 사실을 알았다면 증거가 될 자료를 그 즉시 파기하지 않았을까요? 정우가 한 짓을 몰랐다면 도청 파일과 휴대폰에 범죄를 저지른 흔적이 아예 없다는 뜻이니 그 파일을 확보해 보았자 아무 소용이 없을 테고."

"음, 그렇기는 한데……."

"나은주 씨가 알아채지 못한 어떤 증거가 남았을 가능성은 있겠죠. 그렇지만 아들을 향해 모든 신경을 곤두세우며 살았던 나은주 씨가 그걸 잡아내지 못했을까요? 어떤 조짐이 나타났다면 분명히 집요하게 파고들었을 테고, 결국 알아냈겠죠. 그런데 나은주 씨는 정우가 자살하는 순간까지 아무런 예상도 못 한 듯했어요. 작은 낌새라도 나타났다면 어떡하든 막으려고 했을 텐데."

주 형사의 이마에 깊은 주름이 잡혔다.

"정우는 자신이 도청당하고 휴대폰으로 추적당한다는 사실을 어느 시점부터는 알아챈 것 같아요. 정우는 엄마의 병적인 집착을 알면서도 그대로 받아들일 수밖에 없었죠. 안 그러면 자신이 가장 두려워하는 일이 벌어질 테니까. 그래서 엄마를 완벽하게 속이고 숨 쉴 공간을 확보했을 거예요. 바로 그 때문에 나은주가 정우에게 일어나는 변화를 읽어 내지 못했고, 나은주는 도청까지 해서 모두 안다고 믿기에 방심했겠죠. 그래야 앞뒤가 맞아요."

주 형사가 턱을 괴더니 고개를 끄덕였다.

"혹시 모르니 다음 인터뷰 때는 그 점을 확인해 볼게요."

"좋습니다. 앞으로도 잘 부탁합니다. 그리고 동기 부분에 집중해 주세요. 아무리 수사해도 동기를 밝힐 수가 없거든요. 유서에 살해 수법까지 남겨서 안 믿을 수는 없는데 증거도 없고, 동기조차 모르니 경찰로서는 참 난감합니다."

"특히 세 번째 사건이 문제겠네요."

"맞습니다. 우리가 수사한 결과를 바탕으로 검찰이 다른 사람을 기소까지 했는데 범인이 이정우면……. 휴, 이건 반드시 확인해야만 하는 과제입니다. 이 사건을 해결하는 데 최 기자가 확실한 도움을 주면 나중에 저희도 최 기자한테 지속해서 고급 정보를 드릴 것을 약속합니다."

내가 기대하던 약속이다.

"최선을 다해야겠네요."

나는 자리에서 일어났다.

"저는 인터뷰한 장소를 보면서 기사를 작성할 건데, 제가 기사 쓰는 모습을 계속 지켜보실 건가요?"

"아뇨. 편하게 쓰세요."

주 형사가 나가면서 카페 구석진 곳으로 신호를 보내자 그곳에 있던 남자와 여자가 짐을 챙겨서 일어났다. 그들은 나에게는 시선도 주지 않고 카페 1층으로 내려갔다. 나는 주 형사 일행이 사라지자 인터뷰 기사를 쓰는 데 집중했다. 기존에 뼈대를 잡아 놓은 글에 내가 기억하는 이야기 흐름을 대충 추가했다. 그러고는 인터뷰 녹음 파일을 글자로 변환하는 앱을 이용하여 음성을 글로 바꾸었다. 인터뷰를 들으면서 앱이 변환한 글을 다듬었다. 초고를 완성한 뒤에는 독자가 읽기 좋게 꾸몄다. 중간중간 소제목도 달았다. 기사를 다 쓰고 난 뒤에는 제목을 어떻게 달지 고민했다.

처음 이 사건을 접하자마자 지었던 제목을 떠올렸다.

'고등학생 연쇄살인마 자살 사건!'

사람들은 강한 자극을 원한다. 이제껏 나는 별일 아닌 사건도 엄청난 일인 것처럼 제목을 붙였다. 이번 사건은 아무리 자극적인 제목을 붙인다 해도 과하지 않다. 평소 같으면 쉽게 클릭을 유도하는 제목을 붙였겠지만 어찌된 영문인지 망설여졌다. 지나치게 강한 제목이 나은주를 자극해서 인터뷰를 거부하게 할지도 모른다는 걱정 때문인지, 흉악한 제목으로 클릭을 유도하는 방식에 질렸기 때문인지, 아니면 또 다른 이유가 있는지는 확실하지 않았다. 사건의 성격을 드러내면서 클릭을 유도하고 나은주가 거스르지 않는 수준에서 제목을 결정해야 했다. 나는 고심 끝에 제목을 뽑았다.

[독점연재] 자살한 고등학생 살인자의 엄마와 나눈 충격 인터뷰①
전교 1등 모범생은 왜 연쇄살인을 저질렀나?

이 정도면 괜찮겠다 싶었다. 제목에 맞게 앞부분도 살짝 다듬고, 인터뷰 중에서 중요하고 관심을 끌 만한 내용을 간단하게 요약했다. 세부 인터뷰 내용은 길이를 감안해서 다시 수정했다. 처음부터 끝까지 다시 한 번 읽고 기사를 신문사로 보냈다. 기사를 보내고 화장실에 다녀와서 전화를 걸려고 하는데 팀장에게서 먼저 전화가 걸려왔다.

"기사 받았는데, 마지막 사건까지 인터뷰를 다 끝낸 거야?"

"아뇨. 아직 첫 사건에도 못 들어갔어요."

"그런데도 이렇게 길어?"

"읽어 보면 알겠지만 장난이 아니에요."

"좋아. 이번에 제대로 대박을 터트려 보자고."

나는 작게 웃었다.

"다음 인터뷰 일정은 잡았어?"

"아직 못 잡았어요. 피곤하다면서 갑자기 가 버렸거든요."

"빨리 일정 잡아. 이런 기사는 긴장감을 늦추면 안 돼."

"알고 있어요."

전화를 끊고 곧바로 나은주에게 문자를 보냈다. 오늘 고생했다고 적당히 예의를 차리고는 다음 인터뷰 약속을 잡고 싶다고 했다. 나은주는 사흘 뒤에 만나자고 하면서 약속 장소는 자신이 정해서 따로 연락을 주겠다고 했다. 나는 인터뷰 일정을 잡았다고 팀장에게 문자를 보냈다. 팀장은 나에게 푹 쉬고 내일 나오라고 했다.

아직 해가 지지 않은 환한 오후였다. 햇살이 잔디밭을 쓰다듬고 사람들은 잔디밭에서 평화를 누렸다. 나은주가 부러워하며 바라본

풍경이나 영원히 되찾을 수 없는 풍경이다. 정우를 되돌리기 위해 손목을 긋는 나은주를 상상했다. 나와 나은주가 겹치고, 정우와 지훈 씨가 겹쳐 보였다.

'나에게 지훈 씨는 어떤 존재일까?'

이제껏 만난 그 어떤 남자보다 괜찮은 남자다. 내가 계속 독신으로 지낸다면 모를까 남자를 사귄다면 이보다 적당한 남자는 없다.

'나는 지훈 씨를 얼마만큼 좋아할까?'

몰래 건물 현관의 비밀번호를 알아내어 집 앞까지 갈 정도로 좋아한다. 잠시 일에서 놓여날 때면 맨 먼저 지훈 씨가 떠오를 만큼 좋아한다.

'나중에 그럴 수밖에 없는 상황이 되면 나는, 나은주가 정우에게 그랬던 것처럼, 지훈 씨에게 내 모든 걸 걸 수 있을까?'

그렇다고 자신하지 못하겠다. 그렇지만 지훈 씨와 그만큼 깊고 소중한 관계가 되면 좋겠다. 내가 지훈 씨를 위해서든, 지훈 씨가 나를 위해서든 목숨을 기꺼이 바칠 수 있는 사랑이라면 참 아름답지 않을까?

문득 나은주가 다르게 느껴졌다. 나은주는 소중한 목적을 이루려고 자신의 전부를 던지는 사람이다. 한 번밖에 만나지 않은 내 내면을 꿰뚫어 보는 통찰력도 있다. 흔들릴 법한 상황에서도 끝까지 자기 감정을 다스리며 인터뷰 내내 냉정함을 유지했다. 나은주는 내게 없는 것, 내가 바라는 것을 다 갖추었다. 심지어 몸매도 날씬하고 헤어스타일도 젊은 여자들처럼 세련되었다. 정우가 그리 되지 않은 상황에서 만났다면, 어쩌면 나는 나은주를 내 이상향으로 삼았을지도 모른다. 나은주가 나와 같은 처지라면 어떻게 했을까? 절대 놓치고 싶지 않은 사랑을 만났다면?

'그래, 계획한 대로 하자. 이대로 멍하니 아까운 시간을 보낼 수는 없어.'

나는 지훈 씨 회사로 향했다. 30대 남자의 일과 생활을 밀착 취재한다는 계획서를 제안서 형태로 바꾸고, 수신처에는 지훈 씨 회사 이름을 써넣은 뒤 출력했다. 취재 대상으로 지훈 씨를 지목할까 하다가 그만두었다. 그것은 자연스럽지 않았다. 취재 대상은 구두로 전달하고, 공식 서류에는 대상을 명시하지 않는 것이 나았다.

나는 지훈 씨 회사의 홍보실을 방문했다. 담당자가 나를 경계하며 내 명함을 유심히 살폈다. 나는 취재제안서를 보여 주며 친절하게 설명했다.

"보통 사람의 일과 생활을 보여 줌으로써 평범한 시민들의 공감을 이끌어 내는 생활 밀착형 기사……. 취지가 좋네요."

말은 좋다고 하지만 진심이 담기지 않은 말투다. 담당자는 취재제안서를 슬쩍 옆으로 밀치더니 의자를 당겨 앉았다.

"그런데 저희 회사를 왜 선택하신 거죠? 혹시 광고나 협찬을 원하시나요?"

물론 광고나 협찬을 노리고 이런 일을 추진한 경우도 종종 있다. 그러나 지훈 씨를 목표로 한 기사에 그런 지저분한 관행을 끼워 넣을 수는 없다.

"아뇨. 전혀 아닙니다."

나는 손사래를 쳤다.

"사실은 제가 취재 중 이 회사에 다니는 어떤 직원에게 큰 도움을 받았는데, 마침 저한테 임무가 주어져 취재 대상을 찾다가 그분이 떠올랐어요."

내가 사심을 품고 기획한 프로젝트임을 밝힐 수는 없었다.

"그 직원이 누군지 물어보아도 될까요?"

"소속은 모르고 김지훈 팀장이라고만 알고 있습니다."

당연히 나는 김지훈 팀장이 어느 부서에서 어떤 일을 하는지 다 알고 있었다.

"아, 김지훈 팀장이면 뭐…… 괜찮네요. 김지훈 팀장이 요즘 큰 프로젝트를 진행하느라 바쁘기는 한데 곧 마무리되니 어느 정도 여유도 생기니까……, 취재 여건은 되겠네요. 그렇기는 한데 회사로서는 저희 이미지에 도움이 되어야 협조가 가능합니다만……."

담당자는 말하는 도중에 종종 뜸을 들이며 내 의도를 파악하려고 애썼다.

"그 점은 걱정 마세요. 회사 이미지는 아주 좋게 써 드리겠습니다."

"생활 밀착형 기사에 우리 직원을 다루어 주고 대가도 원하지 않으시고…… 회사 이미지도 좋게 해 주신다면야 마다할 이유가 없긴 한데……. 일단 알겠습니다. 제가 이사님께 보고하고 나중에 연락드리겠습니다."

"혹시 김지훈 팀장이 근무하는 사무실을 잠깐 볼 수 있을까요?"

"지금 사무실에 없습니다. 모처에서 팀원들과 프로젝트 마무리 작업을 하고 있어서…….”

"그냥 취재를 준비하는 데 도움이 될까 해서요."

"그런 취지라면…… 이쪽으로 오시죠."

지훈 씨가 근무하는 사무실은 인턴 명찰을 단 직원 한 명이 지키고 있었다. 담당자는 인턴에게 내가 누구인지 설명하더니 지훈 씨 자리로 안내하라고 지시하고는 사라졌다. 지훈 씨 책상은 내 책상과 달리 컴퓨터와 서류와 문구류가 깔끔하게 정리되어 있었다. 달력에는 깨끗한 글씨로 중요한 일정이 적혀 있는데 프로젝트 마감일에 표시된 빨간 별표가 눈길을 끌었다. 조그만 액자 두 개가 나란히 놓여 있는데 하나는 가족사진이고, 다른 하나는 회사에서 동료들과 찍은 사진이다. 나는 인턴의 시선을 피해서 몰래 무음카메라로 사진을 찍은 뒤 책상에 앉아 일하는 지훈 씨를 떠올렸다. 드라마의 남자 주인공인 멋진 실장님이 엄청난 능력을 발휘하며 일하는 장면이 스쳐 지나갔다.

그때 담당자가 다시 나타났다. 감사 인사를 전하고 나가려는데 담당자가 작은 종이 가방을 건넸다.

"이런 거 받으면 법에…….”

"회사 홍보용 기념품입니다. 법에 안 걸리는 가격이니 받으셔도 됩니다."

"아, 그러면…….”

별거 아닌데 선물을 받으니 기분이 좋았다. 취재를 나갔을 때 작은 선물이라도 챙겨 주는 회사와 그렇지 않은 회사에 대한 인상은 무척 다르다. 기업을 취재하면 대부분은 선물을 받게 되는데 어쩌다 못 받으면 은근히 서운하다. 법이 제한한 금액 때문에 받아도 값싼 기념품이 대부분이지만 그런 것도 챙겨 주지 않은 서운함은 나도 모르게 기사 분위기에 드러난다.

밖으로 나오자마자 방금 전에 몰래 찍은 사진을 살폈다. 사진에는 지훈 씨에 관한 많은 정보가 담겨 있었다. 그러다 책상의 빈 공간에서 허전한 느낌을 받았다. 그곳에 화분을 놓으면 좋을 듯했다. 지훈 씨 책상에 어울리는 작은 화분을 고르려고 인터넷을 뒤졌다. 고심 끝에 앙증맞은 빨간 열매가 열리는 작은 나무 화분을 골라서 주문했다. 선물에 딸려 가는 문구도 적었다.

지훈 씨 덕분에 취재를 잘 진행했습니다.

- *감사를 담아 시아*

적고 보니 호칭에 내 개인 감정이 너무 드러나는 것 같았다. 조금 예리한 사람이 보면 내 속마음을 꿰뚫어 볼 것 같았다. 나는 얼른 '지훈 씨'를 '김지훈 팀장'으로 바꾸고, '감사를 담아 시아'도 '감사합니다. 최시아 기자'로 바꾸었다.

주문을 하고 곧바로 집으로 왔다. 잠들 때까지 틈틈이 확인했지만 내가 쓴 인터뷰 기사는 아직 올라오지 않았다. 편집국장이 적당한 시기를 저울질하고 있는 것 같았다. 기사가 대박이 나려면 재료도 중요하지만, 흐름을 잘 타야 한다. 가장 좋은 시간은 아무래도 아침 출근 시간이다. 지하철과 버스에서 습관적으로 뉴스를 보는 시대가 아닌가? 전교 1등 모범생, 연쇄살인과 자살 사건 못지않게 광기 어린 엄마의 인터뷰까지 재료는 이 정도면 충분하다. 아침에 기사가 올라가

기만 하면 다들 클릭하지 않고는 배기지 못할 것이다.

기대를 품고 아침에 일어나자마자 핸드폰을 집어 들었지만 내 기사는 아직도 없었다.

'뭐야? 이 시간이면 포털 메인은 아니어도 신문사 대문에는 걸려야 맞는데?'

다급한 마음에 이른 아침이지만 팀장에게 문자를 보냈다.

> 선배, 인터뷰 기사 언제 올려요?

곧 답이 왔다.

> 국장이 저울질하고 있어. 기다려.

편집국장이 쥐고 안 내보낸다면 내가 어찌할 수가 없었다. 평소처럼 일찍 출근해서 내 몫의 기사를 채우기 위해 부지런히 손을 놀리는데 지훈 씨에게 보낸 화분이 배달되었다며 배달원이 사진을 찍어서 보내 왔다. 화분 하나가 놓이니 책상에 더욱 밝은 기운이 돌았다. 특히 붉은 열매가 눈길을 확 잡아끌었다.

'내가 지훈 씨에게 그 붉은 열매 같은 사람이면 좋겠어!'

사진을 보며 행복한 상상에 젖는데 주 형사에게서 연락이 왔다.

"최 기자, 그 공원아동폭행사건 있죠. 조금 뒤 11시에 수사 결과를 발표하는 기자회견을 엽니다."

시간은 9시 40분을 가리키고 있었다.

"30분쯤 여유를 두고 단독으로 내보내요."

주 형사 목소리는 특혜를 베푸는 사람의 거만함이 진득하게 묻어났다. 물론 나는 그런 태도를 문제 삼을 생각이 없었다.

"문정국은 구속 영장을 청구하고, 임채윤은 무고 혐의로 검찰로 송치하기로 결정했어요. 근거 자료는 바로 이메일로 보낼게요. 이 정도면 최 기자한테 엄청난 특혜 준 거 알죠?"

더 길게 통화했다가는 감사 인사를 덕지덕지 덧붙여야 할 듯해서 대충 감사하다고 말하고는 전화를 끊었다. 주 형사는 곧바로 자료를 보내 주었다. 자료가 워낙 깔끔해서 기사를 완성하는 데 시간이 얼마 걸리지 않았다. 오탈자를 확인하고 잠시 고민하다 제목을 정했다.

공원아동폭행사건의 결말,
왜곡과 비난을 이겨 낸 진실의 승리!

진실이란 단어가 무척 마음에 들었다. 왜곡과 비난은 진실을 돋보이게 하는 그럴싸한 배경이었다. 10시 35분, [단독]을 내걸고 기사를 올렸다. 이 정도 기사는 데스크를 거치지 않고 곧바로 온라인판으로 내보낼 권한이 내게 있었다. 다른 기자들이 기자회견장에서 기다리느라 시간을 허비할 때 단독을 터트린 것이다. 이미 기자회견이 예정된 상황이기에 다른 기자들은 긴가민가하며 내 기사를 베끼지도 않았다. 그들이 기자회견장에서 노트북을 두드릴 때 내 기사는 대중에게 이미 소비되고 있었다. 오전 11시라 애매하기는 했지만 제법 많은 사람이 기사를 눌렀다. 최초의 반전 기사에 미치지는 못하지만, 며칠 전에 인터넷을 달군 인육만두 기사만큼 조회 수가 나왔다. 기자회견이 끝나고 관련 기사가 쏟아졌지만, 대부분 내가 먼저 쓴 기사를 돋보이게 하는 효과만 발휘했다. 선점 효과는 그만큼 강력했다.

점심을 먹는데 주 형사에게서 전화가 왔다.

"기사 잘 봤어요."

"감사해요. 주 형사님 덕분이에요."

"그러니까 우리 앞으로도 서로 잘 협조합시다. 어제 인터뷰는 아주 좋았어요."

현직 형사에게서 이런 전화를 받다니 내가 뭐라도 된 듯 뿌듯했다.

"나은주 인터뷰 기사는 언제 나갑니까?"

"그건 편집국이 결정할 사안이에요."

"기사가 나가도 경찰은 수사 중인 사안이므로 어떤 사실도 확인해 줄 수 없다고 할 겁니다."

"알고 있어요. 기사와 수사는 다르니까 그에 따른 부담은 제가 안고 가야죠."

"이해해 주니 다행이네요. 아무튼 다음 인터뷰도 잘 부탁합니다."

주 형사의 말투가 마치 거래처 영업사원 같았다. 따지고 보면 기자와 경찰은 거래 관계가 맞다. 기사와 수사를 거래하며 공생하는 사이다. 찜찜하고 씁쓸한 기분이 들었지만, 지금 사회에서 거래가 아닌 순수한 관계가 얼마나 될까 하는 질문을 핑계 삼아 그 기분을 던져버렸다.

그 날은 별다른 일이 없어 정시에 퇴근했다. 집에 가는 버스를 기다리는데 드디어 내가 쓴 인터뷰 기사가 떴다. 버스가 왔지만 일부러

타지 않았다. 정거장에 앉아서 일반 구독자가 되어 내가 쓴 기사를 읽었다. 제목을 보자마자 눈살을 찌푸렸다.

[독점연재] 자살한 고등학생 연쇄살인마의 엄마와 나눈 충격 인터뷰①
전교 1등 모범생은 왜 연쇄살인마가 되었을까?

내가 쓴 제목과 달랐다. 훨씬 진한 표현으로 갈아입은 상태였다. '연쇄살인마'란 표현에서 피 냄새가 흥건하게 풍겼다. 물론 처음 사건을 접했을 때 나도 '연쇄살인마'란 어휘를 사용했다. 그러나 인터뷰를 지속하기 위해 일부러 순화해서 제목을 달았는데, 팀장이 고쳐 버린 모양이다. 아무리 팀장이라고 해도 내가 쓴 독점인터뷰 기사인데 상의도 없이 제목을 바꾸다니 용납하기 힘들었다. 팀장은 제목뿐 아니라 기사에도 손을 댔다.

내 기사는 '한 고등학교 3학년 학생이 살인을 저지르고 자살했다.'로 시작하는데, 팀장은 '한 고등학교 3학년 학생이 연쇄살인을 저지르고 자살했다.'로 바꾸었다. 그 뒤에도 몇몇 단어를 바꾸고 문장 표현을 더 강하게 고쳤다. 그 표현들은 나은주 심경을 건드릴 가능성이 높다. 나은주가 손목을 긋는 장면도 문제다. 묘사가 지나치게 잔인하다. 또한 그 장면 뒤에 내가 쓰지도 않은 문장들이 잔뜩 들어갔는데 나은주를 자식 교육에 미친 엄마, 광기에 사로잡혀 아들을 학대한 엄마로 낙인찍고 있었다.

나는 팀장에게 전화를 걸었다.

"기사 뜬 거 봤냐?"

팀장에게서 들뜬 기운이 물씬 풍겼다.

"네, 근데······."

팀장은 내 말을 끊었다.

"지금 회사에서 조회 수를 실시간으로 확인하는데, 완전 대박 분위기야."

"저, 선배!"

"어, 왜?"

팀장은 여느 때보다 다정했다.

"왜 그렇게 바꾸셨어요?"

"뭐?"

"제목이랑 기사를 바꾸시려면 저와 상의를······."

"야, 건방지게. 요즘 기사 몇 개 대박 났다고 내 머리 위로 기어오르는 거야?"

"그게 아니라······."

"대박 나게 도와주었더니, 많이 컸다! 어, 많이 컸어."

"선배, 그게 아니라······ 아직 인터뷰를 다 끝내지도 못했는데, 연쇄살인마라고 아들을 지칭하면 인터뷰이가 인터뷰를 거부할 수도 있어서 그래요. 그리고······."

"그게 뭐?"

"손목을 긋는 장면을 묘사하는 대목이 지나치게 잔인하고······."

"너 아마추어야? 아직도 뭐가 사람들 손가락을 끌어당기는지 몰라?"

"인터뷰이를 자식 교육에 미친, 광기 어린 아동학대범이라고 규정한 건 좀 지나치……."

"야, 정신 안 차릴래! 아직도 수습처럼 굴 거야? 주니어 기자씩이나 되어서는……."

"선배, 그게 아니라……."

"국장 승인까지 떨어진 기사니까 따지려면 국장한테 직접 따져."

팀장은 버럭 소리를 지르면서 전화를 끊어 버렸다. 특종을 따낸 나를 이 따위로 취급하는 팀장에게 화가 치밀었다. 잘난 척하는 그 더러운 얼굴에 욕을 한 바가지 퍼붓고 싶었다. 그렇지만 현실의 나는 혹시 누가 들을까 봐 두려워 입속으로만 욕을 웅얼거리고 말았다.

나는 타야 할 버스가 몇 대 지나갈 동안 정류장에 앉아 사람들 반응을 살폈다. 팀장이 말한 대로 기사는 빠르게 이슈화되었다. 각종 커뮤니티와 유튜브, SNS를 통해 빠르게 퍼졌고, 기사 아래에 댓글이 미친 듯이 달렸다. 반응은 예상에서 벗어나지 않았다. 사건의 진실을 궁금해 하는 사람과 후속 기사가 보고 싶다는 사람이 일정한 비율을 차지하고, 나머지는 거의 다 나은주를 향한 비난 일색이었다. 나은주가 손목을 긋고 도청까지 한 행위는 비난받아 마땅하지만, 나로서는 나은주가 이 정도 반응을 접하고도 인터뷰를 계속하겠다고 할지가 무엇보다 걱정이었다. 그래서 기사를 쓸 때 살짝 순화했는데 팀장이 몽땅 고치는 바람에 나은주는 일말의 동정도 받을 수 없는 마녀가 되고 말았다.

독자들 반응은 폭발했지만 입맛이 썼다. 살인 사건 셋에 자살까지 네 꼭지를 더 쓸 계획이었는데, 이번 한 꼭지로 끝날지도 모른다는 걱정에 불안했다. 나는 망설임 끝에 나은주에게 전화를 걸었다. 전화를 받지 않았다. 문자를 보냈지만 확인하지도 않았다. 아무래도 내 연락을 거부하는 것 같다. 초조한 마음으로 기사를 다시 확인하는데, 후속 기사가 보였다. 바이라인부터 확인했다. 팀장 이름이 선명하다. 기사는 아동심리전문가, 범죄전문가의 인터뷰를 통해 나은주 심리가 얼마나 병들었는지 분석하는 내용이었다. 가장 많은 추천을 받은 댓글도 읽었다.

→ 전문가들 의견을 종합하면 겉으로 보기에 자식이 살인을 저질렀지만 실제로는 엄마가 연쇄살인마나 마찬가지라는 것이다. 저런 엄마 밑에서 나는 하루도 못 산다. 10대 내내 저런 엄마 밑에서 지내며 전교 1등에 모범생으로 살아야 했으니 정신이 온전할 리 없다. 이건 정신병자가 마구잡이 살인을 저지르고 엄마에게 들킬까 봐 두려워서 자살한 사건이다. 그러니 진짜 연쇄살인마는 뻔뻔하게 죄책감에 빠진 척하는 저 여자다.

그 아래에 줄줄이 달린 욕투성이 댓글들에 담긴 광기는 살벌했다. 나은주도 저 댓글을 읽었을 것이다. 나조차도 읽기 힘든 댓글인데 나은주가 읽고 받았을 충격이 얼마나 클지 어림이 되지 않았다. 자기 자신을 연쇄살인마로 지목하는 댓글을 읽으면 얼마나 화가 날까? 물론 나은주도 인터뷰 기사가 나가면 어느 정도 비난이 쏟아지리란 예상은 했을 것이다. 자식 앞에서 손목을 긋고, 도청을 한 행위가 어떤 반응으로 이어질지 짐작했을 것이다. 그것도 모른 채 인터뷰에서 모두 털어놓았다면 현재의 나은주는 온전한 판단 능력이 없다고 보아야 한다.

내가 보기에 인터뷰 내내 나은주 정신은 온전했고, 판단력은 나보다 냉철했다. 내 약점을 파고드는 집요함은 무섭기까지 했다. 그런 사람이 아무 고려 없이 모든 것을 털어놓았을 리 없다. 도대체 무슨 생각으로 비난받을지 뻔히 알면서 그런 비밀을 다 밝혔을까? 왜 비난을 자초하는 짓을 벌였을까? 정말 정우가 왜 그랬는지 알고 싶다는 그 마음 하나 때문일까? 아니면 내가 모르는 그 어떤 목적 때문일까? 그 어떤 질문에도 적절한 답을 찾을 수 없었다.

착잡함을 달래려고 편의점에 들러서 맥주를 샀다. 공원에서 맥주를 마시는데 수많은 생각이 두더지처럼 땅을 뚫고 올라왔다. 한편으로는 불안하고, 한편으로는 분노가 치솟았다.

'팀장이 모든 걸 망쳤어!'

아무리 팀장이라도 이런 단독 기사를 자기 멋대로 바꾸면 안 된다. 팀장은 조회 수를 높이려고 바꾸었다 했지만 순전히 그런 의도만은 아닐 것이다. 순수하게 그럴 의도만 있었다면 내게 작은 언질이라도 주었을 것이다. 팀장은 전문가 인터뷰 기사를 자기 이름으로 냈는데, 이는 내 공을 가로채려는 음흉한 꿍꿍이다. 팀장은 며칠 전에 인육만두 기사로 대박을 터트렸다. 다른 기자들까지 베껴 썼다. 조회수도 꽤 나왔고 지상파에서도 받았다. 그러나 하루도 지나지 않아 가짜뉴스로 판명되었다. 댓글에는 가짜뉴스에 또 낚였다며 비난이 줄을 이었다. 내부 비판도 강하게 받았다. 팀장은 전환점으로 삼을 먹이가 필요했고, 내가 그 먹잇감이다.

술이 들어갈수록 불안과 분노가 증폭되었다. 취할 때까지 술을 마시고 싶었다. 같이 술을 마실 친구를 찾다가 지훈 씨 이름이 보였다.

지훈 씨에게 문자를 몇 통 보냈다. 답은 오지 않았다. 나는 무작정 지훈 씨가 사는 곳으로 갔다. 나는 얼굴을 가린 채 건물 입구를 통과해서 계단으로 4층까지 올라갔다. 벽에 바짝 붙어 엘리베이터 쪽을 찍는 CCTV를 피한 뒤 지훈 씨 집 앞에 섰다. 현관문 아래로 아무런 빛이 새어 나오지 않았다. 옆집 현관에서는 빛이 희미하게 새어 나왔다. 나는 도어록을 열고 비밀번호를 눌렀다. 지훈 씨 전화번호, 사원증 번호 등을 조금 변형해서 몇 번 눌렀다. 문은 열리지 않았다. 남들이 보면 수상하게 볼 짓을 내가 아무렇지 않게 하고 있었다. 옆집에서 인기척이 났다. 나는 재빨리 몸을 피했다.

나는 계단으로 피신해서는 머리를 쥐어박았다.

'최시아! 정신 차려. 아직 아무것도 결정되지 않았어.'

그곳을 빠져나와 술을 사서 집으로 왔다. 혼자서 슬프게 술을 마셨다. 지훈 씨가 보고 싶었다. 함께 술을 마시고 싶었다. 혼자 술을 끝없이 마시다 어느 순간 쓰러졌다.

출근하지 않는 주말이라 늦게 일어났다. 숙취로 머리가 아팠다. 습관처럼 휴대폰을 들고 기사를 확인했다. 내가 쓴 인터뷰 기사는 여전히 포털 첫 화면에 걸려 있었다. 댓글은 더 많이 늘었고, SNS에서도 단연 화제였다. 허접한 언론사 기자들이 베껴 쓴 기사도 여럿 보였다. 경찰을 취재한 기사도 있었는데 주 형사가 말한 대로 경찰은 그 어떤 언급도 해 주지 않았다. 지상파 방송과 라디오 시사프로그램에서도 화제 사건으로 다루었지만, 다들 내 기사를 인용하고 사람들 반응을 전하는 정도였다. 일부 기자들은 이런저런 사건들을 조합해서 경찰이 재조사에 들어간 사건을 추정하기도 했지만 정확히 짚어낸 기사는 없었다. 일어나자마자 휴대폰만 보았더니 머리가 더 아팠다. 속도 쓰렸다. 대충 씻고 속을 풀 겸 라면을 끓여 먹으려는데 전화벨이 울렸다.

"나은주예요."

무심코 전화를 받았다가 정신이 번쩍 들었다.

"집인가 보네요?"

"네, 특별한 사건이 없으면 주말에는 출근을 안 해서……."

"기사 잘 봤어요."

내 걱정과 달리 나은주 목소리는 여느 때와 다르지 않았다. 도리어 조금 어둠이 씻긴 듯한 음색이다.

"연쇄살인마란 표현이 좀 그렇죠? 팀장님이 제가 쓴 기사를 수정해서, 죄송하다는 말씀을 드려야 하는데……."

말이 정제되지 않은 채 나왔다.

'정신 차려. 최시아! 중요한 통화야.'

나는 머리를 세차게 흔들었다.

"괜찮아요. 이미 다 예상했어요. 원래 언론사는 제목을 일부러 그렇게 쓰잖아요. 시아 씨 잘못이 아니니 사과하지 않으셔도 돼요."

반응이 예상 밖이라 오히려 내가 당황했다. 착각인지 모르겠지만 '시아 씨'라는 호칭에서는 친근함뿐 아니라 고마움까지 느껴졌다.

"댓글도 빼놓지 않고 다 읽었는데, 이미 예상한 반응이어서 아무렇지 않아요."

"그렇다면 다행이네요."

"이런 내가 납득이 잘 안 되지만, 약을 안 먹으면 잠들지 못했는데 기사와 댓글을 읽고는 약도 안 먹고 잠들었지 뭐예요. 중간에 깨지도 않고 아침까지 깊이 잠든 게 남편이 떠난 이후 처음이었어요. 깊은 잠이 소원이라고 하면 시아 씨가 어떻게 여길지 모르겠지만, 내 소원은 숙면이었어요. 소원이 그것밖에 안 남았는데, 그 꿈을 시아 씨가 이루어 주었네요."

뭐라고 대꾸해야 할지 막막했다. 나은주가 건네는 말을 무조건 좋은 쪽으로만 받아들여야 할지 확신할 수 없었다. '시아 씨'란 호칭에 섞여 들어오는 친근감도 진심인지 가식인지 구분하기가 힘들었다.

"시간 되면 오늘 인터뷰할래요? 여느 때보다 기억이 선명하거든요."

마지막 말은 더 예상 밖이다. 나는 시간을 확인했다.

"어렵나요?"

"아뇨. 괜찮습니다. 시간과 장소를 알려 주세요."

"두 시간 뒤, 장소는 문자로 보낼게요."

전화를 끊자 바로 문자가 왔다. 나는 빠르게 외출 준비를 하면서 자료를 챙겼다. 주 형사에게도 약속 장소와 시간을 알려 주었다. 주 형사에게 곧바로 전화가 왔다.

"월요일에나 약속이 잡힐 줄 알았더니, 빠르네요."

"나은주 씨한테서 조금 전에 전화가 왔어요."

"그래요? 뭐랍니까?"

"푹 잠을 잤대요."

"네? 잠이요?"

목소리에 당황한 기색도 실려 왔다.

"남편이 떠난 뒤로 처음 숙면을 취했대요."

"이해가 안 되네요. 자기 치부뿐 아니라 아들의 끔찍한 범행까지 공개되었는데……. 아직은 아니지만 신상이 밝혀지는 것도 시간문제일 텐데……."

"이미 예상한 반응이라 아무렇지 않대요."

"이건 정말 예상치 못한 전개인데……."

"아무튼 인터뷰를 본인이 계속하겠다고 했으니 다행이죠."

"그렇기는 한데……, 일단 알겠습니다."

"인터뷰 뒤에 또 만나는 건가요?"

"그건 그때 가서 상의하죠."

주 형사의 혼란스러움을 확인하며 전화를 끊었다. 가벼운 옷을 입고 인터뷰 자료를 챙겨서 노트북 가방에 넣었다. 마지막으로 도청 장치까지 챙겨서 집을 나섰다.

약속 장소는 카페다. 카페 창밖으로 '진리의 전당, 청남중앙고등학교'란 큰 글씨가 보였다. 청남중앙고등학교는 이정우가 다녔던 바로 그 학교다. 이 카페는 누가 봐도 의미심장한 장소였다. 첫 인터뷰는 프롤로그였다. 진짜 이야기는 이제부터다. 약속 시간이 15분 남았고, 아직 나은주는 도착하지 않았다. 나는 인터뷰에서 중점을 둘 부분을 점검했다. 초점은 살해 동기다. 정우가 저지른 범죄를 나은주가 어느 정도까지 알고 있는지도 중요하다.

정우가 유서에서 처음으로 살해했다고 밝힌 피살자는 이규민이다. 이규민은 정우와 고2 때 같은 반이었던 남학생으로 학업 성적은 최하위권이지만 선생님들이 문제 삼거나 학생들이 거북하게 여기는 짓은 하지 않았다. 같은 반 안에서 어울리는 친구가 몇 명 있었지만 절친이라고 할 만큼 가까운 관계는 없었다. 그랬던 이규민이 갑자기 죽었다. 사람이 많이 다니던 길을 걷다가 그냥 쓰러지더니 깨어나지 못했다. 부검 결과 몸에서 약물이 검출되었는데, 바로 펜타닐과 카펜타닐(Carfentanil)이었다. 펜타닐은 미국 젊은 층 사망률 1위를 기록할 정도로 강력한 마약인데, 2mg이면 건강한 성인이 사망할 정도로 위험하다. 카펜타닐은 펜타닐과 같은 계통의 마약인데, 펜타닐보다 위력이 100배는 강하다. 카펜타닐 0.02mg이면 사람이 죽을 수 있다. 카펜타닐 0.02mg은 작은 소금 알갱이와 구별이 잘 안 된다. 죽은 이규민 소지품에서 가죽과 금속으로 만든 담배 케이스가 나왔는데 거기에서 미량이지만 펜타닐 가루도 검출되었다.

경찰은 당시에 이규민 주변을 철저히 조사했지만, 이규민이 평소에 담배를 피웠다는 사실을 아무도 몰랐다고 한다. 담배 케이스는 죽은 이규민 가방 깊숙한 곳에서 발견되었는데, 몰래 들고 다니다 혼자서 담배를 피울 때만 꺼낸 것 같았다. 경찰은 이규민의 집과 주변을 철저히 조사했으나 펜타닐을 구입한 경로를 찾지 못했다. 사망 당시 이규민은 학교를 마치고 집에 들렀다 두 시간 정도 쉬고 학원으로 가던 길이었다. 경찰은 이규민이 이때 카펜타닐을 복용했으며, 펜타닐보다 강한 카펜타닐의 위험성을 제대로 알지 못해 펜타닐처럼 흡입하다 부작용으로 사망한 것으로 결론을 내렸다. 외부인이 개입한 흔적이 없고, 원한을 살 만한 관계도 없었으며, 부검에서 카펜타닐까지 검출되었으니 당연한 결론이다.

　인터뷰를 준비하면서 과거 기록을 살펴보다 과거에 내가 이 사건을 자세히 다루었다는 사실을 깨달았다. 워낙 많은 기사를 쓰다 보니 잠시 잊어버리고 있던 사건이다. 길거리를 걷던 청소년이 마약 오남용으로 갑자기 쓰러져 사망한 사건이라 당시에 상당한 충격파를 던졌다. 그때는 특별취재팀 소속으로 취재했는데 펜타닐을 구입하기가 생각보다 쉬워서 깜짝 놀랐던 기억이 난다.

　그런데 정우가 이규민을 자신이 죽였다고 유서에 고백한 것이다. 경찰은 유서에 담긴 내용의 진위를 확인하려고 즉각 수사를 벌였다. 나은주 집을 수색하고, 정우 통장 거래 내역을 확인했다. 휴대폰은 확보하지 못했지만 통신 기록을 살펴 의심이 갈 만한 내용은 다 뒤졌다. 그러나 정우 범행을 뒷받침할 증거는커녕 정황조차 발견되지 않았다. 정우가 유서에서 밝힌 살인 방법은 간단하면서도 치밀했다.

　정우는 이규민이 담배를 몰래 피운다는 사실을 알았다. 다른 흡연 학생들과 달리 몰래 혼자 피우며, 고급 담배 케이스를 가지고 다닌다는 것도 파악했다. 정우는 이규민을 죽이기로 마음먹고는 학교 마약 예방교육에서 접한 펜타닐을 이용하기로 계획했다. 어떤 방법으로 구했는지 모르지만 정우는 은밀하게 펜타닐뿐 아니라 카펜타닐까지 구했다. 정우는 남들 이목을 피해 이규민의 담배 케이스를 빼냈다. 이규민은 학교에서는 담배를 피우지 않고 가방 깊숙한 곳에 담배 케이스를 넣고 다녔기에 잠깐 빼내도 들킬 염려가 없었다. 정우는 담배 케이스에 든 담배 필터에 펜타닐을 소량씩 끼워 넣었다. 담배를 피우면서 자연스럽게 펜타닐을 흡입하도록 한 것이다. 이 지점에서 정우의 세심한 성격이 드러난다. 고급 담배 케이스는 일반 담뱃갑에서 담배를 빼낸 뒤 클립에 집어넣는 구조다. 클립에 끼워 넣으면 담배가 고정되고, 담배를 피울 때는 일정한 순서대로 꺼내서 피울 수밖에 없다.

정우는 이규민이 혼자 있는 공간에서 하루에 네다섯 개비씩 담배를 피운다는 사실도 확인했다. 정우는 필터에 펜타닐을 넣은 담배 네 개비와 카펜타닐을 넣은 한 개비를 준비해서 클립에 있던 담배와 바꾸었다. 그래서 16번째부터 19번째 담배에는 펜타닐이, 20번째 담배에는 카펜타닐이 들어가게 되었다. 평상시처럼 담배를 피우던 이규민은 15번째 담배까지는 평소와 다를 바 없었다. 그러다 16번째부터 필터에 있던 소량의 펜타닐 가루가 강한 흡입력에 끌려 몸 안으로 들어갔다. 평소와 다른 기분을 느꼈겠지만 워낙 소량이기에 알아차리지 못했다. 그러다 마지막 담배를 피우면서 카펜타닐을 흡입했다. 카펜타닐은 펜타닐과 비교할 수 없을 정도로 강한 독성을 지녔기에 이규민의 목숨을 빼앗았다. 이규민은 자신이 무슨 일을 당했는지도 모른 채 죽었다. 정우는 경찰이 정밀 조사를 할 줄 알았기에 담배 케이스 안쪽에 펜타닐 가루를 남겼다. 경찰은 정우가 의도한 대로 결론을 내리고 사건을 마무리했다.

주 형사는 풀리지 않는 의문점이 크게 두 가지라고 했다. 첫째, 정우가 이규민을 살해한 동기가 뭘까? 이제까지 경찰 조사에 따르면 이규민과 정우는 사건이 벌어졌을 당시에 같은 반이라는 점만 빼면 연결점이 아예 없다. 죽이려고 작정했을 정도면 강한 원한 관계여야 하는데 그 당시에도, 지금도 그 어떤 관계도 밝혀지지 않았다. 둘째, 정우는 자살하면서 왜 이 사건을 고백했을까? 죽이고 싶었던 대상을 비밀리에 완벽하게 죽였다. 그것을 자살하면서 굳이 왜 밝혔을까? 죄책감 때문일까? 지능적인 범죄와 죄책감은 그리 어울리지 않는다. 혹시 세상에 알리고 싶었을까? 내가 이렇게 널 죽였노라고. 그렇다면 왜 살해 동기는 밝히지 않았을까? 자살하면서 내가 죽였다는 사실을 알리려고 했다면 그 동기도 밝히는 것이 합당하다.

이규민 사건의 의문점을 바탕으로 질문을 정리하고, 다음 사건의 핵심들을 짚어 보려는데 나은주가 택시에서 내리는 모습이 보였다. 나는 재빨리 노트북 가방 안에 든 도청기를 켰다. 휴대폰도 꺼내서 녹음 앱을 켠 뒤 탁자에 올려놓았다. 나는 녹음 앱이 켜진 것을 가리지 않고 그대로 두었다. 나은주가 들어오자 자료를 정리하고 옷깃을 가다듬으며 일어났다. 편히 잤다고 했지만 나은주 얼굴빛은 처음 보았을 때와 다를 바 없었다. 하기는 하룻밤 깊은 잠을 잤다고 해서 그런 비극을 겪은 엄마의 낯빛이 크게 바뀔 리는 없다.

"그건, 정우 사건 기록인가요?"

나는 봉투를 노트북 가방에 넣었다.

"인터뷰를 준비하면서 이것저것 조사를 좀 했어요."

"꼼꼼하네요."

"녹음, 괜찮으시죠?"

나는 녹음 앱을 살짝 손으로 건드렸다. 나은주는 내 휴대폰을 물끄러미 바라보았다. 휴대폰 화면에서 파란 파장이 위아래로 흔들리며 달려가고 있었다.

"인터뷰인데…… 그래야죠."

"우선 커피부터 주문하세요. 주문은 제가 해 드릴까요?"

"그래 주면 고맙죠."

"뭐 드실래요?"

"여기는 생과일주스가 맛있어요. 주문하면 바로 만들어 주거든요."

커피를 시킬 줄 알았는데 생과일주스라고 하니 조금 생뚱맞았다.

"속이 좀 허전한데 쿠키나 조각 케이크도 곁들이면 좋겠어요. 이 카페는 전자레인지로 살짝 데워 주는 수제 초코쿠키가 별미인데, 시아 씨도 먹어 봐요. 그리고 초콜릿을 슬쩍 얹은 딸기생크림 조각 케이크도 부탁해요. 참, 시아 씨라고 해도 괜찮죠?"

그것은 동의가 아니라 통보다.

인터뷰에서는 적당한 거리감을 두는 호칭이 적절했지만, 내게 거리감을 좁히며 들어오는 인터뷰이를 굳이 밀어낼 이유는 없었다. 더구나 인터뷰를 거부할지도 모른다고 걱정했던 것이 얼마 전이기에 호칭은 중요하게 생각하지 않았다.

"아, 그럼요. 그게 편하시면."

나는 나은주의 옅은 웃음을 뒤로 하고 카드를 들고 음식을 주문하려고 일어섰다. 수제 초코쿠키를 주문하자 종업원이 바로 전자레인지로 데웠고, 조각 케이크는 쇼케이스 냉장고에서 꺼내더니 곧바로 초콜릿을 예쁘게 얹어 주었다. 거기에 커피와 생과일주스까지 준비되는 것을 기다렸다 한꺼번에 들고 자리로 돌아왔다.

그때까지 나은주는 처음 자세 그대로 앉아 있었다. 나은주는 케이크가 마음에 드는지 곧바로 두 숟가락을 떠먹고는 쿠키를 집어 들었다. 쿠키 맛을 천천히 음미하더니 생과일주스를 한 모금 마셨다. 나는 그 모습을 가만히 지켜보다가 부드럽게 입을 떼었다.

"기사 보고 정말 괜찮으셨어요?"

"시아 씨에게 말했잖아요. 처음으로 푹 잤다고. 나도 일어나서 깜짝 놀랐어요. 내가 도대체 왜 이러는지, 나에게 물을 정도였으니까."

"정우를 연쇄살인마라고 칭하고, 독자들 반응은 비난 일색이었는데 어떻게 푹 주무셨을까요? 저 같으면 없던 불면증도 생겼을 텐데."

"사람들은 화낼 데가 필요하잖아요. 실컷 화내라고 해요. 지금은 나한테 화내지만 얼마 지나지 않아 다른 대상을 찾아갈 테니 괜찮아요."

나로서는 이해도 흉내도 불가능한 정신력이다.

"정우가 죽자 불안이 사라졌어요. 정우에게 무슨 일이 생길까 봐 늘 두렵고 불안했는데 정우가 그리 가고 나니 불안도 같이 죽어 버린 거죠. 앞으로 그 어떤 일이 닥친다고 해도 난 아무렇지 않아요. 인생에서 두려움이 사라지면 그 정도 비난은 아무것도 아니에요."

"그래도 숙면을 취했다니 이해가 안 되네요."

"그러게요. 나도 그걸 모르겠어요. 고통은 여전한데, 후회가 조금도 줄어들지 않았는데, 아니 시아 씨랑 이야기하면서 도리어 커졌는데. 근데 잠은 푹 잤어요. 나도 스스로를 연구해 보고 싶어요. 자식을 그렇게 잃은 내가, 남의 소중한 자식들을 죽인 살인자의 엄마인 내가, 이렇게 푹 자도 되는지……."

입안에 들어온 커피에서 원인 모를 쓴맛이 났다. 속이 허전하다고 했던 나은주는 더는 케이크도 쿠키도 먹지 않았다. 생과일주스도 입에 대지 않았다.

"인터뷰를 시작해도 될까요?"

나은주가 느리게 고개를 끄덕였다.

"먼저 이규민 사건인데, 정우가 어떻게 죽였는지는 이미 아시죠?"

"유서를 봤어요. 경찰이 살해 방법을 제 앞에서 시연하기도 했고. 경찰은 펜타닐과 카펜타닐도 꼬치꼬치 캐물었어요. 당연히 이규민과 어떤 관계인지도 물었고. 펜타닐이란 말은 뉴스에서 가끔 듣기는 했지만, 카펜타닐은 경찰서에서 처음 들었어요. 당연히 정우가 그런 마약을 구매했다는 사실도 몰랐고."

"휴대폰을 실시간으로 들여다봤는데도 그걸 모르셨어요? 심지어 도청까지 하셨잖아요."

"시아 씨, 그걸 제가 알았다면 어떻게 했을까요?"

그것은 상상하기 쉬웠다. ADHD가 의심되는 증세를 바꾸려고 정우 앞에서 손목을 긋고 죽으려고 했던 나은주다. 마약은 ADHD보다 훨씬 심각한 문제이니 나은주라면 가능한 모든 수단을 동원해서 막으려 했을 것이다. 정우가 마약을 살인에 이용하려는 것을 알았다면 더더욱 가만히 있지 않았을 것이다.

"무슨 수를 써서라도 막았겠죠."

"난 정우의 모든 걸 완벽하게 알고 있다고 자신했어요. 그런데 그게 얼마나 위험한지 깨닫지 못했죠. 완벽하다고 믿을 때가 제일 위험한 순간인데……. 부동산 투자를 할 때 모든 게 완벽하면 도리어 더 의심했어요. 투자는 완벽할 수 없거든요. 늘 위험 요인이 따르기 마련인데 완벽하다는 확신이 든다면 그걸 위험 신호로 보고, 내가 뭘 놓쳤는지 다시 확인했죠. 그런데 정우한테는 그러지 못했어요. 완벽하게 통제한다고 믿고 방심한 거죠. 후회해 봤자 되돌리지 못하니 더 답답해요."

나은주는 핸드백에서 담배 케이스를 꺼냈다. 언뜻 보면 고급스러운 화장품 케이스 같았다. 이규민 살인 사건 자료에서 보았던 거친 가죽 질감의 남성용 담배 케이스가 떠올랐다. 나은주의 담배 케이스는 그 내부 구조가 자료 사진에서 본 것과 똑같았다. 담배 개비를 클립에 쭉 끼워 놓고 바깥부터 하나씩 빼내는 구조다. 나은주가 무심코 담배에 불을 붙이려 하자 종업원이 와서 말렸다.

"손님, 죄송한데 저희 가게는 금연입니다."

"아, 죄송해요. 습관이라서……."

나은주는 담배를 케이스에 넣더니 얕은 한숨을 길게 내쉬었다.

"담배를 피울 수 있는 데로 갈까요?"

"잠시만 있다가 나가기로 해요. 여기 있으면 저곳이 잘 보이니까."

나는 반대쪽 창문을 보았다. 청남중앙고등학교란 글씨에 저절로 눈이 갔다.

"정우가 떠났는데, 저 학교는 변함이 없어요. 참 야속해요. 나도 그래요. 내가 여기서 사라진다고 해도 세상은 그대로겠죠."

위험한 신호다. 처음 인터뷰를 하고 나서 나은주가 자살할지도 모른다고 걱정했다. 웬만한 사람도 그럴 가능성이 있는데 나은주처럼 자식을 위해 기꺼이 죽으려 했던 엄마라면 주저 없이 삶을 내려놓을지 모른다.

"정우는 엄마가 담배를 피운다는 걸 알았어요. 집 안에 담배가 놓여 있는 것도 계속 봤고. 담배 겉면에 흉측한 사진이 있잖아요. 그걸 정우가 보게 하고 싶지 않았어요. 그래서 일부러 예쁜 담배 케이스를 샀죠. 규민이를 죽인 범행 수법을 듣고, 미치도록 후회했어요. 어쩌면 정우는 엄마의 담배 케이스를 보고 그런 살해 방법을 떠올렸을지도 모르니까."

"이규민이 담배 케이스를 가지고 있었기에 가능한 수법이었어요."

"물론 그렇겠죠. 그렇지만 내가 담배를 안 피웠다면, 내가 담배 케이스를 사용하지 않았다면……. 그래요. 자식에게 끔찍한 사건이 벌어지고 나면 엄마는 사소한 것 하나까지 다 후회되는 법이에요."

나은주는 담배 케이스를 꼭 쥐더니 핸드백에 넣었다.

"제가 가장 궁금한 점은 살해 동기예요. 경찰에 따르면 둘은 같은 반이지만 한두 마디 말조차 주고받는 사이가 아니었대요. 잘 알지도 못하는데 도대체 왜 죽였을까요?"

나은주 시선이 청남중앙고등학교 방향에서 서서히 나에게로 옮겨 왔다.

* * * * *

정우를 철저히 감시하고 살피는 주된 이유 중 하나는 바로 나쁜 친구들에게서 보호하기 위함이다. 나는 정우가 이상한 친구와 가까워질 낌새만 보이면 초반에 차단했고 정우에게 도움이 되는 친구는 어떡하든 가깝게 지내도록 만들었다. 친구뿐 아니라 선생들도 철저히 관리했다. 학교는 늘 친구 아니면 선생이 문제이기 때문이다. 예전에는 정우가 학교에 적응을 못 했기에 나는 늘 약자였다. 그러나 정우가 공부를 잘하는 모범생이 되면서 내게도 힘이 생겼다. 재력까지 갖추었기에 선생들이 나를 대하는 태도가 달라졌다.

고등학생이 되어서 처음 본 3월 모의고사에서 정우는 유일하게 만점을 받았다. 곧바로 모든 선생이 정우를 주목했다. 성격도 유순해서 선생들은 정우를 몹시 아꼈다. 아들의 성적은 곧 내 힘이었기에 학교운영위원회에도 들어갈 수 있었다. 다니던 학원에서도 정우를 특별히 대우했다. 전교 1등이 다니는 학원으로 알려지면 자기 학원에 이득이기 때문이다. 모든 것이 완벽했다. 물론 나는 긴장을 늦추지 않았다. 어떤 돌발 변수가 발생해서 이 완벽한 삶에 균열을 낼지 모르기 때문이다. 내 신경을 건드리는 소소한 사건은 있었지만 그때그때 적절하게 조치를 취하며 1학년을 완벽하게 보냈다.

새 학년이 시작되고, 봄기운이 천천히 오를 때였다. 가볍게 씻은 정우는 학원 시간이 조금 남았는데도 집을 나서려 했다.

"왜 20분이나 빨리 나가?"

"뒤쪽 산책길로 돌아서 가려고."

"산책길은 왜?"

내가 사는 아파트단지 서쪽으로는 작은 산이 있고, 단지와 산 사이에는 산책길이 조성되어 있다. 그렇지만 단지 입주민들은 그 산책길을 그리 좋아하지 않았다. 길이 구불구불해서 걷는 맛은 있지만 길이 비좁고 바로 보이는 작은 산이 제대로 정비되지 않아 경치가 나쁘기 때문이다. 그 산에는 그 흔한 벚꽃이나 개나리도 없이 잡목과 잡풀만 무성했다. 그 반면에 아파트 단지 동쪽에는 잔디밭과 숲이 잘 꾸며진 공원이 있기에 자연 풍경을 맛보고 싶으면 다들 그쪽으로 갔다. 작은 산 위쪽에는 운동 기구가 설치된 터가 있어서 산을 좋아하는 어르신 몇몇이 찾기는 하지만, 대부분은 잔디가 넓게 조성되고 깨끗한 공원에 가서 운동하거나 산책을 즐겼다.

"생물 선생님이 자기가 사는 동네의 식생을 관찰해 보라는 과제를 내 주셨거든."

도청을 통해 이미 알고 있던 과제다.

"그런 과제가 도움이 되기는 해?"

"지역 사회 환경을 관찰함으로써 생물 다양성, 지속 가능성 등을 탐구했다고 생기부에 써 주신대. 진학에 도움이 될 거야."

정우 진로와는 거리가 먼 활동이지만 내가 어찌할 수 없는 영역이다.

"시간 많이 들이지 마."

"머리도 식힐 겸 하는 거니까 걱정 마."

"알았어. 음료수라도 하나 챙겨 줄까?"

"괜찮아. 산책길 돌아서 조금만 가면 바로 학원이잖아."

정우는 나를 마지막까지 안심시키고 집을 나섰다.

그랬던 그 산책길이 불행의 씨앗이 되고 말았다. 그 생물 선생이 일을 이 지경이 되게 만든 원인을 제공했다. 나는 그 생물 선생이 너무나 원망스럽다. 생물 선생이 그 과제만 내 주지 않아도 정우가 규민이와 얽힐 일은 없었다.

잠시 정우가 걷는 소리, 주변을 어지럽히는 작은 소음만 들렸다. 휴대폰 위치 추적으로 정우가 이동하는 경로를 확인했는데, 별일 없이 산책길로 들어서고 있었다. 산책길에서 정우는 걸음을 느리게 했고, 부스럭거리는 소리가 자주 났다. 종종 풀을 밟는 소리도 들렸다. 산책길과 접한 산비탈에 자리한 식물을 관찰하는 모습을 상상하며 귀를 기울였다. 그러다 짧은 탄식이 들렸다. 정우는 여전히 산책길 위였다. 처음에는 예쁘거나 신기한 식물을 발견해서 내는 감탄인 줄 알았다. 그런데 뒤이어 나오는 거친 말소리에 내 귀가 긴장했다.

"너, 새끼, 뭐냐?"

그것이 내가 처음 들은 이규민 목소리다. 목소리에서 진득진득한 악취가 풍겼다. 나는 정우 공부방으로 얼른 들어갔다. 그 방 창문은 아파트 산책길 방향으로 뚫려 있었다. 그러나 창문으로는 산책길이 보이지 않았다. 높다랗게 솟은 두 아파트가 산책길을 가리기도 했지만, 두 동 사이로 난 곳마저 무성한 이파리의 나무들이 시선을 완전히 차단했기 때문이다. 나는 위험을 대비해서 사 놓은 호신용품을 챙겼다.

"너, 새끼, 봤냐?"

이규민이 정우를 위협했다.

"이 새끼 귓구멍이 썩었어?"

겁먹은 정우가 떠올랐다. 어깨가 굳고 손이 떨렸다.

"너, 새끼, 봤지?"

"아, 그, 담, 배."

정우가 간신히 대답했다. 위험 신호다. 나는 호신용품을 든 채 곧바로 집을 나섰다.

"너, 새끼, 누구한테라도 떠벌리면 죽어."

어깨를 치는 듯한 소리가 들렸다. 엘리베이터가 올라오는 속도가 거북이처럼 느렸다. 엘리베이터에 탔다. 1층에 도착할 때까지 더는 말소리가 들리지 않았다. 정우 위치를 확인했다. 정우는 산책길을 빠져나가서 도로에 있었다. 위험한 상황은 지나간 것 같았지만 여전히 안심되지 않았다. 나는 정우가 규민이와 마주쳤던 곳으로 화급히 달려갔다. 혹시라도 거기에 이규민이 있는지 확인하기 위함이었다. 그곳에 이규민은 없었지만 담배를 피웠던 장소가 어디인지는 알 수 있었다. 나는 정우가 이동한 경로를 따라서 달렸다. 내가 도로에 이르렀을 때 정우 휴대폰 위치가 학원으로 나왔다.

다시 집으로 돌아온 나는 이규민이 누군지 조사했다. 정우와 같은 반인 아이들의 페이스북, 틱톡, 인스타그램 계정을 뒤지면서 이규민이 있는지 살폈지만 그 어떤 흔적도 없었다. 몇 단계 인맥을 건너고 건너서 간신히 몇 가지 정보를 얻어 냈다.

이규민은 친구도 거의 없이 조용히 지내는 놈이다. 덩치는 또래보다 크고, 공부는 못 하지만 말썽을 부린 적이 없어 선생들 관심 밖이다. 아버지는 장교로 근무하다 얼마 전에 전역했고, 엄마는 유명한 로펌에서 근무하는 변호사였으며, 형은 아버지 뒤를 이어 육사에 입학했다. 가정 환경을 보니 이규민이 집 안에서 어떤 처지일지 대충 짐작되었다. 더 조사했지만 그 이상은 알아내지 못했다.

나는 신경을 곤두세우고 도청에 집중했다. 혹시나 몸에 상처라도 나지 않았는지 틈나는 대로 살폈다. 다행히 그 일이 터지고 중간고사 기간이 될 때까지 아무런 일도 벌어지지 않았다. 나는 지나가는 일회성 사건이라 여기고 안심하려고 했다. 그런데 중간고사 결과가 나오면서 모든 것이 뒤바뀌었다. 성적이 떨어졌다. 전교 1등을 놓친 것이 문제가 아니었다. 생물에서 2등급 성적이 나온 것이 문제였다. 그것도 간신히 2등급이었다. 기말고사가 남았고 수행평가도 있기에 등급이 확정된 것은 아니지만 진로와 관련된 과목에서 발생한 변수였기에 걱정되었다. 공부는 한결같았고, 아무런 변수가 없었다. 학원에서 본 고난도 시험에서도 늘 만점을 맞던 생물 시험을 왜 망쳤는지 이유를 캐물었다. 처음에는 그냥 시험이 어려웠고, 실수했다고 둘러댔다.

"솔직하게 말해."

나는 정우 눈을 똑바로 보았다. 한참 눈동자를 불안하게 굴리던 정우에게서 이규민이란 이름이 또 튀어나왔다.

"이규민······이 왜?"

하마터면 내가 이미 이규민 정체를 안다는 사실을 드러낼 뻔했다.

"걔가 나를 괴롭혀."

"괴롭힌다고? 널? 이규민이?"

믿기 힘들었다. 도청을 하며 철저히 확인했지만 그런 낌새는 드러나지 않았다. 도청기는 늘 정상으로 작동했다. 도대체 어떻게 된 일인지는 이어진 설명을 듣고서야 이해했다.

"그날 생물 과제를 하려고 산책길을 가다가 규민이가 담배를 피우는 걸 봤어. 그때 규민이가 험악하게 인상을 구기며 나한테 담배 피우는 거 다른 사람한테 말하지 말라고 협박했어. 그런데 그 뒤로 틈만 나면 나를 위협했어. 체육 시간이 되면 우연인 척하면서 나랑 부딪치기도 하고, 공을 일부러 나한테 던져서 맞추기도 해. 그러다 은근히 다가와서는 병신을 만들어 버리거나 죽여 버리겠다고 귀에 대고 슬쩍 협박하고는 가 버려. 화장실에서 볼일을 보는데 뒤에서 몰래 세게 치고 지나가기도 하고 복도에서 우연을 가장해서 툭 치기도 해. 남들 모르게 입 모양으로만 욕을 해대기도 하고. 교실이나 다른 아이들이 있는 데서는 절대 날 안 건드려. 남들이 눈치 챌 만한 방식이 아니라 은근히 괴롭히니 더 짜증나고 미치겠어. 누가 보는 데서 다 알아차릴 만한 방식으로 괴롭히면 학교 폭력으로 신고라도 하겠는데……. 덩치도 커서 몸으로 어떻게 해 볼 수도 없고."

그때까지 내가 도청 장치를 설치한 곳은 필통과 교복, 생활복이었다. 필통은 도청 장치를 은밀하게 설치하기 편했고, 학교든 학원이든 공부하는 곳이면 언제든 옆에 두고 지내기에 도청 효과도 확실했다. 교복과 생활복에는 특별히 주문 제작한 단추에 도청 장치를 심어서 달았다. 이규민이 체육 시간에 괴롭혔다면 내 도청 장치는 무용지물이다. 화장실에서 툭 치고 지나가는 것 정도는 영상으로 찍지 않는 한 소리만으로는 그런 행위가 있는지조차 알기 어려웠다. 도청 장치의 성능이 귀에 대고 작게 속삭이는 소리를 잡아낼 정도는 아니었기에 도청에도 한계는 있었다.

"그렇다고 성적이 떨어져? 그것도 생물만?"

나는 일단 성적이 떨어진 이유부터 규명하려고 했다.

"생물 수업을 들을 때, 생물 공부를 할 때, 자꾸 그날 일이 떠올라. 내가 그때 거기만 안 갔어도 이런 꼴을 안 당한다고 생각하니까……

공부가 잘 안 돼. 괜히 괴롭고, 집중도 안 되니까…… 효율도 떨어지고 생물 공부도 하기 싫고…….”

큰일이었다. 정말 큰일이었다. 교묘한 괴롭힘이라 정우 말대로 학교 폭력으로 다루기가 어렵다. 확실한 증거도 없이 밀어붙였다가는 이규민 집안을 봤을 때 곱게 넘어가지 않을 것이다. 아버지가 예비역 장교고 엄마가 변호사라면 만만한 집안이 아니다. 이규민이 평판이라도 나쁘면 그것을 이용하면 되는데 조용하고 얌전한 학생이란 이미지가 강해서 자칫하면 정우가 예민하게 굴었다는 역공이 들어올 수도 있다. 그러면 정우 앞날에 큰 장애물이 된다. 그렇다고 그대로 둘 수는 없었다. 불편함이야 어찌어찌 참는다 해도 생물 성적이 문제다. 생물은 정우의 진로와 직접 연관된 과목이기에 절대 2등급을 받으면 안 된다. 생물 공부를 할 때마다 트라우마처럼 고통이 일어난다면 앞으로 성적이 더 떨어질 위험마저 있었다.

트라우마는 전기 스위치처럼 누르면 켜지는 법이다. 마음을 다잡는다고 해결될 일이 아니다. 정우가 엉망이었을 때, 학교나 학원에서 연락이 오면 늘 듣고 싶지 않은 소식이 들려왔다. 시간이 꽤 흘렀고, 정우가 오랫동안 모범생에 우등생으로 지내왔음에도 그때 생긴 트라우마가 완전히 씻겨 나가지 않아서 핸드폰에 학교나 학원 전화번호가 뜨면 걱정부터 앞선다. 이처럼 트라우마는 의지로 통제되지 않는다. 빨리 해결해야 하는데 방법이 마땅치 않았다.

“일단 증거를 잡아. 이규민이 너를 괴롭힌다는 증거를.”

“걔가 은밀하게 한다니까.”

“몰래 녹음이라도 해. 이규민이 너를 밀치면 왜 밀치느냐고, 왜 날 괴롭히느냐고 따져. 그럼 걔가 뭐라고 반응할 거야. 그러다 보면 걔가 실수를 저지를 때가 와."

"그게 될까?"

"일단은…… 그렇게 해."

"녹음은 뭘로 해? 휴대폰은 아침에 제출해야 하는데……."

"내가 작은 녹음기를 사서 줄 테니까 갖고 다녀. 들고 있다가 이규민이 오면 얼른 녹음기를 켜."

정우가 하지 않아도 내가 도청하고 있었으므로 그런 대화가 오가기만 하면 증거는 확보할 수 있다. 물론 그런 말을 정우에게 해서는 안 된다. 화장실이나 복도에서 벌어지는 일은 도청이 가능하지만, 체육복을 입고 있을 때는 도청이 안 된다는 것이 문제였다. 체육복에도 도청 장치를 설치하는 방법을 고민했지만 그만두었다. 체육복에는 설치하기 쉽지 않고 설혹 하더라도 활동이 많은 체육복이라 들킬 가능성이 있었기 때문이다. 생각해 보니 내가 녹음한 자료를 공식화하는 것도 걸림돌이었다. 그것을 어떻게 확보했는지 확인하려 들 것이 뻔하기 때문이다. 일단은 정우가 녹음기를 몰래 갖고 있다가 녹음하는 것이 가장 좋은 방법이다. 다른 해결책을 찾으려고 했지만 떠오르지 않았다.

나는 곧바로 녹음기를 사서 정우에게 주었다. 온 신경을 도청에 집중했다. 정우는 여러 번 이규민에게 내가 말한 방식을 시도했지만 성과가 없었다. 이규민은 정우가 건드려도 넘어오지 않았다. 어떤 눈치를 챘는지 더 교묘한 방법으로 정우를 괴롭혔다. 녹음을 들어 보면 정우 혼자 짜증내는 것으로 오해하기 딱 좋았다. 정우와 그 일로 몇 번이나 의논했지만 뾰족한 해결책이 없었다.

"친구들한테 도움을 좀 받을까?"

"친구들한테 규민이가 괴롭힌다고 이야기했어?"

도청에서도 휴대폰에서도 그런 흔적은 나오지 않았다. 혹시나 도청하지 않는 데서 대화를 나누었을 가능성을 고려해서 물었다.

"아직, 아무한테도 말 안 했어."

"잘했어. 증거 없이 말했다가는 괜히 뒷말한다고 안 좋은 소문이 날지도 몰라. 증거를 잡는 게 우선이야."

"그래도 명수라면 괜찮지 않을까?"

명수라면 신뢰할 만했다.

"명수라면 괜찮기는 한데…… 어떡하려고?"

"가까이서 지켜봐 달라고 부탁하려고. 규민이가 날 이상하게 괴롭히는 것 같은데 네가 보기에는 어떤지 봐 달라고."

"괜찮은 방법이네. 그래도 증거가 더 중요해. 명수가 너랑 가까운 사이여서 네 편을 든다고 오해받을 수도 있으니까."

도청을 했지만 명수에게 부탁하는 대화는 듣지 못했다. 나중에 확인해 보니 체육 시간에 운동장에서 은밀히 부탁했다고 한다. 그러나 명수는 정우가 원하는 역할을 해내지 못했다. 이규민은 그만큼 교묘했고, 남들에게 들키지 않는 방법을 사용했다. 수법이 점점 교묘해졌고, 그럴수록 정우는 힘들어 했다. 그런 와중에 기말고사가 다가왔다. 이러다 생물뿐 아니라 다른 과목에서도 탈이 생길까 봐 걱정되었다. 나라도 뭘 어떻게 해야 하나 고민했다. 따로 내가 이규민을 만나는 것부터 용역을 동원하는 방법까지 다양하게 고민했다. 기말고사가 다가오기에 선택을 뒤로 미룰 수 없었다.

그러던 어느 날, 그 일이 터졌다. 이규민이 길거리에서 갑자기 죽었다는 소식이 들렸다. 더구나 마약 과다 복용이라니……. 나는 처음에는 하늘이 벌을 내렸다고 생각했다. 그러다 어떤 불길한 느낌에 사로잡혔다. 혹시나 하는 염려였다. 정우가 몰래 마약으로 이규민을 해쳤을지도 모른다는 걱정은 말도 안 된다고 스스로 다독이면서도 불길한 예감에서 벗어나지 못했다.

나는 만에 하나 있을지 모를 가능성을 차단하려고 정우 휴대폰을 최신형으로 바꾸어 주었다. 경찰 수사망이 뻗어 올지 모르므로 일단 스파이 앱도 설치하지 않았다. 도청 장치도 폐기했다. 도청 장치는 내가 직접 먼 도시에 있는 가게까지 가서 현금으로 구입했으므로 경찰이 수사해도 들킬 가능성은 없다고 판단했다. 녹음했던 파일도 모두 지우고, 포렌식에 대비해서 저장 장치도 완전히 파괴한 뒤 폐기했다. 정우 방도 샅샅이 뒤졌다. 평소에도 청소를 자주해 주었기 때문에 정우에게 내 의도를 들킬 염려는 없었다. 다행히 마약과 관련한 물품은 나오지 않았다.

걱정과 달리 정우에게는 아무 일도 일어나지 않았다. 나는 경찰의 수사 결과를 접하고 가슴을 쓸어내렸다. 내 걱정은 기우였다. 정우는 그 일과 아무런 관련이 없었다. 나는 이규민이 천벌을 받았다고 믿었다. 어쩌면 이규민이 그렇게 정우를 괴롭힌 것은 담배 때문이 아니라 마약 때문일 것 같다는 생각이 들었다. 그렇다면 걱정할 것이 없었다. 그렇게 기말고사를 치렀고, 정우는 다시 전 과목 1등급을 받았다. 생물은 만점이었다. 중간고사와 수행평가를 합친 생물 성적도

1등급이었다. 폭풍은 큰 피해 없이 지나갔다. 나는 그 일이 그렇게 끝난 줄 알았다.

그런데 그것이 정우가 한 복수였다니…… 혹시나 했던 내 염려가 진짜였다니……. 그 일이 뒤이은 살인으로 이어지고, 결국 정우를 자살에 이르게 한 출발점이었다니……. 그때 내가 조금 더 빨리 결단하고 움직였다면, 그랬다면 정우가 그런 일을 저지르지는 않았을 텐데……. 또다시 나는 비극을 막지 못했다. 숨어 있다가 느닷없이 나타난 비극도 아니고 대놓고 천천히 걸어온 비극인데도 막지 못했다. 그 은밀한 학교 폭력이, 교묘하게 가해진 학교 폭력이, 이 모든 비극의 출발이었다.

* * * * *

미세먼지로 덮인 하늘처럼 무미건조하던 나은주 눈에 안개처럼 습기가 차오르더니 텁텁한 물 한 방울이 붉은 빛을 띠며 흘러내렸다. 단 한 방울이지만 그 슬픔의 무게는 거대한 산만큼 무거웠다. 나은주는 자신이 흘린 눈물이 바닥에 떨어지자 내가 보이지 않는 쪽으로 재빨리 고개를 돌리더니 휴지로 눈물을 닦았다. 그래도 눈물이 멈추지 않는지 휴지로 두 눈을 누른 채 입을 앙다물었다. 터지는 슬픔을 누르려고 애쓰는 모습이 안쓰러웠다. 마음 안에 거대하게 똬리를 튼 붉은 멍울은 터트려야 하는데, 그래야 가슴에 쌓인 고통이 조금은 가벼운데 나은주는 그것을 꾹 참아 냈다. 솔직히 여기서 고통의 멍울이 터지면 나는 감당하지 못한다. 저 복잡하고 미묘하면서도 한이 맺힌 감정이 폭발하면 전문 상담가가 와도 감당하기 힘들다. 차라리 참는 것이 낫다. 아니 참기를 바랐다.

"답답하네요. 담배를 피우고 싶어요."

내가 대답하기도 전에 나은주는 서둘러 밖으로 나가더니 떨리는 손으로 담배를 꺼내 불을 붙였다. 깊이 빨아들이는 호흡과 함께 담뱃불이 충혈된 눈만큼 붉게 타올랐다. 나은주가 멍하니 청남중앙고등학교 쪽을 보며 담배를 피우는 동안 나는 가만히 그 옆을 지켰다. 내 손은 내 의지와 무관하게 노트북 가방으로 들어가서 도청 장치 전원을 내렸다. 휴대폰 녹음 앱도 닫았다. 왜 그런지 모르지만 그 순간에는 그러고 싶었다. 도청과 녹음이 나은주가 겪는 고통을 모독하는 것이라고 생각했는지도 모르겠다. 주 형사가 책망하겠지만 필요한 증언은 이미 충분히 확보했으므로 이해해 줄 것으로 믿었다.

담배 한 대를 다 피운 나은주가 서서히 걸었다. 나은주는 아무 말도 하지 않고 묵묵히 걷기만 했다. 나는 조용히 그 뒤를 따랐다. 큰 길을 따라 걷던 나은주가 신호등을 건너더니 아파트 단지 옆으로 난 산책길로 들어섰다. 좁은 산책길 옆으로는 정돈되지 않은 작은 산이 자리하고 있었다.

"혹시 여기가?"

내가 물었다.

"맞아요. 정우가…… 이규민이 담배 피우는 장면을 본 곳이죠. 여기서 그 불행의 씨앗이 뿌려졌어요. 아무것도 아닌데, 그냥 과제를 하려고 잠깐 왔을 뿐인데, 하필 그때……."

나은주 시선이 원망을 가득 짊어지고 굽어진 산책길을 향했다. 나도 그 시선을 따라갔다. 구부러진 산책길 옆으로 골짜기처럼 움푹 들어간 지형이 마치 그곳에서 벌어진 불행을 다 아는 듯 보였다. 지형은 그늘 때문에 음침하고 우울했지만, 그곳에서 자라는 풀과 나무는 푸르스름한 생명의 기운을 마음껏 뽐내고 있었다. 그 기이한 대조가 내 감정을 심란하게 흔들었다.

나은주 핸드백에서 진동음이 울렸다.

나은주는 머리를 잠깐 흔들더니 전화를 받았다.

"나은주예요. …… 일이 좀 있어서. …… 잔금까지 오늘 다 치른다니 잘 됐네요. …… 그렇게 해요. …… 알았어요. 내가 지금 갈게요."

전화를 끊은 나은주가 나를 향해 몸을 돌렸다.

"급한 일이 생겼어요. 인터뷰는 나중에 해요."

"바쁘시면 어쩔 수 없죠. 그럼 다음 인터뷰 날짜는 어떡할까요?"

"기사 나오는 거 보고 내가 연락할게요."

4
죽은 시인의 사회

나은주를 보낸 뒤 기사를 정리하려고 조용한 카페에 들어갔다. 커피를 주문하고 노트북을 여는데 주 형사에게서 전화가 왔다. 전화를 받자 주 형사가 다짜고짜 따졌다.

"카페에서 나와서 두 사람이 어디로 간 겁니까? 도청 장치는 왜 껐어요?"

아마 나와 나은주를 지켜보며 도청으로 대화를 듣고 있었을 것이다. 그러다 갑자기 도청 장치가 꺼지고 나와 나은주가 사라지는 것을 보며 당황한 모양이다. 미행을 했다가는 들통이 날 수 있어 한참 기다리다 전화를 한 것 같았다.

"카페에 들어왔어요."

"그 카페에 제가 와 있단 말입니다!"

"다른 카페예요."

"어디 카펩니까? 제가 거기로 가죠."

주 형사는 잔뜩 짜증이 난 상태였다. 카페 위치를 알려 주고 작업을 시작했다. 미리 정리해 놓은 파일에 인터뷰 흐름을 대략 정리하고, 녹음 파일을 문자로 변환해서 파일에 덧붙였다. 커피가 나와서 한 모금 마신 뒤 제목을 뭐로 할지 고민하는데, 팀장한테서 카톡이 왔다.

🗨 너 방금 인터뷰 끝냈냐?
🗨 어떻게 아셨어요?
🗨 카드

팀장이 취재용 카드를 실시간으로 들여다보다니, 앞으로는 조심해야겠다. 감시당하는 기분은 늘 불쾌하다.

🗨 기사 완성하면 바로 보내.

음흉한 속내가 훤히 보였다. 이번에도 내 기사를 틀어쥐고 자기 마음대로 고칠 것이다. 해설이나 추가 기사를 통해 자기 몫도 챙기려 할 것이다. 내 특종에 얹혀 가려는 심보가 괘씸했다. 인육만두 기사로 먹은 욕을 만회하려는 엉큼한 속셈에 더는 당하기 싫었다. 짜증이 나니 적당한 제목이 떠오르지 않았다. 제목은 포기하고 팀장이 했던 방식대로 보충 기사를 뭐로 할지 고민했다. 오늘이 주말이고 내일이 일요일이니 기사를 준비할 시간은 충분했다.

나는 몇 가지 키워드를 뽑았다. 학교 폭력, 트라우마, 담배, 복수, 펜타닐, 추리 소설 같은 단어를 늘어놓고, 그 옆에는 어떤 식으로 기사를 쓰면 좋을지 간단하게 적었다. 정리하다 보니 흐름이 얼추 추려졌다. 학교 폭력을 당한 청소년이 겪는 트라우마, 학창 시절에 학교 폭력을 당한 학생이 성인이 되어 복수하는 드라마, 청소년들도 접근이 손쉬운 마약 유통 구조, 약물을 이용해서 범행을 저지르는 추리 소설 등을 아이템으로 잡았다.

인터뷰 기사를 먼저 터트리고 흥밋거리로 기사 네다섯 개를 덧붙이면 효과가 배가될 듯했다. 팀장에게 배운 요령이다. 사건 하나로 다양한 기사를 만들어 내는 방법인데, 기사 개수를 늘리기도 좋지만 이 사례에서는 관심을 증폭시키고 네티즌을 계속 붙잡아 두는 효과를 발휘한다. 신문사에 내 역량을 돋보이게 하는 효과도 크다. 그러다 씁쓸한 예감에 글을 써 내려 가던 손을 멈추었다.

'이걸 팀장이 달라고 하면 어떡하지?'

내 기획이고, 내가 전부 쓸 수 있는 기사인데 팀장이 달라고 하면 넘겨야 한다. 거부했다가는 무슨 꼴을 당할지 모른다. 노트북을 소리 나게 닫고 커피를 벌컥벌컥 마셨다. 커피도 에어컨도 시원한데 속에서는 열이 올라왔다. 답답한 마음을 달래며 커피만 괴롭히는데 문이 열리고 주 형사가 들어왔다. 주 형사는 커피를 주문하고는 급발진 차량처럼 내게 돌진해 왔다.

"도청기는 왜 껐어요?"

마치 피의자를 심문하는 듯한 기세다.

"마음이…… 좀 그랬어요."

준비한 핑계 거리가 있었지만, 주 형사의 기세에 밀려 솔직하게 말하고 말았다.

"도청 장치를 켜고 있기 미안해지고……."

"그러면 안 됩니다. 절대!"

주 형사는 마치 범죄자를 대하듯 나를 다그쳤다. 커피를 내리던 주인이 이상한 눈으로 쳐다보았다. 주 형사는 주변을 살피더니 헛기침을 했다.

"감정이 올라왔을 때가 중요해요. 그 전까지 이성으로 통제하던 내면이 드러날 때를 포착해야 해요. 프로파일러들이 원하는 것도 그런 상황입니다."

"그래도 남의 고통을 몰래 녹음하는 건……."

"최 기자! 그 여자는 살인자의 엄마예요!"

주 형사의 목소리가 올라가려다 내려왔다.

"살인자의 엄마라고요. 아시겠어요? 나은주가 무슨 속셈으로 이 인터뷰를 하는지 잊으면 안 됩니다. 그 여자가 하는 말이 다 진실이라고 믿어서도 안 되고, 그 여자가 꾸며 내는 감정에 휘말려서도 안 됩니다. 저번에는 잘하더니 왜 이러는 겁니까?"

나는 입술을 꽉 다물었다.

"나은주는 어떡하든 죽은 아들을 감싸려는 사람이에요."

주 형사는 거친 숨을 내뱉었다. 타당한 지적이지만 야단을 맞는 듯해서 듣기 거북했다.

"주 형사님은 나은주 씨가 털어놓은 동기가 진실이 아니라고 생각하세요?"

"그건 아직 판단할 단계가 아닙니다."

"직접 들으셨잖아요."

"제 의견은 기사로 쓰면 안 됩니다."

"당연히……."

"설명이 안 되던 퍼즐 한 조각이 맞추어진 것 같긴 합니다."

주 형사가 고개를 살짝 끄덕이며 내 의견에 동의했다.

"저는 퍼즐 한 조각이 아니라 큰 밑그림이 그려졌다고 생각해요. 나머지 두 사건도 들어 봐야겠지만 큰 그림에서는 동기가 비슷할 것 같아요. 어쩌면 자살까지 영향을 끼쳤을지도 모르고. 정우는 엄마를 잃는 걸 가장 두려워했어요. 엄마는 자신이 잘못되면 진짜 죽을 수 있는 사람이니까. 몇 번 만나지 않은 저조차도 직감했거든요. 내 앞에 앉아 있는 이 사람은 죽겠다고 말하면 진짜 죽을 수도 있겠구나. 그러니 오랫동안 엄마를 지켜본 정우는 얼마나 두려웠겠어요. 갑자기 끼어든 이규민 같은 놈 때문에 자기 인생이 흔들리고, 그것 때문에 엄마를 잃을지도 모르게 되었으니……. 정우는 살인자가 되는 두려움보다 엄마를 잃을지도 모른다는 두려움이 더 컸을 거에요."

"저로서는…… 물론 프로파일러들이 인터뷰를 권해서 최 기자에게 제안하기는 했지만, 수사받을 때는 침묵하다 인터뷰에서 솔직하게 털어놓는다는 게 납득이 안 됩니다."

"친구에게 안 털어놓는 이야기도 상담사에게는 털어놓잖아요. 그것과 비슷하다고 봐요. 나은주 씨가 그랬잖아요. 인터뷰 기사를 읽고 푹 잤다고. 남편이랑 헤어진 뒤 처음으로, 자기도 왜 그런지 모르겠다고 하지만 제가 보기에는 자기만 아는 비밀을 고백한 자의 가벼움이 아닐까 싶어요. 짐을 조금씩 내려놓는 거죠. 성당에 다니는 친구가 그랬어요. 고해성사를 하고 나면 마음이 가벼워진다고."

주 형사는 고개를 갸웃거리며 표정을 일그러뜨렸다. 표정으로는 무슨 생각을 하는지 알 수 없었다.

"이제 공개수사로 전환하나요?"

내가 물었다.

"제가 판단할 사안은 아니지만 현재까지 방침은 비공개 수사입니다. 물론 이번 인터뷰 내용이 사실인지 여부는 수사할 겁니다. 명수라는 친구에게 정말 그런 부탁을 했는지, 다른 목격자는 없는지 등을 확인해야죠."

"이번 인터뷰가 나가면 알 만한 사람은 누가 얽힌 사건인지 다 알지 않겠어요? 그럼 의도와 무관하게 공개수사로 전환할 수밖에 없을 것 같은데……."

"그런 상황이 되어도 수사 중인 사안이므로 밝힐 수 없다는 기조를 유지하는 것이 현재 방침입니다."

"다른 언론사도 냄새를 맡고 더 세게 달려들 거예요."

"저한테 이미 여러 기자가 연락해 왔지만 다 거절했어요. 이 사실을 공유하는 기자는 최 기자뿐입니다."

주 형사는 나를 특별하게 대한다는 점을 강조했다. 앞으로 오늘처럼 하지 말고 협조를 잘 하라는 은근한 압력이었다.

"그나저나 카페에서 나와서 간 데가 어딥니까?"

주 형사가 물었다.

"그냥 좀 걷다가 나은주 씨가 사는 아파트 단지 뒤쪽의 산책길로 갔어요. 이규민이 담배 피우는 걸 본 바로 그 산책길."

주 형사 이마에 진한 주름이 잡혔다.

"약간 쑥 들어간 지형이 있는 데 말이죠?"

"네. 거기가 모든 불행의 씨앗이 뿌려진 곳이라고 하더군요."

"흠……, 거기를……."

주 형사 반응에서 이상한 낌새가 풍겼다.

"왜 그러세요?"

기자의 촉이 발동했다.

"아니에요. …… 거길 갔다니 무슨 마음일까 싶어서."

주 형사는 주문한 커피에 입도 대지 않고 일어났다.

"아무튼 다음에는 절대 도청 장치를 끄면 안 됩니다. 아셨죠?"

거듭 다짐을 받고 주 형사가 자리를 떴다. 그런데 주 형사가 보인 마지막 반응이 계속 거슬렸다. 내가 모르는 어떤 사연이 있는 것이 분명했다. 뭘까? 주 형사에게 받은 사건 자료에는 그 산책길과 관련된 것이 없었는데…….

다시 기사를 쓰려고 노트북을 열었지만 손이 움직이지 않았다. 제목은 막히고, 팀장은 답답하고, 산책길은 막막했다. 노트북을 닫고 밖으로 나왔다. 기온이 나은주와 걸을 때보다 덥지는 않은데 호흡하기에는 더 갑갑했다. 택시를 불렀다. 신문사로 들어갈까 하다가 방향을 집으로 잡았다. 휴대폰으로 이것저것 뒤지며 가는데 편집국장에게서 전화가 왔다. 이런 경우는 처음이라 긴장하며 전화를 받았다.

"오늘 인터뷰했다고?"

"네. 방금 끝냈습니다."

"어디까지 진행했어?"

"첫 살인 사건까지 했습니다."

"첫 살인 사건만 다루는 기사…… 그것도 좋지. 한 단계씩 나아가는 거. 다음 인터뷰 약속은 잡았고?"

"일정은 안 잡았지만 약속은 했습니다."

"기대가 커. 잘해 봐."

편집국장이 전화를 끊으려고 했다. 이대로 끊으면 다시는 이런 기회를 못 잡는다. 이 기회를 활용해서 내 앞을 가로막는 장벽을 치워야 한다.

"저, 국장님!"

"어, 왜?"

"드릴 말씀이 있습니다."

"말해 봐."

"1차 기사를 장 선배가 고치면서 인터뷰가 깨질 뻔했습니다. 그 기사를 본 인터뷰이가 크게 화를 냈고, 겨우 설득해서 이번 인터뷰를 성사시켰습니다. 그런데 또다시 장 선배가 자기한테 먼저 기사를 보내라고 하는데, 아무래도 또 입맛대로 기사를 고칠 것 같아서 고민입니다."

"그런 일이 있었어?"

"현장에서 직접 인터뷰한 제 감을 믿고 맡겨 주시면……."

"좋아. 인터뷰 기사는 내가 직접 챙길 테니까 책임지고 해 봐."

"보충 기사도 준비 중입니다."

나는 인터뷰 기사를 극대화하는 기획을 추가로 설명했다.

"이제 보니 최 기자가 기획력이 좋네. 내가 믿고 밀어 줄 테니 최 기자 뜻대로 해."

편집국장은 시원하게 내 편을 들어주었다. 답답했던 한 구석이 뻥

뚫렸다. 팀장 뒤통수를 치는 짓이지만 어쩔 수 없다. 솔직히 내가 조금 꾸미기는 했지만 이번 기사에 또 팀장이 손댄다면 위험하다. 나은주는 헤어지면서 이번 기사가 나오는 것을 보고 연락하겠다고 했다. 이는 자기 마음에 안 들면 인터뷰를 거부하거나 내가 원하는 날에 하지 않겠다는 은근한 협박이나 다름없었다. 물론 나은주가 원하는 대로 기사를 쓰면 안 되지만, 그렇다고 심기를 심하게 건드리는 기사를 쓸 이유도 없다.

문득 나은주가 일부러 인터뷰를 잘게 쪼개는 것은 아닌지 의심이 들었다. 한 사건씩 풀어놓으면서 반응을 살피고, 기사 내용을 자기 뜻대로 끌고 가려는 의도일 수도 있다.

'설마 그럴 리야 있겠어? 그 정도로 치밀하게 계산한다고?'

의혹이 살짝 생겼지만 재빨리 머리를 흔들었다. 그 정도까지는 아니라고 판단했다. 아니 믿고 싶었다. 설혹 그렇다고 해도 내가 거기에 휘말려 들지 않으면 된다고 생각했다.

아무튼 답답한 벽 하나를 넘으니 어깨가 가벼웠다. 집에 가면 기사가 잘 풀릴 것 같았다. 편의점에서 시원한 캔 맥주를 사서 집으로 가는데 한 여자가 땀을 뻘뻘 흘리며 내가 사는 건물 쪽을 바라보고 있었다. 서서히 더위를 밀어내며 차분해지는 아스팔트와 달리 그 여자는 한여름처럼 뜨거운 열기를 주위에 뿌려 댔다. 남들이 숨겨 놓은 치부를 향한 관심으로 먹고살아야 하는 기자의 습성 탓에 나도 모르게 그 여자에게 시선이 갔다. 내가 지훈 씨 집 앞에서 그랬던 것처럼 마음에 둔 남자를 그리워하는 것일까? 아니면 사귀던 남자에게 배신을 당해서 억울해 하는 중일까? 혹시 직장 상사에게 험악한 욕이라도 듣고 분노를 삭이는 중일까?

'직업병이야 직업병.'

피식 웃고 그 여자에게서 시선을 뗴었다. 무관심한 척하며 지나가려는데 그 여자가 돌연 내 앞을 가로막았다.

"왜 이러세요?"

나는 경계하며 뒤로 한 걸음 물러났다.

"최시아 기자 맞죠?"

목소리에 실린 열기에 얼굴이 화끈거렸다.

"네, 그런데요?"

여자의 두 눈동자에서 일어나는 불꽃에 심장이 내려앉고, 두려움이 엄습했다. 재빨리 주위를 살폈다. 날씨가 조금 선선해서인지 사람들이 제법 다녔다.

'설마, 이런 데서 무슨 짓을 벌이겠어?'

티 나지 않게 심장에서 겁을 빼내어 아스팔트 바닥으로 흘려보냈다.

"누구세요?"

나는 애써 침착한 척하며 물었다.

"임채윤."

모르는 이름이다. 기억나지 않는다.

"네? 모르는……."

"날 몰라? 거짓 기사로 내 인생을 망쳐 놓고 날 몰라?"

조금 가라앉던 열기가 다시 치솟았다. 당장이라도 칼을 꺼내 나를 찌를 듯한 분노가 밖으로 드러난 살갗을 사늘하게 건드렸다.

"언제 내가 당신 인생을……."

그러다 말을 멈추었다. 이름이 생각났다. 공원아동폭행사건에서 아이 아빠에게 성추행을 당했다던 그 여자 이름이 임채윤이다. 주 형사에게 처리 결과를 통보받고 단독 기사로 내보낸 것이 며칠 전이다.

"너 때문에 다 망가졌어. 모조리 다."

더는 기세에 밀리면 안 된다. 주눅이 들면 더 날뛴다. 당당해야 함부로 덤비지 못한다.

"난…… 취재한 대로 썼어요."

"취재? 취재라고? 그게 취재야? 아무것도 모르면서……. 내가 당했어. 그 새끼가 내 엉덩일 만졌다고. 정국 씨가 그 새끼에게 따지다 휘두른 팔에 밀려서 아이가 넘어지자, 내가 놀라서 그만하라고 정국 씨를 말렸어. 그때 확실하게 처리했어야 했는데……. 내가 괜히 아이 때문에 마음이 약해지는 바람에……."

"그런 건 재판에서 따지세요."

"재판? 이미 세상 모두가 정국 씨를 범인이라고 믿고 나도 미친년이라고 낙인이 찍혔는데, 재판에서 따지라고? 이미 직장에서 잘리고, 친구들도 등을 돌렸는데 재판에서 따져?"

임채윤이 한 걸음 내게 다가왔다. 꽉 쥔 주먹에 송곳이라도 숨긴 것은 아니겠지? 나는 뒤로 한 걸음 물러났다.

"요즘 아주 신나지? 네가 써 대는 대로 인간들이 '좋아요'를 눌러주고 댓글을 마구 다니까 미치도록 좋지? 사실인지 아닌지 확인도 안 하고 마구 써 대는 게 기사야? 모르면 제발 입 닥쳐. 제대로 알지도 못하면서 아는 척하지 말고."

"난 의혹을 제기했고, 의혹은 기자로서 당연히 해야 할 일이에요. 수사는 경찰이······."

"경찰이 해? 기사로 네가 수사는 다 해 놓고 경찰에게 책임을 떠넘겨?"

짜증이 치밀었다. 겁먹고 주눅 든 나에게, 기자를 욕해 대면서도 기사를 눌러 대는 인간들에게, 자신에게 유리할 때는 가만히 있다 손해가 나면 억울하다고 달려드는 자칭 피해자들에게 화가 났다.

"경찰한테 따지지 왜 나한테 지랄이야?"

나는 강하게 쏘아붙였다.

"그래, 그렇게 나와야지. 그래야 기레기지! 두고 봐. 내가 가만 안 둘 테니까."

"지금 협박하는 거야? 이런 짓이 범죄인 거 몰라?"

"범죄? 네가 저지른 짓은 범죄가 아니고? 꼭 지켜볼 거야. 네가 천벌을 받는 걸."

임채윤은 천벌이란 불덩이를 뱉어 내고는 푸석푸석한 먼지처럼 사라졌다.

내가 김현지를 인터뷰하고 기사를 비틀어 쓰기는 했지만, 그것은 의혹 제기다. 사실이라고 확정하지 않았다. 나는 기자로서 합당한 일을 했다. 찜찜하기는 하지만 어쩌겠는가? 어쨌든 경찰이 조사했고 결론도 경찰이 내렸다. 임채윤이 내 앞에 나타났다고 해서 내가 흔들릴 이유는 없다. 앞으로 기자 생활을 하면서 이런 일이 또 없으리란 보장이 없다. 아무래도 단단히 준비해야겠다. 한 번만 더 나타나면 증거를 잡아서 경찰에 고발해야겠다고 마음먹었다. 대비책이 떠오르니 떨림이 차츰 잦아들었다.

집에 들어가서 시원한 맥주로 마지막 남은 걱정을 씻어 내고 기사에 집중했다. 인터뷰를 차분하게 정리하다 보니 나은주가 의도하는 바가 무엇인지 파악되었다. 기사를 보고 인터뷰를 결정하겠다고 한 말의 의미도 확실히 이해할 수 있었다. 나은주는 정우가 대중에게 피해자로 비치길 원한다. 진짜 가해자는 이규민이며 정우의 살인은 정당방위로 받아들여지길 바란다. 그것이 나은주가 원하는 그림이다. 이 그림에서 정우 엄마인 자신은 어떻게 취급되든 상관없다. 나은주는 정우를 보호하려고 한다. 자기가 욕을 먹더라도 죽은 아들의 명예는 지키고 싶은 것이다.

'그래도 될까?'

아스팔트를 달구던 임채윤의 눈빛이 떠올랐다. 모르면 제발 입 닥치라던 임채윤의 절규가 내 입술을 비틀었다. 나는 정우의 진실을 모른다. 그저 나은주가 들려주는 이야기를 들었을 뿐이다. 프로파일러들은 어떻게 판단할지 모르겠지만, 내가 느끼기에 정우가 이규민을 죽인 동기는 나름 정확한 것 같았다.

'내가 이 정도로 설득되었다면 기사로 써도 되지 않을까?'

전에 없던 망설임이다. 예전에는 사실이든 아니든 제대로 확인하지 않고 기사를 채우기 바빴다. 팀 단톡방에 날마다 조회 수를 올리며 압박하는 팀장에게 찍히지 않으려고 마구잡이로 기사를 써 댔다. 다른 언론의 기사를 받아썼다가 오보로 확인되어 재빨리 삭제한 적도 있다. 그래도 마음에 담아 두지 않았다.

'내가 왜 진실에 마음을 쓰지?'

'그냥 위에서 시키는 대로 조회 수만 올리면 돼.'

'어차피 진실이 뭐든 경찰이 수사해서 밝혀낼 거잖아. 나는 그냥 인터뷰만 했을 뿐이라고.'

나는 망설임을 끝내고 나은주가 원하는 대로 쓰기로 했다. 그러자 제목도 자연스럽게 떠올랐다.

[독점연재] 자살한 고등학생 연쇄살인마의 엄마와 나눈 충격 인터뷰②
은밀한 학교 폭력,
전교 1등 모범생을 연쇄살인마로 만든 방아쇠일까?

사건 소개를 마치고 인터뷰로 넘어가는 대목에 '아래의 진술에 대한 다른 증거나 반론이 있다면 연락주십시오.' 하는 문장을 끼워 넣었더니 꺼림칙함이 다소 흐릿해졌다.

일요일 아침에 일어나서는 추가 기사도 작성했다. 학교 폭력을 당한 피해자가 복수하는 드라마들을 몇 편 정리하고, 학교 폭력에 따른 트라우마로 고통당한 사례도 수집했다. 약물을 이용한 속임수로 살인을 저지른 추리 소설도 몇 권 묶어서 소개하고, 이제는 별로 새로울 것도 없는 마약 기사까지 마무리했다. 인터넷은 현장을 취재하지 않고 가만히 앉아서 기사를 쓰게 돕는 훌륭한 도구다. 기사를 꼼꼼하게 읽으며 오타를 점검하고 표현을 다듬었다.

기사를 한데 묶어서 편집국장에게 보내려다가 혹시나 하는 생각에 주 형사에게 문자를 보냈다.

> 혹시 명수 학생 조사해 보셨어요?
> 어떻게 아셨어요? 방금 조사했는데.

나는 놀라서 곧바로 전화를 걸었다.

"정말 그랬대요?"

"이거 수사 기밀인데……."

"안 넣을게요. 인터뷰의 진실성을 판단하고 싶어서 그래요."

주 형사는 잠시 망설였다.

"주 형사님, 부탁해요. 기사는 한번 나가면 수많은 사람에게 읽혀요. 되도록 진실에 가까운 기사를 쓰고 싶어요."

내가 진실이란 단어를 쓰다니, 스스로도 조금 놀랐다.

"그런 비슷한 부탁을 받은 기억이 난다고 하네요."

"정확히 뭐라고 부탁했대요?"

"정우가 말하길, 이규민이 은밀하게 부딪치고 조용히 욕도 한다면서 자기가 예민한 건지 아닌지 지켜봐 달라고 했답니다."

"그럼, 나은주 씨가 한 말과 똑같네요."

"그런데 좀 애매해요. 이규민이 정우에게 가까이 접근하는 경우를 몇 번 보기는 했지만 괴롭힘이라고 확실히 판단하기는 어려웠다고 해요. 이규민이 정우에게 하는 욕은 들어 본 적도 없고."

"혹시 이규민이 담배 피운다는 말은 들었대요?"

"그런 이야기는 못 들었답니다."

"어쨌든 정황상 나은주 씨가 한 이야기는 어느 정도 근거가 있다는 거죠?"

"일단은 그런 판단이 들기는 한데, 학교 쪽 협조를 얻어서 더 조사해 봐야죠."

전화를 끊고 인터뷰 파일을 다시 열었다. 그러고는 별도의 취재를 통해 목격자 진술도 확보했지만, 당사자가 비공개로 해 달라는 요구 때문에 자세히 소개하지 않는다는 문장을 써서 넣었다. 사실과 약간 맞지 않는 문장이기는 했지만 주 형사에게서 전달받았다는 사실을 숨기려면 어쩔 수 없었다.

문장을 그렇게 쓰고 나니 제목이 어색했다. 잠시 고민하다 의문형을 지우고 느낌표로 바꾸었다. '만든'도 약해서 '추락'으로 고쳤다.

은밀한 학교 폭력,
전교 1등 모범생을 연쇄살인마로 추락시킨 방아쇠!

제목을 고치고 나니 처음보다 훨씬 끌렸다. 학교 폭력과 연쇄살인마, 그리고 추락과 방아쇠가 잘 어울렸다. 우리나라 사람들은 복수극을 좋아한다. 복수를 위해 악마가 된 주인공에게 감정이입을 잘한다. 사람들이 클릭하고 싶은 기사 제목이다. 무엇보다 나은주가 좋아할 제목이다.

제목을 고치고 편집국장에게 보냈다. 30분 후 편집국장에게서 전화가 왔다.

"야, 최 기자! 감을 잡았네, 잡았어!"

"마음에 드셨다니 다행입니다."

나는 최대한 겸손한 척했다.

"제목도 좋고, 내용도 좋아! 덧붙이는 기사까지…… 기대 이상이야!"

"감사합니다."

"그래, 계속 이렇게 해."

"다 국장님이 잘 이끌어 주신 덕분입니다."

이런 아부는 낯간지러웠지만 한편으로는 사회생활을 제대로 하는 것 같아서 내 자신이 대견했다.

"내일 아침 출근길에 맞추어서 나갈 거니까, 기대해 보라고."

편집국장이 말한 대로 기사는 아침에 포털 첫 화면에 떴다. 반응이 폭발했다. 첫 인터뷰보다 반응이 더 뜨거웠다. 그때까지 신문사가 기록한 최고 조회 수를 순식간에 갈아 치웠다. 댓글은 거의 다 내가 예상한 대로 달렸다. 가장 추천을 많이 받은 댓글은 여러 번 읽었다.

→ 나를 괴롭힌 가해자는 어리다고 용서받고 명문대 나와서 지금도 잘 살지만 피해자인 나는 인생이 망가졌다. 지금도 약이 없으면 잠을 못 자고, 대인 기피증 때문에 알바도 제대로 못 한다. 드라마와 달리 피해자가 복수하면 범죄자가 되고, 가해자는 법의 보호를 받는 위대한 법치 국가 대한민국이기에 나는 그저 참고 살아야만 했다. 전교 1등 모범생이 오죽하면 그 새끼를 죽였을까? 누가 뭐래도 나는 그 마음 이해한다.

이것이 대중의 감성이다. 기사를 쓰며 노렸던 것도 바로 이런 감성이다. 수많은 사람이 이 의견에 동조했다. 물론 모두는 아니다. 반대 댓글도 달렸다.

→ 아무리 그래도 사람을 죽이다니, 그런 식의 복수는 안 되죠. 이런 복수를 용인하면 어떤 사회가 될지, 생각만 해도 끔찍하네요.

논리로만 따진다면 합당한 의견이다. 그러나 대중의 감성은 이런 합리성과는 거리가 멀다.

→ 안 당해 봤으니까 이 따위 한가한 소리나 하지. 살인이 범죄라는 걸 누가 모르냐? 그 새끼 내 인격을 죽이고 인생을 망가뜨렸어. 그런데 왜 피해자인 나만 참아야 해? 나도 그때 능력만 있었으면 죽여 버리고 싶었다고!

집단 감성에 뿌리를 둔 반격은 강력했고 여론은 예상대로 흘러갔다. 신문사에서는 내가 쓴 보충 기사를 추가로 올렸고, 첫 인터뷰와 시너지를 만들어 냈다. 점심이 되기 전에 신문사 간부들 표정이 바뀔 정도로 조회 수가 크게 터졌다. 신문사에 전화와 이메일이 쇄도했다. 사건에 대한 의견뿐 아니라 자신이나 자식이 당한 학교 폭력 경험담을 털어놓으며 기사로 실어 달라는 요구가 많았다. 이메일을 훑어보며 기사로 쓸 만한 것이 있는지 살피다 기대하던 제목을 발견했다. '저도 이규민에게 당했습니다'란 제목의 이메일이었다. 재빨리 내용을 확인했다.

1학년 때 이규민과 같은 반이었습니다.
저도 이규민이 담배 피우는 걸 봤습니다.
그때부터 이규민이 은근히 절 협박했습니다.

기사에 나온 것과 똑같았어요.

이규민이 덩치도 크고, 집안도 워낙 빵빵해서 그냥 당했습니다.

혹시라도 취재하겠다면 적극 응하겠습니다.

전화번호 남길 테니 연락주세요.

정우와 동일한 경험이다. 곧바로 문자를 보내서 약속을 잡았다. 점심 바로 전에는 저녁 라디오 시사 방송에서 섭외가 들어왔다. 편집국장에게 보고하니 나은주와 인터뷰를 완료할 때까지는 시사 방송에 나가지 말라고 지시했다.

점심을 먹으러 나가는데 팀장이 나를 복도로 끌고 나갔다.

"최 기자, 너 잔대가리 잘 썼더라."

호칭이 달라졌다. 보통 '최시아', '야', '너'를 쓰던 팀장이 내 성 뒤에 기자를 붙여서 불렀다. 이런 식으로 부른 것은 처음이다. 나를 함부로 하지 못하는 심리가 반영된 호칭이다. 그래서 나는 기죽지 않고 대꾸했다.

"무슨 말씀이세요?"

"국장님을 어떻게 구슬렸냐? 이게 못된 짓만 배워서."

"국장님이 이것저것 물어보셔서 그냥 대답만 했어요."

"이게 나를 갖고 놀려고. 잘나간다 이거지? 잘나가니까 선배가 우습게 보이지?"

얼마 전까지는 도저히 넘지 못할 벽 같은 선배였지만 솔직히 그 순간에는 하찮게 보였다. 저 정도 인물에게 이런저런 지적을 당하고, 야단맞을까 눈치 보며 지낸 지난날이 어이없었다.

"어디 두고 봐."

팀장은 주먹을 불끈 쥐더니 계단을 소리 내며 내려갔다. 나는 피식 웃으며 뒤통수에 대고 속으로 욕했다. 엘리베이터로 가려는데 편집국장에게서 전화가 왔다.

"최 기자, 오늘 점심 어때? 시간 되면 점심이나 할까?"

마다할 이유가 없었다.

편집국장은 나를 비싼 한식집으로 데려갔다. 편집국장은 이번 인터뷰와 관련한 소소한 질문을 했고, 나는 전할 정보와 가려야 할 정보를 구분해서 적당히 답했다. 점심을 먹고 차를 마시는데 편집국장 입에서 예상치 못한 제안이 나왔다.

"최 기자, 이번에 마무리 잘되면 자리 옮겨 줄까?"

"자리라뇨?"

"법조 팀 어때?"

법조 팀이란 말에 화들짝 놀랐다. 나로서는 기대하지 못한 엄청난 제안이기 때문이다.

쓰레기는 재활용이라도 하지만 기레기는 재활용도 못 한다는 말이 유행할 만큼 기자는 천대받는 직업이다. 나이를 먹어 가는 선배들을 보면 희망이 없다. 내가 나이 들어서 저렇게 살 것을 생각하면 끔찍하다. 기자를 그만두고 대기업에 취업하거나 정치권으로 나간 선배는 내가 선망하는 미래이지만, 그것은 너무 높은 꿈이다. 기자로서 경력이 높아야 하고, 사회 고위층과도 단단한 인맥을 쌓아야 가능한 꿈이기 때문이다. 나는 대기업은 바라지도 않고 중견 기업의 홍보실에라도 들어가면 좋겠다고 생각했다. 그러려면 법조 기자 경력이 큰 도움이 된다. 법조 기자는 기자에게는 특별한 자격증이나 마찬가지로, 하나의 특권이다. 기업 처지에서 보면 다양한 검사, 변호사, 판사와 인맥을 형성한 법조 기자를 선호할 수밖에 없다. 그런 까닭에 법조 팀은 아무나 못 들어간다. 신문사 핵심 인력만 들어가며, 인맥과 학맥이 탄탄해야 한다.

"요즘 우리 법조 팀이 좀 약해. 특종을 계속 놓쳐. 단독도 못 따내고. 최 기자처럼 유능한 인재가 법조 팀에 들어가서 새바람을 일으키면 좋겠는데, 어때?"

꿈으로만 바라던 미래를 이룰 경력을 편집국장이 제안했기에 무척 기뻤지만 너무 티 나게 좋아하면 안 되기에 기쁨을 가리고 담담하게 대답했다.

"저야 임무가 주어지면 성실히 해야죠."

"좋은 태도야. 하하하!"

편집국장은 크게 웃으며 만족해 했다.

"이번 인터뷰를 마무리하면 라디오나 방송국에도 적극 나가. 거기에서 취재 뒷이야기도 풀어놓고, 후일담도 전하도록 해. 스타가 돼 봐. 요즘은 기자들이 그런 쪽도 잘해야 돼."

"잘 준비하겠습니다."

음식점을 나오는데 더위를 한 꺼풀 벗은 햇살이 앞날을 축하하며 다정하게 내 손뼉을 쳤다.

오후에 약속한 제보자와 통화한 뒤 바로 기사를 올렸다. 다른 이메일도 정리해서 추가 기사를 준비하는데 지훈 씨 회사에서 문자가 왔다. 30대 직장인의 일과 생활을 밀착해서 취재하는 계획을 회사 차원에서 승인한다는 내용이었다. 회사 홍보실에 전화를 걸어 취재 일정을 협의했다. 오늘 오전에 프로젝트가 마무리되었으니 내일부터 언제든지 가능하다면서 김 팀장이 곧 연락할 것이라고 했다. 지훈 씨를 밀착 취재하면서 가까워지고, 나은주와 멋지게 인터뷰도 해내고, 그 성과로 법조 팀으로 옮겨 가면 내 인생은 완벽해진다.

피곤한 줄 모르고 일에 몰두하는데 이규민 엄마에게서 연락이 왔다. 예상보다 반응이 빠르다. 이규민 엄마라는 사실보다 법무법인을 앞세우는 자기소개가 인상 깊었다. 용건은 간단하고 명확했다.

"아시겠지만 그 기사는 가해자 부모의 주장일 뿐입니다."

"그 점은 기사에서도 언급해 두었습니다."

나는 차분하게 반박했다.

"읽었습니다. 그렇지만 기사는 학교 폭력을 저질렀다는 주장이 마치 사실처럼 받아들여지게 독자들을 현혹하고 있습니다. 기사를 내기 전에 피해자 쪽 의견을 충분히 청취하지 않아 가해자 부모 의견이 마치 사실인 양 여론이 형성된 것은 피해자 명예를 심각하게 훼손한 것입니다."

나은주처럼 감정이 배제된 말투다.

"저희는 인터뷰를 했고, 그 인터뷰를 내보냈을 뿐입니다."

"아니라고 반박할 피해자는 죽었어요. 심지어 마약을 먹다가 부작용으로 죽었다고 수사 결과가 발표돼서 큰 상처를 받았는데, 이제는 그게 다 가해자가 꾸며 낸 살인 사건이라는 기사까지……. 그걸 경찰에서 재조사 중이라는 소식을 듣고 충격을 받았는데, 이제 제 아들이, 아니 피해자가 학교 폭력을 저질러서 복수로 살인을 한 거라니. 이런 황당한 주장을 그대로 내보내도 되나요?"

 차분하던 말투가 조금씩 흔들렸다. 나은주와 비슷하다는 첫인상은 착각이었다. 이규민 엄마는 냉정함에 관한 한 나은주와는 비교가 되지 않았다.

 "다시 말씀드리지만 저희는 인터뷰를 했고, 따옴표 처리를 해서 내보냈을 뿐입니다."

 "저에게는 아무런 정보가 없어요. 수사 결과만 지켜볼 뿐이에요. 아들은…… 피해자는 죽었고, 아무런 반론도 불가능해요. 피해자 가족은 정보가 없어서 어떤 반론도 못 하는데. 그런 상황에서 연쇄살인마의 엄마가 하는 말을 믿고 그대로 내보내요? 그걸 지어냈는지 여부도 확인하지 않고 그냥 다 내보내는 것이 언론으로서 공정한 처사라고 생각하세요?"

 "이규민 학생이 담배를 피우는 모습을 목격한 제보자가 있습니다. 또 은밀히 자신을 괴롭혔다는 제보도 있고요. 읽으셨는지 모르지만 그 기사도 조금 전에 내보냈습니다. 이 정도면 살인자의 엄마가 근거 없이 늘어놓는 주장은 아니며, 언론이 기사로 전할 만하다고 판단하는데 아닌가요?"

 나는 훈련을 받은 대로 소송이 벌어졌을 때 유리한 발언을 골라서 했다.

 "목격자가 누구죠?"

 "그건 취재원 보호를 위해 알려 드리지 못합니다. 다만 한 명이 아니라는 점은 말씀드릴 수 있습니다."

 "목격자가 두 명 이상이라는 건가요?"

"더는 정보를 전해 드릴 수 없습니다. 반론을 원하시면 규민이 어머님과도 기꺼이 인터뷰를 진행할 것이고, 편견 없이 그대로 기사를 싣겠다고 확실히 약속드립니다."

"경찰에서 재수사 중이란 이야기는 들었지만, 언론에서 이런 식으로 터트리다니 황당하네요. 언론이 무섭다는 건 알았지만 직접 겪어 보니…… 소름 끼치게 무섭군요."

마지막 말은 변호사로서도 어찌할 방법이 없다는 항복 선언으로 들렸다. 나로서는 반가운 선언이다.

오후 방송부터 저녁 시사 라디오까지 온갖 곳에서 내 기사가 거론되었다. 저녁을 먹고 야근하려는데 편집국장이 인터뷰 일정이 언제냐고 물었다. 나은주와 협의한 뒤 보고하겠다고 답했다. 나은주에게 문자를 보냈는데 한참을 기다려도 문자를 확인하지 않았다. 답답해서 전화를 걸었다. 없는 번호이니 다시 확인하라는 안내 음성이 들렸다. 여러 번 걸었지만 마찬가지다.

'뭐야? 전화를 없애고 사라진 거야?'

전화를 든 손이 떨렸다. 희망찬 미래에 예상치 못한 먹구름이 끼었다. 내 미래를 위해서는 나은주를 끝까지 인터뷰해야 한다. 이대로 나은주가 사라져 버리면 인터뷰를 아예 안 하느니만 못하게 된다. 안개에 갇힌 듯 일이 손에 잡히지 않았다. 집중해야 하는데 머리가 바위처럼 무거웠다. 한참을 그렇게 초조해 하는데 핸드폰에 낯선 전화번호가 떴다. 낮부터 계속해서 걸려 온 섭외 전화로 여겨 지금은 바빠서 받을 수 없다는 문자를 자동으로 보내고 거절했다. 그런데도 다시 전화가 왔다. 또 거절했다. 또 왔다. 어쩔 수 없이 전화를 받았다.

"나은주예요."

근래 들어 이처럼 반가운 전화가 또 있었을까?

"전화번호를 바꾸셨나요?"

"쓸데없는 전화가 많이 와서요."

예상했던 대로 주변 사람이 눈치챈 모양이다.

"집도 정리했어요."

지난 인터뷰 막바지에 잔금을 치른다는 말이 떠올랐다. 이런 일이 벌어질 것을 예상하고 미리 아파트를 팔았을까? 만약 그렇다면 인터뷰를 도중에 그만둘 생각은 없다는 뜻이다.

"정우를 동정하는 댓글이 많아요."

내가 말했다.

"다른 두 사건을 접하고 나면 또 바뀌겠죠. 여론이란 원래 자신의 위선을 감추는 쪽으로 움직이니까요."

위선이란 단어에서 냉기가 풍겼다. 나도 대충은 동의하는 냉기다. 다른 이의 불행을 접하며 쾌감을 얻는다는 점에서 대중은 사디스트다. 대중은 틈만 나면 욕을 퍼부을 대상을 찾는다. 평소에는 불의한 일을 겪어도 꾹 참았다가 정당한 욕이라는 명분과 그 명분을 쥔 쪽이 다수라는 조건만 갖추어지면 광기 어린 욕을 쏟아 낸다. 기회만 만나면 다들 광인이 된다. 오늘 내 기사에도 수많은 광인이 달려들었다. 오늘은 내 편이지만, 내일이면 그들이 휘두르는 광기의 칼날이 나를 향해 날아올 수도 있다. 그 광기가 나를 겨눈다고 상상하면 섬뜩한 공포에 온몸이 마비된다. 기자이기에 어쩔 수 없이 광인들의 관심을 먹고 살지만 그런 관심은 내 우울과 불안의 원천이기도 하다.

이런 내밀한 심정을 이제껏 그 누구와도 나눈 적이 없다. 나은주와 이런 대화를 터놓고 나누면 어떨까? 잠시 언니와 동생처럼 대화하는 장면을 상상했다가 얼른 지워 버렸다.

"인터뷰는 언제 하실래요?"

"내일 하죠."

나은주는 망설이지 않고 답했다.

"시간과 장소는 내일 아침에 알려 드릴게요."

그대로 전화를 끊으려는데 날카로운 칼이 쑥 들어왔다.

"경찰은 데려오지 말아요."

"네? 무슨…… 그런?"

거짓말을 들킨 아이처럼 말이 어눌하게 나왔다.

"둘이 나누는 대화를 경찰이 근처에서 지켜보며 도청하고 있다는 걸 알아요. 시아 씨 혼자 와요. 전 도청 장치에 대해 잘 알아요. 무슨 말인지 알죠?"

나은주는 내가 핑계 댈 틈을 주지 않았다. 그러겠다고 약속하는 수밖에 없었다. 편집국장에게 일정을 보고했더니 추진력이 좋다면서 칭찬했다. 주 형사에게 나은주가 도청 장치의 존재를 알고 있으며, 혼자 오라고 요구했다는 말을 전했더니 내부에서 의논해 보겠다고 했다. 하던 일을 마저 마무리하고 인터뷰까지 준비했더니 사무실에 나 혼자뿐이다. 기자가 된 이후에 최고의 하루로 꼽을 만한 날이다. 모든 일이 잘 풀렸다. 그런데도 허전하다. 충만한 하루라고 믿었는데 내가 사라져 버린 기분이 스멀스멀 올라왔다. 타인이 사라진 공간이 관계뿐 아니라 나마저 소멸시킨 듯했다.

'왜 이렇게 가슴이 텅 빈 것 같지?'

궁금증은 곧바로 풀렸다. 꼭 와야 할 연락이 오지 않은 탓이다. 오후에 지훈 씨에게서 연락이 온다고 했는데 오지 않았다. 그러고 보니 나도 지훈 씨에게 연락하지 않고 지냈다. 문자를 보내도 제대로 답이 오지 않으니 지레 포기하고 연락을 안 한 것이다. 오늘 프로젝트가 끝났으니 쉬러 집에 갔을까? 아니면 팀원들과 회식을 할까? 아무래도 회식 쪽일 가능성이 더 높았다.

　　오후에 취재 관계로 회사에서 연락받았어요.
　　지훈 씨가 오늘 연락 준다고 했는데 아무 소식이 없어 문자 남깁니다.

문자를 보내고 10분쯤 지나자 지훈 씨가 문자를 읽었다. 그러고도 답장이 안 왔다. 문자를 읽어 놓고 왜 답장을 안 하는지 별의별 의문이 다 일었지만 꾹 참고 기다렸다. 인내하기 힘들었지만 겨우 참아 냈다. 20분이 지나자 답장이 왔다.

　　프로젝트 끝나고 팀원들과 회식 중입니다.

나는 곧바로 대화를 이어 갔다.

　　프로젝트 끝마친 거 축하드려요.
　　감사합니다.
　　홍보실에서 연락을 받기는 받았는데 취재는 조금 부담이…….

🗨 하던 대로 일을 하고, 틈틈이 저와 편하게 대화를 나누시면 되는데.
🗨 그게…… 이런 말이 좀 그렇지만……
🗨 취재가 아니라
🗨 시아 씨가…… 부담스러워요.

내가 부담스럽다는 표현이 손가락과 액정 사이를 철벽처럼 가로막았다. 무슨 글자를 눌러야 할지 갈피를 잡지 못한 채 부담이란 글자만 뚫어지게 노려보았다.

🗨 상무님께서 직접 지시하신 사항이라 어쩔 수 없기는 한데……
🗨 다른 동료를 소개해 드리면 안 될까요?

나는 지훈 씨 삶이 궁금하단 말이에요! 내가 원하는 사람은 바로 지훈 씨라고요! 나은주 같은 사람도 인터뷰를 하는데 당신처럼 멋있는 사람이 왜 인터뷰를 부담스러워 해요? 내가 그렇게 당신한테 부담을 주었나요?
손가락은 머리에서 휘몰아치는 문장을 힘겹게 밀어냈다.

🗨 제가 그렇게 부담스럽게 했나요?
🗨 그 화분…… 제가 받을 이유도 없고
🗨 그냥 고마워서
🗨 지훈 씨 덕분에 제 일이 잘 풀려서요.
🗨 ㅠㅠ 죄송해요 ㅜㅜ

문자를 끊어서 보내다 'ㅠㅠ'와 'ㅜㅜ'를 누르니 눈에서도 눈물이 흐르려고 했다.

💬 아, 사과까지는…… -.-;

이 사람은 참 마음이 약하다. 거절을 쉽게 못 한다. 조금만 밀어붙이면 마지못해 승낙할 것이다.

💬 다른 직원들이 오해해요

그거예요. 오해! 내가 원하는 것이 바로 오해라고요. 그리고 진심으로 원하는 것은 당신 마음이고.

💬 그럴 뜻은 없었는데…… 죄송해요 ㅠㅠ

잠시 문자가 오지 않았다.

💬 시아 씨, 전……

또다시 잠시 공백이 파고들었다.

💬 전 제 일상이 제 의지와 무관하게 타인과 공유되는 걸 원치 않아요. 그래서 SNS도 오직 인맥을 관리하는 목적으로만 사용해요.

원하지 않는데도 자기 삶을 타인과 많이 공유하는 사람은 행복하기 힘들다. 일상을 타인과 공유하려고 애쓸수록 속은 허하다. 기자는 낯선 타인과 끊임없이 일상을 공유해야만 하는 직업이다. 공유를 많이 할수록 성공 확률이 올라간다. 그러니 대체로 기자는 성공할수록 불행해진다.

> 🗨 그래서 저번 연애도 그만두었어요.
> 🗨 전 여친이 제가 원치 않는데도 자꾸 제 삶에 끼어들고 제 생활을 좌지우지하려고 들었거든요.

반은 뜨끔했고 반은 반가웠다. 뜨끔한 점은 지훈 씨가 나를 향해 은근히 경고를 날렸다는 것이고, 반가운 점은 자신도 모르게 나와 사귈지도 모른다는 생각을 내비쳤다는 것이다. 장애물과 희망이 그 한 문장에 고스란히 담겨 있었다.

> 💬 기자 생활이 너무 바빠서 저도 개인 시간이 부족해요. 그래서 사생활이 얼마나 소중한지 누구보다 잘 알아요.
> 🗨 그렇다면 다행이네요.

부담이 다행으로 바뀌었다. 그에 맞추어서 내 감정도 걱정에서 다행으로 바뀌었다. 더 꼼꼼하고 세심하게 지훈 씨에게 접근해야겠다. 지훈 씨 성향을 보건데, 내가 천천히 접근하는 사이에 다른 여자와 급격하게 가까워질 가능성은 극히 낮을 것이다.

🗨 제가 준비되면 연락드릴게요.

💬 급하지 않으니 천천히 결정하세요.

심장은 발을 동동거리며 빨리 만나라고 재촉했지만 절제력을 끝까지 발휘해서 '천천히'란 단어를 집어넣었다.

🗨 팀원들이 찾네요.

💬 네. 들어가세요.

휴대폰을 툭 떨어뜨렸다. 기운이 쏙 빠져나갔다. 맥이 풀려서 한참 동안 그대로 있었다. 어렵게 몸을 추슬러서 밖으로 나왔다. 김유신이 타던 말이 자연스럽게 기생집으로 향하듯이 나는 맥주를 사서 지훈 씨가 사는 건물로 걸어갔다.

건물 앞 공원에서 맥주를 마셨다. 술기운이 돌자 절제력이 약해졌다. CCTV에 안 비치게 얼굴을 가리고 공동현관을 통과해서 계단으로 올라갔다. 복도와 엘리베이터 사이에 설치된 CCTV에 찍히지 않으려고 벽에 바짝 붙어서 게처럼 옆으로 이동한 뒤 지훈 씨 집 앞에 섰다.

'왜 나는 또, 오늘 여기에 있을까?'

미지근해진 맥주를 들이켰다. 오늘 편집국장이 내 귀가 솔깃한 제안을 했다. 그 순간에는 더할 나위 없이 기뻤지만 가만히 따져 보니 지금과 별 차이가 없는 것 같았다. 어차피 영역만 다를 뿐 기자가 기사를 쓰는 방식은 비슷하다. 법조 관련 기사가 어떻게 나가는지는 옆에서 숱하게 지켜보았다. 단독을 따기 위해 별의별 짓을 다해야 하고, 인맥을 쌓기 위해 지금보다 더 처절한 노력을 기울여야 할 것이다. 그것이 나를 행복하게 할까? 당장은 아니라도 긴 시간이 흐른 뒤 내 삶의 빛깔을 바꾸어 주기는 할까? 어쩌면, 이것은 김칫국인지도 모른다. 편집국장은 나를 자극하기 위해, 내 노력을 더 쥐어짜려고 그런 제안을 미끼로 던졌을지도 모른다.

그런 상념에 휘둘리다가 무심코 시선을 돌렸는데 엘리베이터 문이 열렸다. 나는 재빨리 몸을 틀어서 가방을 내 앞쪽으로 당겼다. 그러고는 몸을 굽혀서 반대 방향으로 천천히 걸었다. 최대한 느리게 걸었는데도 복도 끝에 금방 다다랐다.

'나를 몰라 봐야 할 텐데…….'

지훈 씨가 걸어왔다. 나는 덜덜 떨며 한걸음씩 힘겹게 내딛었다.

'제발 그대로 들어가 줘요.'

도어록을 누르는 소리가 났다. 번호를 잘못 눌렀는지 삐리릭 소리가 났다. 나는 마지막 현관문 앞에 이르렀다. 나는 머리를 푹 숙이고 현관문에 손을 얹었다. 그러면서 곁눈질로 지훈 씨 쪽을 보았다. 지훈 씨는 술에 취했는지 내 쪽은 쳐다보지도 않았다. 다시 도어록을 누르는 소리가 들렸다. 비밀번호를 누르는 손의 움직임을 유심히 살폈다. 문이 열리고 지훈 씨가 비틀거리며 방으로 들어갔다.

'술에 많이 취했구나. 다행히 나를 몰라봤어.'

지훈 씨가 들어가고 현관문이 닫혔다. 나는 조심스럽게 그 문 앞에 머물렀다. 문에 귀를 댔다. 안에서 들리는 소리에 집중했다. 움직이는 소리를 기대했지만 아무 소리도 들리지 않았다. 술에 취해서 그대로 쓰러져 자는 것 같았다. 엘리베이터 불빛이 움직였다. 나는 아쉬움을 내려놓고 그 자리를 빠져나왔다.

화요일 이른 아침, 문자가 왔다는 핸드폰 알람 소리에 얼핏 잠에서 깼다. 초점이 맞지 않는 부스스한 눈으로 문자를 읽다 벌떡 일어났다. 나은주가 약속 시간과 장소를 보내왔는데, 오전 10시에 어느 지방대 캠퍼스에서 보자고 했기 때문이다. 차가 없는 나로서는 대중교통을 이용해야 하는데, 대중교통으로 그곳까지 제 시간에 가기는 어려웠다. 택시를 타고 가든지 신문사 차를 빌려야만 했다. 신문사에 배차를 신청하기는 늦었다. 일단 택시를 부르고 목적지로 가면서 보고하기로 했다. 주 형사에게는 인터뷰 시간을 알려 주면서, 어떻게 결정했는지 문자로 알려 달라고 했다. 머리도 제대로 말리지 못한 채 택시를 타러 나왔다. 택시 뒷좌석에 앉아서 자료를 다시 살폈다.

둘째 사건의 피해자는 정한결이다. 정한결도 이규민과 마찬가지로 살인이 아니라 사고사로 처리되었다. 정한결은 2학년 겨울 방학 때 지역아동센터에서 봉사 활동을 마치고 서둘러 버스정류장으로 가던 중 급경사인 계단 꼭대기에서 넘어졌다. 계단에서 아래로 굴러 머리를 크게 다쳤고 구급차에 실려 가던 중 사망했다. 당시 버스정류장에서 기다리던 여러 명이 그 사고를 목격했다. 누가 봐도 그냥 사고사였다. 병원에서 최종 확인한 사망 원인도 강한 외부 충격으로 뇌에 출혈이 생기는 '외상성경막하출혈'이어서 타살이라고 의심할 여지는 없었다. 당연히 경찰도 수사하지 않았고 유족도 다른 의문을 제기하지 않았다.

그런데 이정우는 정한결을 자신이 죽였다고 유서에 남겼다. 살해한 수단은 이규민과 같은 카펜타닐이라고 했다. 당시 사인이 명확해서 별다른 부검을 안 했고 시신은 화장했기 때문에 이제 와서 카펜타닐 성분이 몸 안에 있었는지 조사할 수도 없다. 정우가 정한결을 살해한 방법은 이규민을 살해한 수법과 유사했다. 이규민을 죽일 때는 담배를 활용했다면 정한결을 죽일 때는 갑상선기능항진증 약을 이용했다.

정한결은 중학교 2학년 때까지 공부만 하는 학생이었다. 부모님은 의대에 가길 원했고 정한결은 이를 충실히 따랐다. 많은 학원을 다니느라 주말이나 휴일에도 쉴 틈이 없었다. 그러던 중학교 2학년 겨울 방학에 문제가 터졌다. 아침부터 저녁까지 특강을 몰아서 듣는데 몸이 말을 듣지 않았다. 집에만 오면 늘 피곤하고 힘들다는 말을 반복했다. 수업 시간에 집중력이 떨어져 지적도 받았다. 정한결의 엄마는 체력이 떨어진 줄 알고 처음에는 음식도 잘 해먹이고 보약도 지었다. 그런데 날이 갈수록 증세가 이상했고, 수업을 받을 수 없는 지경에 이르렀다. 하는 수 없이 병원에 갔는데, 갑상선기능항진증이라는 진단을 받았다. 정신과에서는 심각한 우울과 불안 장애 진단을 받았다. 그 밖에도 몸 곳곳에서 병이 발견되었다. "그렇게 공부해서 의대 가겠니?" 하는 말을 입에 달고 살던 엄마는 중2밖에 안 된 아들이 온갖 병에 시달리는 몸이 되었다는 사실에 화들짝 놀랐다. 겨울 방학이 끝나고 3학년이 되었을 때 정한결은 완전히 다른 사람이 되어 있었다. 더는 자기 뜻과 상관없는 공부를 하지 않았다. 아들을 닦달하던 엄마도 더는 공부를 강요하지 않았다. 정한결은 그때부터 자신이 하고 싶은 활동을 마음껏 하고 다녔다.

정신과 약은 생활이 바뀌니 끊어도 되었고, 자잘한 병들은 치료되었지만 갑상선기능항진증 약은 계속 먹어야 했다. 정우는 바로 그 약에 카펜타닐을 넣었다. 정한결이 먹던 갑상선기능항진증 약은 메티마졸[1]로 플라스틱 약통에 100정이 들어 있다. 위장이 좋지 않은 정한결은 메티마졸을 저녁 식사 후 30분에서 한 시간 사이에 날마다 한 알씩 복용했다. 정우는 정한결을 따라 지역아동센터로 봉사 활동을 다니면서 정한결이 갑상선기능항진증 약을 먹는 것을 보았다. 어릴 때부터 엄마의 갑상선기능항진증 약을 본 정우는 두 약이 같다는 사실을 알았다. 살해를 계획한 정우는 엄마 약통에서 꺼낸 알약에 카펜타닐을 삽입하고, 그 알약을 정한결이 먹는 약통에 넣었다. 카펜타닐이 든 알약을 언제 먹을지 모르지만 언젠가는 먹을 수밖에 없을 것이고, 먹는다면 바로 사망이다.

정한결과 정우는 같은 반이 아니었다. 2학년 2학기가 되면서 선택 과목 수업을 같이 듣다가 안면을 텄지만, 둘 사이에 특별한 우정이 쌓였다는 증거는 없다. 원한을 질 만한 것도 딱히 없었다. 이렇다 보니 이 사건도 살해 동기가 문제다. 이런저런 상상을 해 보았지만 정우가 정한결을 죽일 그럴 듯한 이유를 떠올리지 못했다.

---

1 갑상선기능항진증 약에는 씬지로이드, 씬지록신, 메티마졸, 안티로이드 등이 있다. 씬지로이드, 씬지록신은 아침 식사 한 시간 전에 복용하면 좋다. 메티마졸(Methimazole), 안티로이드(PTU)는 식사와 함께 복용해도 아무 상관없다. 오히려 위장 부담을 덜기 위해 식후 복용을 권장한다.

택시를 타고 가다 편집국장에게 인터뷰 장소를 보고하고 택시 이용을 허락받았다. 주 형사에게 연락이 왔다. 약속 장소까지 주 형사가 곧바로 차를 몰고 온다고 해도 제시간에 도착하기는 불가능하다는 점을 감안해서 약속 장소를 알려 주었다. 주 형사는 황당해 하더니 들릴 듯 말 듯 욕을 내뱉었다. 그러면서 인터뷰가 끝나면 바로 취재용 녹음 파일을 넘겨 달라고 요구했다. 이제껏 경찰은 인터뷰하는 장면을 멀리서 영상으로 찍으며 실시간으로 인터뷰를 들었다. 경찰이 내게 준 도청 장치의 성능은 내 휴대폰 녹음기와는 차원이 달라서 미세한 숨소리마자 잡아낼 정도라고 했다. 이것이 번거롭게 경찰이 내게 도청 장치를 맡긴 이유다. 어떻게 알았는지 모르지만 나은주가 그 사실을 알아 버렸다. 나은주는 경찰이 일거수일투족을 지켜보며 세밀한 호흡까지 다 듣는 상황이 마땅치 않았을 것이다. 그래서 도청도 못 하게 하고, 경찰의 감시와 도청을 피하는 시간과 장소를 선택한 것이다.

9시 25분에 택시가 대학 정문을 통과했고, 28분에 나은주가 지목한 곳에 도착했다. 도착하자마자 곧바로 낯선 번호로 문자가 왔다. 어제 나은주로 저장한 번호가 아닌데 문자 첫머리에 '나은주'라는 이름이 보였다. 나은주는 자신이 있는 곳을 알려 주었다. 방학이라 지나다니는 학생이 거의 없어서 어렵게 나은주가 말한 장소를 찾아냈다. 수십 개나 되는 계단이 내 앞에 쭉 뻗어 있었다. 나는 주위를 살피며 계단을 올라갔다. 계단 중턱에 이르자 옆으로 쑥 들어가는 공터가 나왔다. 공터 안쪽에 긴 의자가 놓여 있는데, 거기에서 나은주가 나를 기다리고 있었다. 그곳을 보자마자 왜 나은주가 이 장소를 택했는지 알아차렸다. 그곳은 혹시 경찰이 내 뒤를 미행했다고 하더라도 들키지 않게 영상을 찍는 것이 불가능한 구조였다.

인사를 하려는데 나은주가 대뜸 물었다.

"경찰에는 안 알렸죠?"

연락은 했지만 주 형사는 오지 못하고, 도청도 안 하기로 했다. 그러니 안 알렸다고 답해도 괜찮았다.

"네. 저 혼자예요."

"시아 씨, 우리 신뢰하며 만나요. 나는 시아 씨를 믿고 싶어요."

내가 허투루 꾸며 낸 거짓을 꿰뚫는 듯한 말투다. 거짓말이 표정으로 번지는 것을 막으려고 얼른 인터뷰로 들어갔다.

* * * * *

한결이는 학교 안팎에 소문이 자자했다. 정우가 공부를 잘하는 모범생으로 유명했다면, 한결이는 다양한 활동과 독특한 사고방식으로 명성이 자자했다. 전교회장은 아니지만 학생회를 주도했고, 특이한 자율동아리를 만들어서 입시에 별 도움도 안 되는 활동을 이것저것 활발하게 벌였다. 학교를 향한 불만이 생기면 앞장서서 항의하고, 받아들이지 않으면 온갖 방법으로 학교를 부담스럽게 했다. 그런 탓에 교장과 교감은 한결이를 싫어했지만 다른 교사들은 대부분 한결이를 좋아했다. 한결이는 불만이 생기면 거세게 항의하지만, 선생들에게는 깍듯하게 예의를 지켰기 때문이다. 그뿐만 아니라 지역 청소년인권단체에서도 활동했고, 봉사 활동도 생기부와 상관없이 꾸준히 하는 특이한 아이였다. 나도 한결이를 알고 있었지만, 별로 염두에 두지는 않았다. 정우와 성향이 워낙 달랐기 때문이다. 그러나 내 예상은 빗나갔고, 어느 순간 한결이는 정우를 밑바닥부터 뒤흔든 위험인물로 급부상했다.

한결이는 정우와 같은 반이 아니었다. 2학년 2학기 때 정우가 고교학점제로 선택한 수업을 같이 들었지만 처음에는 서로 말도 나누지 않은 사이였다. 그러던 어느 날, 도서관에서 필요한 자료를 찾는 정우에게 한결이가 예고 없이 접근했다.

"넌 도서관에서도 그런 책만 보냐?"

과학 수행평가를 위한 자료를 찾는 중이었기에 아마도 정우는 어려운 과학책을 수북하게 쌓아 둔 상태였을 것이다.

"이런 책도 한번 읽어 봐."

그때 한결이가 정우에게 건넨 책이 『죽은 시인의 사회』다.

"죽은 시인의 사회? 이게 뭔데?"

"너처럼 외길만 걷는 답답이 모범생들이 잔뜩 나오는 소설."

둘이 나눈 첫 대화는 그렇게 끝났다. '답답이 모범생'이란 표현이 예민하게 의식의 표면을 쓸고 지나갔다. 잔잔하던 수면이 긴장하며 흔들렸다. 불길한 예감이 스쳤다. 내 본능은 그 위험을 감지했다. 그날 학교에서 돌아온 정우를 붙잡고 잘못 읽은 책이 얼마나 위험한지 강조했다. 책에 담긴 지식을 믿고 무분별하게 따라가다가 인생을 망친 사례들을 줄지어 늘어놓았다. 정우는 늘 그렇듯이 내 가르침을 순순히 받아들였다. 그것으로 안심할 수 없었다. 한결이가 더는 정우에게 영향을 끼치지 못하도록 방지 대책을 마련하고자 분주하게 준비했다. 그러나 내가 대책을 제대로 세우기도 전에 그 대화의 여파가 몰아닥쳤다. 그 파도는 내가 걱정하던 위험 수위보다 훨씬 높고 강력했다.

이틀 뒤다. 이번에는 정우가 한결이에게 먼저 말을 걸었다. 선택 수업을 받으러 이동하는 복도 같았다.

"읽어 봤어."

"어떻든?"

"키팅 선생님 같은 분이 학교에 계시면 좋겠어."

"그런 선생님은 좀처럼 없지."

"카르페디엠이 가능할까?"

"나를 봐. 현재를 즐기잖아."

대화는 그렇게 끝났다. 불길한 예감이 더욱 상승했다. 위험한 대화다. 한결이를 어떻게 한다고 해결될 문제가 아니다. '생각'이란 것보다 위험한 바이러스는 없다. 그릇된 생각에 전염되면 사람은 자기 목숨도 아무렇지 않게 내던진다. 그 어떤 것보다 무서운 바이러스가 정우에게 침투했다. 이제 한결이가 문제가 아니다. 그 바이러스를 물리쳐야 한다. 바이러스를 몰아내려면 바이러스가 무엇인지 알아야 한다. 검색으로 대충 내용을 파악하는 것으로는 충분하지 않다. 나는 곧바로 도서관에 가서 『죽은 시인의 사회』를 읽었다.

『죽은 시인의 사회』는 명문대 입학을 목표로 성실하게 공부를 시키는 학교에 졸업한 선배이자 국어 교사인 '키팅'이 새롭게 오면서 벌어지는 사건을 다룬 소설인데, 원작은 영화다. 키팅은 교과서를 찢어 버리고, 책상 위로 올라가게 하는 등 학생들에게 헛된 바람을 집어넣었다. 학생들 귀에 카르페디엠이라고 속삭이며 미래를 위해 노력하지 말고 현재를 즐기라고 유혹했다. 솔깃한 유혹에 넘어간 학생들은 '죽은 시인의 사회'라는 시 낭송 동아리를 만들어 일탈을 일삼았다. 일탈의 중심에는 '닐'이 있었다. '닐'은 의사가 되길 바라는 부모의 뜻에 따라 충실히 공부하는 모범생이었으나, 키팅의 유혹에 넘어가 자유의 몽상을 붙잡으려 했고, 연극 무대에 오르는 무모한 짓까지 저질렀다. 닐의 아버지로서는 용납하기 힘든 일탈이다. 아버지는 몽상을 꿈꾸는 아들을 현실로 돌려놓기 위해 다니던 학교를 그만두게 하고 전학 조치를 취했다. 자기 꿈이 부서졌다는 절망에 빠진 닐은 총으로 자살해 버린다. 닐의 아버지는 자식이 죽은 비극의 책임이 키팅에게 있다고 믿었고, 학교 측도 그 의견을 받아들였다. 키팅이 떠날 때 몇몇 철부지는 또다시 책상 위에 올라가서 '캡틴, 오 마이 캡틴'이란 찬양을 키팅에게 보낸다.

앉은 자리에서 소설을 다 읽었다. 책을 내려놓는데 손가락 관절이 아렸다. 정우에게 침투한 바이러스가 얼마나 무서운지 절절히 느껴졌다. 내가 그토록 막고 싶었던 끔찍한 악몽이 이 순간에도 정우 마음속에서 몸집을 키우고 있다고 생각하니 호흡마저 답답했다.

"넌 미래가 걱정 안 돼?"

"현재를 즐기면 미래는 걱정할 이유가 없어."

"그러다 나중에 불행해지면 어쩌려고."

"그래서 넌 나중에 행복하게 살 거라고 확신해?"

"그건……."

"행복도 연습이야. 이 파릇파릇한 나이에 행복을 누릴 줄 모르면 나중에도 행복하지 못해."

"공부 안 하고 노는 아이들이 어른이 되어서 행복하게 살 거라고 생각해? 비정규직에 돈이 없어서 쪼들리며 살 텐데."

"노는 거랑 현재에 집중하며 사는 거는 달라. 나는 노는 게 아니야. 지금 내 삶에서 최고로 가치 있는 일에 집중하는 거라고."

"너한테 최고로 가치 있는 일이 뭔데?"

"난 날마다 새롭고 싶어. 그것만이 지금 이 순간에 내가 이루고 싶은 목표이자 최고의 가치야. 어제처럼 오늘을 산다면 기억을 반복해서 재생하는 것과 똑같아. 자기를 잃어버리고 과거에 붙잡혀 시체처럼 굴러다니는 거지. 그런 게 바로 좀비야. 좀비 영화나 드라마가 왜 유행하겠어? 다들 좀비처럼 남들 눈치나 보며 자아를 잃어버린 채 남이 살던 과거를 재생하며 사니까 좀비가 되는 거야. 최초의 좀비 영화에서 좀비는 느리고 허우적거리며 같은 인간을 물어뜯어야 한다는 욕망만 좇는 사물과 다름없는 존재로 표현해. 요즘 영화처럼 엄청난 속도와 괴력을 발휘하는 괴물은 참된 좀비와는 어울리지 않아. 어때? 현대인이 모두 좀비 같지 않냐?"

"내가 좀비라는 거야?"

"그럼, 아니야?"

정우는 길게 침묵했다. 그 침묵 속에서 위험한 바이러스가 징그럽게 꿈틀댔다. 바이러스는 내 대처 능력을 뛰어넘으며 번식했다. 백신을 빨리 투여해야 하는데, 머리가 멍해지면서 방법이 떠오르지 않았다.

같이 수업을 받을 때만 나누던 대화는 점점 그 횟수가 늘어났다.

둘은 『죽은 시인의 사회』를 소재로 자주 대화를 나누었는데 닐이 대화의 중심이 되는 경우가 많았다.

"카르페디엠이 좋기는 하지만, 결국 그 때문에 닐은 죽었어."

"죽었지. 몰지각한 아버지와 고지식한 학교 선생들 때문에……. 그래도 닐은 짧지만 빛나는 시간을 살았어."

"죽음은…… 끔찍해."

"이카루스 알아?"

"그리스 신화에 나오는 이카루스라면……. 날개를 달고 하늘 높이 날다가 강렬한 태양열에 밀랍이 녹아 추락해 죽잖아. 마치 닐처럼."

"닐처럼 죽지. 그럼 넌 날개를 달았는데 대충 날다가 그만둘 거야? 날개가 생겼다면 하늘 높이 날아야 하지 않겠어?"

"그건 위험해."

"위험해도 괜찮아. 나는 시간을 밟고 욕망을 날개 삼아 이카루스처럼 날아오를 거야."

한결이는 위험한 몽상가다. 한결이가 바로 키팅이다. 정우는 키팅에게 유혹을 당해 인생이 망가진 닐이 되어 가고 있었다. 닐의 운명은…… 죽음이다. 정우가 닐이 될지도 모른다. 공포가 뱀의 아가리처럼 이빨을 드러내고 나를 덮쳐 왔다.

"난 지금 행복해. 넌 행복해?"

"모르겠어."

"나도 중2 때까지는 너처럼 의대에 가려고 엄마의 꿈을 이루는 도구가 되어 미친 듯이 공부만 했어. 그러다 갑상선기능항진증에 걸렸고, 이 메티마졸을 날마다 먹어야 하는 신세가 되었어."

"그 약은 우리 엄마도 먹어."

"그럼 잘 알겠네. 예전에는 별의별 약을 다 먹어야 했어. 심지어 정신과 약까지. 물론 지금은 이 약 하나만 먹지만."

"우리 엄마도 이런저런 약을 달고 살아."

"난 숨을 쉴 수가 없었어. 그렇게 살다가는 내 몸이 완전히 망가지겠더라고. 그래서 엄마한테 대들었어. 이제 그만하고 싶다고, 못 하겠다고."

"그랬더니 엄마가 허락했어? 네가 원하는 대로 자유롭게 살라고?"

"처음부터 그랬겠냐?"

"그렇지. 엄마들은……."

'엄마들은'이란 표현이 가시가 되어 내 손목을 훑었다. 손목에서 피가 뚝뚝 떨어졌다.

"그래도 어쩌겠어. 그대로 살면 죽을 것 같은데. 그래서 엄마한테 죽기 싫다며 대들었어. 이대로 죽기에는 내 인생이 너무 아깝다고."

"쉽지 않았을 텐데."

"당연하지. 그래서 죽을 듯이 맞섰어. 우리 엄마도 고집이 센 분이라서 말이지. 그런데 어쩌겠어. 내가 안 하겠다는데. 공부는 내가 하는 거지 엄마가 하는 게 아니잖아. 엄마가 이런저런 협박도 하고, 거래도 하려 했지만 들은 척도 안 했어. 결국 내가 이겼지."

"난…… 우리 엄만……."

한결이는 정우의 삶과 미래를 흔드는 위험한 선동가다. 정우를 불

효자로 만들어 내 모든 것을 빼앗으려는 질 나쁜 음모꾼이다. 문제는 그 위험이 정우뿐 아니라 나조차 흔들었다는 사실이다. 정우를 오염시킨 바이러스가 나에게도 침투한 것이다.

한결이는 나를 비추는 낯선 거울이었다. 날이 바짝 선 거울이 현실을 외면하던 나를 바라보게 했다. 거울에 손만 대면 상처가 나서 피가 줄줄 흘러내릴 것 같았다. 나는 한결이와 정우가 나누는 이야기를 듣고 나면 나른한 공허함에 빠져들었다. 위험하다는 것을 알면서도 내 의지로는 어쩔 수가 없었다. 공허의 늪에서 빠져나오려면 하루에 나누어 써야 할 에너지를 다 쥐어짜야 할 정도였다. 나는 한결이 모습에서 처음에는 키팅을 떠올렸지만, 점점 전 남편을 떠올렸다. 어쩌면 전 남편은 한결이와 같은 몽상을 뒤늦은 나이에 하게 된 것은 아닐까? 더는 좀비처럼 살기 싫다면서 이카루스의 날개를 달고 태양까지 날아가고 싶었던 것일까? 가족이 다 같이 이카루스처럼 날 수는 없으니 혼자 마음껏 날다 죽어도 좋다는 심정으로 떠났을까?

파도가 쳤다. 잔잔한 의식의 표면 위를 건드린 파도는 심해를 흐르는 해류마저 헤집어 놓았다. 해류의 방향이 틀어지면 광기 어린 꿈이 배를 침몰시킨다. 정우가 자기 아빠와 같은 끔찍한 선택을 하게 내버려 두면 안 된다. 나는 나를 잠식하던 바이러스에 맞서 싸웠다. 나를 버린 남편을 향한 분노와 울분이 한결이가 퍼트린 바이러스를 물리치게 했다. 나를 배신한 남편이 나에게는 백신이었다. 정우에게도 백신을 투여해야 했다. 솔직히 말해 나는 그 백신이 무엇인지 이미 알고 있었다.

나는 손목의 흉터를 만졌다. 그날을 다시 떠올렸다. 나는 그날 죽음을 각오했다. 실제로 죽고 싶었다. 어쩌면 그날의 각오가 다시 필요할지도 모른다. 아니 모르는 것이 아니고 필요하다. 정우가 우등생으로 지낸 시간이 길어지면서 긴장을 너무 풀었다. 부동산 투자로 큰돈을 번 사람이 과거의 성공에 취해 안일하게 투자하다가 망한 사례를 여러 차례 보았다. 나는 그러지 말아야지 다짐하고 다짐했음에도 인생에서 가장 중요한 투자에서 지나치게 방심했다. 인생에서 가장 중요한 일에는 목숨을 걸어야 한다. 나는 이번에도 목숨을 걸 수 있는가? 대답은 '당연히 그렇다'이다.

나는 냉정해졌다. 바이러스 백신을 차분하게 준비했다. 그런데 백신을 투입할 시기를 저울질하는데 예상치 못한 일이 터졌다. 정우가 자신이 바이러스에 감염되었다는 사실을 대놓고 드러낸 것이다.

* * * * *

정우가 대놓고 드러냈다고 하더니 나은주는 별다른 설명 없이 곧바로 시간을 훌쩍 뛰어넘는 이야기로 넘어가려고 했다. 나는 말을 끊었다.

"정우가 어떻게 자기 뜻을 드러냈는지 말해 주기 싫으세요?"

"정우도 없는데 그런 대화까지 세세하게 밝히고 싶지 않아요."

"그래도 정우가 어떤 식으로 드러냈는지 말씀해 주실 수 있잖아요."

"한결이처럼 모든 걸 거부하는 수위는 아니었어요. 조금 다른 경험을 하고 싶다고 했죠. 그러면 공부에 방해된다고 했더니, 방해되지 않게 열심히 한대요. 아이들은 늘 그렇잖아요. 자기 관심이 꽂히면 그거 다 하고 공부하겠다고. 그 순간에 전 판단을 내렸어요. 지금은 백신을 쓰지 않아도 되겠다는……."

"그 백신이란 게 뭐죠? 설마 또 손목을 칼로 긋겠다고 위협하는 건가요?"

"시아 씨는 아직 날 모르네."

나은주 말에서 차가운 한기가 풍겼다. 한기를 식히려는지 나은주는 핸드백에서 담배를 꺼내 물었다. 연기와 함께 긴 한숨이 하늘로 흩어졌다.

"난 위협 따윈 하지 않아."

"그게 무슨 말이죠?"

나은주는 대답 대신 담배 연기만 연신 내뱉었다. 그런 나은주를 가만히 살피던 나는 위협 따위는 하지 않는다는 말에 담긴 의미를 깨달았다. 그 순간 나도 모르게 입술 끝이 부르르 떨렸다. 인터뷰 결과에 취해 또다시 잊고 있었다. 나은주는 정우가 어느 선을 넘으면 주저 없이 죽을 사람임을……. 정우도 늘 그것을 인식하고 살았음을……. 하루하루가 살얼음판을 걷는 삶이라니, 상상만 해도 끔찍했다. 나라면 하루도 술 없이 못 지낸다. 한결이는 정우가 자기와 비슷한 처지라고 짐작했을 것이다. 그러나 정우가 느꼈을 압박감은 한결이와는 차원이 달랐다. 어쩌면 그 판단 실수가 한결이를 죽음에 이르게 한 원인이 되지 않았을까?

나은주 입이 건조한 사막의 모래바람 같은 담배 연기를 연신 내뿜자 점점 등이 굽어 가던 담뱃재가 검은 먼지를 날리며 바닥으로 떨어졌다. 죽은 영혼이 산산이 부서지는 것 같았다. 나도 그 먼지처럼 부서지는 착각이 들었다. 나은주는 내가 감당할 만한 사람이 아니다. 오늘로 인터뷰를 끝내고 싶었다. 더는 이 무서운 여자를 만나고 싶지 않았다. 그러나 지금의 나는 그만둘 수 없는 처지다. 내 미래를 바꾸려면, 아니 기자 생활을 유지하려면 인터뷰를 끝마칠 때까지는 어쩔 수 없다.

앞으로 두 번만 더 만나면 된다고 스스로를 위로하며 의지를 다지려 했지만 떨림은 가라앉지 않았다. 단 세 번밖에 만나지 않은 나도 이런데, 맨날 이런 엄마를 견뎌야 했던 정우가 느꼈을 압박감과 공포는 어땠을까? 나는 그제야 정우의 처지를 진심으로 헤아렸다. 정우가 친구들을 죽일 수밖에 없었던 이유, 결국에는 자신마저 파괴할 수밖에 없었던 이유를 머리가 아니라 몸으로 절감했다.

'인터뷰 그만하죠.'

이 말이 목구멍까지 나왔다. 하마터면 내뱉을 뻔했다. 나는 나은주에게 들키지 않게 심호흡을 했다. 담배 냄새가 깊이 파고들었다. 담배 냄새 덕분일까? 나는 끊어졌던 대화의 흐름을 다시 이을 힘을 회복했다.

"그 백신을 쓰지 않기로 판단한 이유가 궁금하네요."

"생각보다 요구 수위가 낮았거든요. 난 정우가 한결이처럼 될까 봐 걱정했는데, 내 예상보다 정우는 바이러스에 내성이 강했어요. 그냥 호기심에 한번 흥미를 갖는 정도로 보였죠."

"다른 경험이란 게 뭐죠?"

"그냥 한 가지 활동을 한결이와 해 보고 싶다고 했어요. 딱 한 가지 활동만. 그 이상은 안 하겠다고 스스로 절제를 한 거죠. 한결이는 공부를 그만두겠다면서 자기 엄마에게 대들었지만, 정우는 한결이가 말한 활동이 무엇인지, 그 카르페디엠이라는 게 뭔지 단순한 호기심을 보인 거죠. 그런 절제력이 살아 있으니 정우가 한결이처럼 되지는 않을 거란 확신이 들었어요."

"그래도 혹시 모르잖아요. 그러다 정말로 한결이처럼 될지."

"난 정우를 잘 알아요. 그때의 정우는 한결이처럼 될 가능성이 없었어요."

나은주가 단호하게 내 반론을 내리눌렀다.

"정우는 청소년 단체 활동을 원했지만 나는 반대했어요. 한결이와 비슷한 아이들을 떼로 만나면 예상치 못한 변수가 발생할 수도 있거든요. 그래서 지역아동센터에서 금요일 방과 후에 두 시간 정도 봉사 활동을 하는 것만 허락했죠."

* * * * *

방학도 아닌데 매주 금요일마다 두 시간씩 봉사 활동을 하는 것은 정우에게 조금 부담이다. 봉사 활동을 하는 아동센터까지는 차로 30분이 걸린다. 두 시간 봉사 활동을 하고 곧바로 돌아온다고 해도 세 시간이다. 거기에다 말도 제대로 안 듣는 말썽꾸러기 아이들과 씨름하느라 소모한 에너지를 감안하면 실제로는 네 시간 이상을 버리는 셈이다. 일주일에 네 시간이니 한 달이면 최소 16시간이다. 더구나 봉사 활동은 정우 진로와도 맞지 않기에 아무런 도움이 되지 않지만,

일단은 지켜보았다.

나는 학교가 끝나면 곧바로 정우와 한결이를 차에 태워서 지역아동센터에 데려다 주었다. 봉사 활동 첫날에는 정우가 하도 부탁해서 나도 같이 저녁을 지역아동센터에서 먹었다. 그러다 학원 수업 시간에 늦고 말았다. 그런 적은 단 한 번도 없었다. 당황한 정우는 내 눈치를 살폈다. 나는 아무 말도 하지 않았다. 그럴 때는 잔소리보다 침묵이 훨씬 강력하다. 그 뒤로 정우는 봉사가 끝나면 저녁을 먹지 않고 바로 나왔다. 저녁은 차로 이동하는 동안 도시락으로 해결했다.

봉사 활동을 하는 날이면 정우는 교복과 생활복이 아니라 사복을 입었다. 금요일이면 가벼운 사복을 챙겨서 갔는데, 학교 수업이 끝나면 바로 옷을 갈아입었다. 아동센터 아이들과 편하게 지내려면 사복이 더 낫다는 것이 그 이유다. 도청 장치는 교복과 생활복에만 있었기에 사복을 입으면 도청을 할 수 없다. 또 다른 도청 장치는 필통에 있었는데 가방을 센터 사무실에 두었기에 교실에서 어떤 수업을 하는지, 한결이와 어떤 대화를 나누는지 알 수 없었다. 센터 안에서 무슨 일이 있었는지 알려면 차를 타고 가면서 자세히 물어보아야 하는데 그것은 내키지 않았다. 내가 관심을 보이면 정우는 엄마를 설득할 기회로 여길 테고, 활동을 자꾸 말하다 보면 스스로 자기 신념을 강화하는 부작용이 생기기 때문이다.

정우만 차에 태우고 갈 때면, 나는 한결이가 정우에게 주입한 신념을 깨뜨리는 작업에 집중했다. 특히 한결이가 그렇게 찬양해 마지 않는 키팅을 주로 비판했다.

"닐은 아버지가 반대한다고 자살해 버려. 그 정도로 자살하다니 정말 참을성이 없어. 닐이 죽은 건 키팅 때문이야. 현재를 즐기지 않으면 안 된다는 조급함을 키팅이 심어 주었으니까. 예전에 엄마도 가지고 있는 돈으로 인생을 즐길 수 있었지만, 꾹 참고 미래를 위해 부동산에 투자했고 큰돈을 벌었어. 인생도 그래야 하는 거야. 현재를 참아야 미래가 밝아."

그러다 중간고사가 닥쳤다. 나는 당연히 중간고사 기간이면 봉사 활동을 쉴 것이라 생각했다. 그런데 정우는 센터에 다니는 중학교 아이들의 중간고사를 대비해 주어야 한다면서 봉사 활동을 계속하려고 했다. 도청을 통해 듣지는 못했지만 한결이 부탁을 거절하지 못한 것 같았다. 정우는 더 열심히 공부해서 성적에는 문제가 생기지 않겠다고 했지만, 말처럼 쉬울 리 없었다. 시험 대비를 해 주려고 원격으로 아이들에게 문제도 내고 점검도 하면서 시간을 허비했다. 나는 경고했다. 그러면 안 된다고. 내 경고에 담긴 의미를 정우도 알았다. 그런데 정우는 그것을 알면서도 고집을 꺾지 않았다. 나는 일단 그대로 내버려 두었다.

정우는 다 괜찮을 것이라고 장담했지만 결과는 그렇지 않았다. 영어와 수학은 워낙 기본기가 탄탄해서 문제가 생기지 않았지만, 조금 힘들어 하던 국어에서 탈이 생겼다. 나는 아무 말도 하지 않았다. 국어에서 탈이 나기는 했지만 기말고사에서 잘 보면 충분히 1등급이 가능한 점수고, 경험을 통해 배웠으니 다시는 그런 실수를 하지 않으리라 믿었기 때문이다. 정우는 중간고사가 끝나고도 봉사 활동을 멈추지 않았다. 나는 묵묵히 운전사 노릇을 했다.

"엄마, 내가 가르친 아이가 성적이 엄청 올랐어."

센터 일은 웬만하면 입에 올리지 않던 정우가 차를 타고 돌아가는 길에 자랑했다. 선생님 덕분이었다면서 고마워하는데, 가르치는 보람을 느꼈다면서 정말 행복하다고 환한 웃음까지 지었다. 그 순간, 화가 치밀었다.

"너는 네 성적보다 그 아이 성적이 더 중요해?"

손목을 그은 그날 이후, 나는 정우에게 큰 소리를 낸 적이 없다. 내가 화를 내자 정우 얼굴빛이 변했다. 입술이 파래지고, 볼에 검은빛이 돌았으며, 떨지 않으려고 두 손을 꼭 쥐고 있었다. 심하게 다그칠 때가 아니다. 나는 감정의 브레이크를 밟았다.

"엄마가 속상해서 그랬어. 미안해. 엄마가 소리쳐서."

정우에게 미안하다는 말을 그때 처음으로 했다.

"네 자신부터 챙겨. 엄마가 바라는 건 그뿐이야."

정우는 조용히 알겠다고 답했다. 나는 그 말을 믿었다. 정우는 착한 아들이니까, 정우는 약속하면 지키는 아들이니까. 그렇게 기말고사 기간이 다가왔다. 어처구니없게도 정우가 센터에서 시험 대비를 해 주면 안 되겠냐고 물어 왔다. 나는 정색하며 도로 한복판에서 급브레이크를 밟으며 차를 세웠다.

"한결이가 부탁했니?"

나는 차갑게 물었다. 뒤에서 차들이 빵빵 대는 소리가 시끄럽게 들렸다. 정우는 아니라고 답하지 못했다.

"저번에 분명히 엄마가 말했을 텐데, 너부터 챙기라고. 이번에 작은 실수라도 하나 하면 어떻게 되는지 너도 알지?"

정우는 또다시 대답하지 않았다. 도로가 점점 시끄러워졌고, 옆으로 지나가는 차들에서 욕이 들려왔다. 나는 말을 길게 끌지 않았다.

"선택해. 엄마인지, 한결인지."

그러고는 아무 말도 안 했다.

그다음 주부터 정우는 봉사 활동을 나가지 않았다. 정우는 한결이가 아니라 나를 선택한 것이다. 기말고사 국어 시험에서 정우는 100점을 맞았고, 전 과목 1등급을 지켜 냈다.

일단 성적이 잘 나왔기에 나는 봉사 활동을 가도 된다고 허락했다. 물론 금요일 두 시간 이상은 절대 안 된다는 조건은 바꾸지 않았다. 시험 점수를 제대로 받아 오는 정우를 보면서 확실한 믿음이 생겼다. 어차피 인생을 살다 보면 한결이와 같은 몽상가를 언제든 만날 수 있다. 성인이 되어 내 통제 밖에서 그런 인간을 만나 휘말리기보다는 미리 경험해서 대처하는 능력을 기르는 것이 낫다는 판단도 작용했다. 한결이는 위험하기는 하지만 정우를 무너뜨릴 만큼 독성이 강하지 않았다. 독성이 약한 바이러스는 백신으로 작용한다. 백신을 맞으면 잠깐 아프지만 나중에 큰 병에 걸리는 것을 막아 준다. 한결이는 정우의 사회생활 항체를 형성하는 데 도움이 될 관계다. 성격이나 품성에서 나름 괜찮은 구석이 많았기에 정우가 배울 점도 있었다. 그런 친구를 두는 것도 나쁘지 않았다. 기말고사 결과는 내게 여유를 선물했다. 어쩌면 나도 백신을 접종받은 셈이다. 한결이 정도는 충분히 통제할 힘이 생긴 것이다.

그런데 정우는 더는 지역아동센터로 봉사 활동을 가지 않겠다고 했다. 예상치 못한 반응이었다. 엄마는 한결이와 어울리는 것도, 봉사 활동을 하는 것도 반대하지 않는다고 확실하게 말했지만 정우는 이제 고3인데 그 시간을 아껴서 공부에 투자하겠다고 말했다. 간단한 예방 주사를 통해 이카루스의 날개는 미로에서 탈출하는 용도로만 써야 한다는 점을 깨우친 정우가 대견했다.

정우는 방학 중에 성실하게 공부에 몰두했다. 한결이와는 아예 연락하지 않았다. 3학년 개학을 일주일 앞두고서 한결이가 지역아동센터 근처의 계단에서 굴러떨어지는 사고를 당해 죽었다는 소식을 접했다. 다들 안타까워하는 죽음이었고, 나도 가슴이 아팠다. 아들을 키우는 엄마로서 한결이 엄마가 받았을 충격이 얼마나 클지 알기 때문이다. 정우가 그런 일을 당한다면 어떨지 걱정이 드는 바람에 안 그래도 심한 불면증이 더욱 심해져서 정신과 약을 늘려야 했다.

* * * * *

나은주는 다시 담배를 물었다. 할 말은 이미 다 했다는 듯 담배에 불을 붙였다.

"정우가 왜 한결이를 죽였을까요?"

내가 물었지만 나은주는 입을 다문 채 담배 연기만 내뿜었다.

정우가 한결이를 죽이려고 마음먹었다면 수법의 특성상 언제 그 일을 저질렀는지 알 수 없다. 학교에서 수시로 어울렸으니 기회를 노리려고 하면 언제든지 가능했다. 약통에 슬쩍 약 한 알을 집어넣는 일이야 너무나 쉽다. 카펜타닐도 이규민을 죽일 때 이미 확보해서 몰래 숨겨 놓았을 테니 살해 도구를 구하는 데도 시간이 소요되지 않는다. 사용하던 휴대폰도 없고, 나은주가 녹음한 도청 기록도 없으니 범행을 실행한 시기를 특정하는 것은 불가능하다. 그나마 규명이 가능한 것은 동기뿐이다.

잠시 기다리다 다시 물었다.

"이규민은 확실한 동기가 있었죠. 수단도 명확하고 증거도 그걸 가리키니까. 그런데 정한결은 아무리 따져 봐도 왜 죽였는지 모르겠어요. 도대체 정우는 왜 한결이를 죽였을까요?"

나은주는 담뱃불이 필터에 닿도록 빨고 나서야 꽁초를 내려놓았다.

"시아 씨! 시아 씨는 동기가 궁금하지만, 난 그게 궁금하지 않아요."

"그럼 뭐가 궁금하세요?"

"정말 정우가 한결이를 죽였을까요?"

"안 죽였다면 유서에 왜 자기가 죽였다고 남기죠?"

"내가 궁금한 점이 바로 그거예요. 왜 그랬을까? 수없이 고민하고 따져 봤지만 죽일 이유가 없거든요. 혹시 둘 사이에 내가 모르는 어떤 일이 있었을까? 심하게 다투었을까? 봉사 활동을 더 이상 안 나간다고 결정하게 된 어떤 갈등이 있었을까? 혹시 정우가 아이들 시험 대비를 안 해 준다고 해서 둘이 다투었을까? 이 의문이 다 사실이라고 해도 정우가 한결이를 죽일 이유는 되지 않아요. 그러다 그런 생각이 들었죠. 혹시 죽이지 않았는데 죽였다고 한 게 아닐까 하는……."

"죽이지 않았는데 유서에는 왜 남기죠?"

"그러게요. 왜 남겼을까요?"

나은주는 느리게 숨을 골랐다.

"나는, 정우가, 죄책감 때문에 그랬다고 생각해요."

추측임에도 나은주는 마치 도청으로 직접 듣기라도 한 듯이 확신에 차서 말했다.

"어떤 죄책감이죠?"

"한결이가 사고를 당한 날은 금요일이에요. 그날도 한결이는 늦은 시간까지 아동센터에 머물며 봉사 활동을 했어요. 도와주던 정우가 없으니 혼자 감당할 일이 많았을 거예요. 늦게까지 일하다 버스 시간에 늦겠다 싶으니 서둘렀겠죠. 그 바람에 계단에서 굴러떨어지는 불상사가 발생했어요. 만약 정우가 봉사 활동을 계속했다면 그날 한결이가 그렇게 서두를 일 자체가 없었을 거예요."

"그것 때문에 죄책감이 들었다는 말인가요?"

"어른도 친한 친구가 그렇게 죽으면 죄책감이 들잖아요. 더구나 정우는 감수성이 예민했어요."

나은주는 정우를 변호하려고 노력했지만 나에게는 설득력이 없었다. 죄책감 때문에 저지르지 않은 살인을 저질렀다고 유서에 남긴다는 설명은 설득력이 부족하다. 살해 수법이 유서에 없었다면 혹시 또 모르겠다.

"믿기지 않네요."

나는 솔직하게 의견을 말했다.

나를 가만히 응시하던 나은주가 갑자기 엉뚱한 말을 꺼냈다.

"시아 씨는 요즘 사랑하는 사람이 있어?"

나은주 질문에 나도 모르게 지훈 씨를 떠올렸다.

"표정을 보니 있나 보네. 시아 씨도 경험했겠지만, 사랑하면 그 사람을 좋은 쪽으로만 생각하려고 해."

나은주가 마치 내 속에 들어왔다 나간 것 같은 투로 말했다.

"시아 씨만 그런 건 아니야. 다들 그렇지. 보통 엄마들은 자식이 큰 사고를 치고 나면 우리 아이는 그럴 리 없다고 말해. 그러면 사람들은 부모니까 자기 자식을 믿어서 그렇게 생각한다고 여겨. 그건 틀렸어. 그 엄마들은 믿어서가 아니라 자식을 제대로 몰라서 그런 거야. 제대로 알면 절대 그런 말 안 해. 그러니까 그건 자신의 무지함에 대한 고백이나 마찬가지야."

나은주 눈이 위아래로 움직였다. 마치 내 몸을 훑는 듯했다. 그래 봤자 시선은 내 옷과 몸의 윤곽만 스쳐 갈 뿐인데도, 마치 내 속이 투명하게 노출되는 것 같은 착각이 들었다.

"난 달라. 난 누구보다 정우를 잘 알아. 물론 규민이 때는 내가 실수했지만, 한결이 경우에는 그렇지 않았어. 도청을 하지 못해 정보가 부족했기에 여느 때보다 긴장하며 수시로 점검하고, 확인하고, 예방책을 세웠어."

이제껏 한 인터뷰 중에서 여느 때보다 확신에 찬 어투가 이어졌다. 마치 연설로 대중을 설득하려는 정치인이나 설교로 신도를 확보하려는 종교인 같았다.

"시아 씨는 정우가 내 협박 때문에 겁을 먹고 모범생이 되었다고 생각하지?"

나은주 입에서 짙은 담배 연기가 뿜어져 나왔다.

"천만에. 정우는 엄마를 걱정했어. 자기 잘못으로 엄마가 죽을 뻔한 것 때문에 죄책감을 느껴서 열심히 공부한 거야. 자기 잘못을 만회하려고. 정우는 어릴 때부터 자기 잘못이 아닌 것도 자기 잘못으로 여기는 경우가 많았어. 그렇게 착하고 순하고 섬세한 아이였어."

담배 연기가 내 호흡으로 계속 스며들었다.

"그런 정우였기에 한결이의 죽음이 자기 책임이라는 죄책감에 시달릴 수밖에 없었어. 그 죄책감이 의식 깊이 똬리를 틀고 몸집을 불리다 마지막 삶을 마감하려는 순간에 유서로 적히게 된 거야."

애매하게 돌려 말하던 평상시 나은주가 아니다. 친절하지는 않지만 예의를 지키던 말투도 아니다. 반드시 이 방향으로 기사를 쓰라는 강요다. 마치 팀장이나 편집국장이 내게 지시하는 것처럼…….

"아마 시아 씨는 이렇게 생각할 거야. 유서에 살해 방법이 적혀 있지 않느냐고. 죄책감 때문이라면 어떻게 살해 방법을 적었겠냐고 묻겠지."

나은주는 내 생각을 훤히 들여다보고 있었다.

"그런데 난 그래서 더 확신하는 거야. 이규민과 거의 똑같은 방법이니까. 진짜 죽이려고 했다면 시아 씨는 어떻게 했을 것 같아? 나라면, 아니 똑똑한 정우라면 똑같은 방법은 안 써. 방법이 같으면 경찰이 의심할 테니까."

그 말을 듣고 잠깐 설득될 뻔했지만 나은주 주장을 반박할 논리가 바로 떠올랐다. 내가 반박을 꺼내려는데, 나은주가 담배를 끄면서 벌떡 일어났다.

"오늘은…… 그만해."

갑작스러운 마무리다. 나는 당황하며 따라서 일어났다.

"다음 인터뷰는……."

조금 전까지 반박하려는 의지로 불타오르던 나는 나은주의 갑작스런 선언과 동시에 인터뷰이에게 약속을 사정하는 약자로 떨어져 버렸다. 인터뷰 일정이 미정인 채로 또다시 헤어지기는 싫었다. 초조함이 말을 더듬게 했다. 나은주는 대답은 않고 걸음을 옮겼다.

"일정은…… 언제 할까요?"

몇 걸음 걷던 나은주가 몸을 돌렸다.

"시아 씨, 난 시작하면 끝장을 보는 사람이야."

그러고는 계단으로 성큼성큼 걸어갔다. 뒤따라가는데 나은주가 손바닥을 펴서 나를 멈추게 했다.

"내가 먼저 갈 테니까 시아 씨는 10분만 여기서 기다렸다 나중에 가. 인터뷰는 걱정 마. 다음 기사 나오는 거 보고 연락할게."

또다시 기사를 보고 연락하겠다고 한다. 저 은근한 협박과 강요, 정말 짜증난다. 계단에 발을 내딛던 나은주가 다시 뒤돌아섰다.

"아, 시아 씨! 오늘 인터뷰를 녹음한 파일, 경찰에 넘기지 마."

예상치 못한 일격이다.

"안 넘길 거지?"

그 순간에 넘긴다고 대답할 수는 없었다.

"네. 그, 그럴……게요."

말이 더듬더듬 나왔다.

"그래, 시아 씨. 우리 서로 신뢰를 지키며 만나."

'신뢰'라는 단어를 남기고 나은주는 계단 위쪽으로 올라갔다. 계단 꼭대기에 이르자 몸을 돌려 잠깐 내 쪽을 보았는데, 그 눈빛은 그 어느 때보다 서늘하고 무서웠다.

5
달콤한 유혹

나은주가 앉았던 자리에 가만히 앉아서 생각을 정리했다. 이전에는 인터뷰를 마치면 바로 기사 방향이 잡혔는데 이번에는 종잡을 수가 없다. 나은주가 말한 대로 기사를 써야 할지, 아니면 살인 사건이 벌어졌다고 전제하고 기사를 풀어 나가야 할지 헷갈렸다. 녹음 파일을 넘기지 말라는 요구도 당혹스러웠다. 앞으로 경찰과 협조 관계를 꾸준히 유지하려면 나은주 요구를 그대로 받아들일 수는 없지만, 그런 요구를 그냥 무시하기에는 왠지 찜찜하다. 이런저런 고민을 하다 보니 10분이 금세 지나갔다. 결론이 나지 않는 고민을 붙잡고 씨름하니 진이 빠졌다.

일단 자리를 옮기기로 했다. 학교 앞 식당으로 가서 점심을 먹고, 한가한 카페로 들어갔다. 녹음 파일을 활자로 변환한 뒤 미리 준비해 놓은 글에 붙여 넣었다. 녹음한 파일을 재생하며 문장을 수정했다. 그러고는 기사에 적합하도록 글을 다듬고 설명을 덧붙였다. 다 써넣고 문장을 다듬으며 고치고 또 고쳤지만 마음에 들지 않았다. 정우가 살인을 저질렀는지 여부를 확실하게 정하지 않으니 기사가 뒤죽박죽이었다.

나는 고심 끝에 주 형사에게 전화를 걸었다.

"인터뷰 끝났으면 녹음 파일부터 저에게 보내 주시죠."

"그게, 나은주 씨가 파일을 넘기지 말라고 부탁하고 갔어요."

"경찰에게 넘겼다는 정보가 나은주 귀에 들어갈 일은 없으니, 염려 마세요."

약속을 저버리는 것이 찜찜하지만 정보가 넘어가리란 걱정은 안 했다. 내가 굳이 이 말을 한 것은 주 형사에게서 더 많은 정보를 얻어 내기 위해서다.

"저도 인터뷰이와 쌓은 신뢰가 깨질 위험을 감수하는데 얻는 이득은 있어야죠."

"뭘 원하세요?"

"송연지 수사 자료를 더 주세요."

잠시 주 형사가 아무런 말도 하지 않았다. 고민을 하는 모양이다.

"좋습니다. 그 대신 보도에는 신중을 기해 주세요."

"그 점은 염려 마세요."

부담이던 나은주 요구가 뜻밖의 이득을 내게 안겼다.

"오늘 인터뷰에서 특별한 점은 없었나요?"

"약속 장소가 계단 옆이었어요."

"정한결이 사고를 당한 장소가 계단이니 나름 의미 있는 곳이네요."

"그리고 나은주는 정우가 한결이를 살해하지 않았는데 죄책감 때문에 유서에 그렇게 적었다고 생각한대요."

"나은주는 이정우 엄마이니 그렇게 믿고 싶겠지만, 이 경우에는 그럴 가능성이 희박합니다. 물론 수사로 그게 틀렸다고 증명할 수는 없죠. 정한결이 계단에서 굴러떨어지면서 사망하는 바람에 사고사로 처리해 버렸으니까. 더구나 사고가 난 지 8개월이 지났고, 한결이 가족은 유품을 정리한 뒤 멀리 이사까지 가 버렸으니……."

"만약에 사고사로 처리되지 않고 이규민과 같은 흔적이 발견되었다면, 경찰은 어떻게 처리했을까요? 마약에 의한 사고사 아니면 살해?"

"그건 가정이라 뭐라고 확정은 못 하겠지만, 자유분방한 성격과 활발한 외부 활동 성향을 고려하면 한결이가 마약에 접근하는 것이 부자연스럽게 보이지 않았겠죠."

"만약 정우가 한결이를 죽일 계획이었다면 충분히 가능한 각본이었다는 말이네요?"

"그렇다고 봐야겠죠."

이것이 내가 나은주에게 반박하려던 논리다. 경찰은 이미 이규민 사건을 마약사고사로 처리한 전례가 있다. 관계 기관이 공동으로 대규모 합동 단속을 벌이는 중이었다. 그 와중에 또다시 마약 때문에 청소년이 사망한 사건이 발생했다면, 경찰은 살인보다는 이규민처럼 마약사고사로 여기고 더 강한 마약 단속에 나섰을 것이다. 나은주 말대로 머리가 좋은 정우가 그것을 고려하지 않았을 리 없다.

또 하나의 반박 논리는 유서의 진실성이다. 사람은 유서에 자신이 마지막으로 세상에 남기고 싶은 말을 적는다. 과도한 표현이나 감정을 유서에 남길 수는 있지만 없는 사실을 거짓으로 꾸며서 유서에 남길 사람은 없을 것이다. 더구나 저지르지도 않는 살인을 저질렀다고 남기는 사람은……

"유서에 자신이 저지르지도 않은 범죄를 저질렀다고 남기는 경우는 없죠? 그건 정말 억지스러워요."

나는 뻔한 대답을 기대하고 물었는데, 주 형사는 정반대 대답을 내놓았다.

"그건 그렇지 않아요. 유서에 적었다고 다 진실은 아닙니다."

주 형사의 대답은 내 결론에 영향을 끼치지 않았다.

한결이는 이규민과 같은 수법으로 정우에게 살해당했다고 보아야 한다. 한결이는 그 계단을 수도 없이 오르내렸다. 겨울에도 여러 번 다녔다. 아무리 서둘렀다고 해도 그렇게 어이없게 넘어져서 죽을 리 없다. 한결이는 식후에 갑상선기능항진증 약을 먹었고, 계단 꼭대기에 이른 순간 카펜타닐이 약효를 발휘하면서 정신을 잃었다. 그래서 계단에서 넘어졌고, 잘린 통나무처럼 구르며 치명상을 입었다. 식사 시간, 약 먹은 시간, 약효가 발휘되는 시간을 계산하면 사고가 난 시간과 정확히 맞아떨어진다.

사건은 분명하다. 이제 내 관심은 살해 동기로 옮겨 갔다. 도대체 정우는 왜 한결이를 죽여야 했을까? 『죽은 시인의 사회』의 키팅은 한결이고, 닐이 정우다. 꿈이 좌절된 닐은 자살을 택했다. 그런데 정우는 자살하지 않고 키팅을 죽였다. 아이들 시험 대비 문제로 다툼이 벌어졌고, 그 때문에 앙심을 품고 죽였을까? 그 정도로 사람을 죽인다면 그것은 사이코패스다. 정우에게서 사이코패스 성향이 있었다는 증거는 없다. 나은주가 엿듣지 못한 틈새의 시간에서 어떤 사건이 벌어졌을까? 고심한 끝에 두 가지 선택지를 추려 냈다.

첫째는 배신감이다. 한결이는 끊임없이 정우에게 이상을 펼쳐 보였다. 그 이상은 아름다웠고 멋져 보였다. 현실의 굴레뿐 아니라 엄마라는 강력한 사슬에 갇혀 지내는 정우에게 그것은 더없이 황홀한 꿈이었다. 그래서 힘들게 엄마를 설득해서 지역아동센터로 봉사 활동까지 나갔다. 만약에 한결이가 앞으로는 이상을 말하지만 뒤로는 자기 잇속을 챙기는 모습을 정우가 알게 되었다면 어땠을까? 엄마와 갈등까지 빚는 위험을 감수한 정우로서는 엄청난 배신감이 들었을 것이다. 다른 사람이 보기에는 그냥 친구 관계를 끊는 정도로 끝날 배신감이지만 정우로서는 죽이고 싶을 만큼 분노할 배신감이다. 정우는 일이 틀어지면 엄마를 잃을 위험까지도 감수한 모험을 감행했기 때문이다. 닐은 배신감이 아니라 좌절감을 느껴 자살했다. 하지만 정우는 좌절감이 아니라 배신감을 느꼈다. 닐과 다른 선택을 했다. 합당한 추론이다.

둘째는 양자택일이다. 나은주는 정우에게 양자택일을 강요했다. 기말고사를 앞두고 또다시 아이들에게 시험 대비를 해 준다고 했을 때, 나은주는 발끈하며 한결이와 엄마 중에 선택하라고 강요했다. 과연 그 강요가 기말고사 시험 준비만 겨냥한 강요였을까? 혹시 한결이의 가치관과 엄마의 가치관을 두고 양자택일을 강요한 것은 아니었을까? 엄마를 잃을지도 모른다는 두려움에 여전히 짓눌려 지내는 정우로서는 어쩔 수 없이 끌리는 한결이란 존재가 겁이 났을 것이다. 한결이가 옆에 있으면 자꾸 엄마의 가치관과 요구에 저항하게 되고, 그러다 보면 엄마가 자기 눈앞에서 죽는 끔찍한 사태를 겪을지도 모른다. 그 두려움에서 벗어나려면 자기를 유혹하는 존재를 없애야 한다. 다이어트를 할 때 좋아하는 음식을 냉장고에 두고 식욕을 참기란 무척 힘들다. 나는 냉장고에 넣어 둔 음식을 버릴지 말지 깊이 고민하다 아까워서 버리지 못했다. 결국 다이어트는 실패로 끝났다. 다이어트에 성공하려면 유혹을 견디기보다 유혹의 원천을 없애야 한다. 아마 정우도 나와 같은 결론을 내린 것은 아닐까?

배신감일까, 양자택일일까? 둘 다 가능성은 있지만 동시에 작용했을 가능성은 없다. 배신감을 강하게 느꼈다면 정우에게 한결이는 더는 유혹의 원천이 되지 못한다. 한결이가 여전히 유혹의 원천이었다면 배신감을 느꼈을 리 없다. 둘 중 하나가 진실이라면 나머지 하나는 거짓이다. 무엇이 진실일까? 주 형사에게 내 고민을 털어놓고 상의하려다 그만두었다. 내 고민을 기사로 쓰면 논쟁이 벌어질 테고, 그러면 관심이 올라가며 조회 수와 댓글이 자연스럽게 늘어날 것이다. 기사는 그것이면 된다. 내 역할은 그것으로 충분하다.

나는 살해 동기 대신 다른 의문점은 주 형사에게 검증하기로 했다.

"제가 보기에, 이전까지는 막연히 엄마가 자신을 감시하지 않을까 하고 짐작만 하다 한결이를 만나면서 도청까지 당한다는 사실을 확실히 알아 버리지 않았나 싶어요. 금요일에 봉사를 갈 때면 학교에서 바로 센터로 갔답니다. 그러면 교복이나 생활복을 입고 가는 것이 자연스러운데 굳이 사복으로 갈아입었대요. 그게 아이들에게 부담을 주지 않는다는 이유를 대기는 했는데 그건 핑계고, 아무래도 도청 장치가 어디에 설치되었는지 알고서 그런 것 같아요. 더구나 센터에 가서는 가방을 일부러 사무실에 두는 바람에 나은주 씨가 센터에서 일어난 일을 거의 모르더라고요. 한결이와 정우가 나누는 대화도 초기에는 세세하게 묘사하는데 나중에는 아예 못 들었는지 상황 묘사를 못 했어요."

"음, 그럴 듯한 추론이네요. 안 그래도 지난번 인터뷰에서 도청 장치가 있다고 해서 바로 유품을 조사했는데, 도청 장치는 없었어요. 정우가 교복을 입고 가방을 맨 채 자살해서 유품이 경찰에 남아 있었거든요. 그렇다면 자살하기 전에 정우가 다 제거했다고 봐야죠."

"송연지 살인 사건을 인터뷰해 보면 정확히 알게 되겠네요."

도청에 대한 고민마저 해결되자 기사 방향성이 명확해졌다. 통화를 마치고 녹음 파일을 주 형사에게 보냈다. 기사도 방향성에 맞게 수정했다. 인터뷰에 덧붙이는 기사로 죽은 시인의 사회, 청소년 갑상선기능항진증, 청소년의 교육 현실 등을 분석하기로 했다. 일단 덧붙이는 기사는 간략한 개요만 작성하고, 기획서 형태로 만들었다. 편집국장에게 자료를 보내고 문자로 보고했다. 편집국장에게서 수고했다는 문자를 받고 노트북을 닫았다. 밍밍해진 커피를 마시며 짧게 찾아온 여유를 즐겼다. 이제 송연지 살인 사건과 자살에 얽힌 이야기만 들으면 끝이다. 나은주를 앞으로도 두 번이나 만나서 인터뷰하고 싶지 않았다. 다음 인터뷰에서 이 두 건을 한꺼번에 끝내야겠다고 마음을 굳히고 일어서려는데 편집국장에게서 전화가 왔다.

"나은주 의견이 맞다는 쪽으로 고쳐."

편집국장이 차갑게 지시했다.

"그건 엄마로서 그렇게 믿고 싶은……."

편집국장이 내 말을 끊었다.

"누가 몰라? 그냥 내 지시대로 해."

"아무래도 진실은……."

"최 기자. 정신 안 차려?"

편집국장이 날카로운 채찍을 날렸다.

"넌 형사가 아니야. 우리한테 중요한 게 뭔지 생각해. 핵심은 여론이야. 공원아동폭행사건 때는 잘하더니 왜 이래? 지난번 기사로 이정우에게 동정 여론이 조성되어 있어. 이런 상황에서 죄책감 때문에 자신이 죽였다는 유서를 남기고 자살한 친구! 비극의 영웅으로 꾸미기에 서사가 완벽하잖아."

예전 같았다면 나는 두말없이 편집국장이 요구한 바를 따랐을 것이다. 그러나 인터뷰를 하며 내린 확고한 내 결론을 편집국장 지시로 바꾸기는 싫었다. 그렇다고 편집국장에게 대놓고 맞설 자신은 없었다. 나는 두 가지 지점에서 타협하는 길을 택했다.

"그렇다면 두 가지를 다 실으면 어떨까요? 죄책감을 느낀 것과 살해한 것 사이에 논쟁이 벌어지도록……."

"논술 시험 문제라도 내고 싶어? 군중 재판이라도 하게? 잔말 말고 내가 하라는 대로 해."

편집국장은 더 크게 화를 냈다.

"이정우를 완벽한 비운의 주인공으로 만들어."

편집국장이 이렇게까지 지시하면 어쩔 수가 없다. 다른 방향으로 기사를 쓰면 또다시 고치라고 지시하는 데서 그치지 않고, 나에게 건넨 희망의 약속을 파기해 버릴지도 모른다.

"멋진 작품 하나 만들어 보자고."

"네. 제가 생각이 짧았습니다."

"그래, 뭐 아직 젊으니까 생각이 짧을 수 있어. 그래도 최 기자는 가르치면 배울 줄 알아서 좋아. 요즘 젊은 기자들은 선배 알기를 우습게 안다니까."

이런 말은 그냥 묵묵히 들어야만 한다.

"추가 기사 기획은 괜찮아. 그래서 내가 죽은 시인의 사회, 청소년 갑상선기능항진증, 청소년의 교육 현실 건은 이미 각 전문가를 섭외해서 다른 기자들에게 인터뷰하라고 시켰어. 죄책감에 따른 유서가 문제인데, 이건 둘로 나눠서 접근해. 하나는 전문가 의견을 싣고, 다른 하나는 유서에 거짓말을 남긴 사례를 담아. 전에 공원아동폭행사건 기사에서 그 교수 의견이 아주 좋았어. 최 기자가 그 교수를 다시 인터뷰해 봐. 당연히 그럴 수 있다는 내용이어야 해. 그리고 유서에 거짓말을 남기는 사례가 있는지 조사해. 인터뷰 기사 고치고, 서둘러."

전화를 끊고 자리에 털썩 주저앉았다. 머리가 멍하다. 오직 대중의 흥미를 끌기 위해 어렵게 찾아낸 진실을 덮어야 하는 내 처지가 초라하다. 그렇다고 내게는 편집국장이 내린 지시를 거부할 배짱이 없다. 커피 한 잔을 더 시키고 노트북을 폈다. 편집국장이 지시한 대로 고치려는데 손가락이 굳어서 안 움직였다.

손가락을 풀어서 다시 노트북에 얹었지만 내 지시를 따르지 않는다. 그대로는 기사를 쓸 수 없다. 공원아동폭행사건 때는 이렇게 양심에 찔리지 않았는데 지금은 왜 이러는지 모르겠다. 사명감 따위는 버린 지 오래인 내가 왜 이럴까? 나은주를 만나며 양심이 깨어났을까? 정우가 겪은 비극이 나를 뒤흔들었을까? 왜 그런지 모르겠지만, 나는 비겁한 복종을 정당화할 이유가 필요했다. 아니 핑계라도 좋았다. 내가 이 기사를 거짓으로 꾸며도 될 그럴 듯한 논리만 있다면 손가락은 내 명령을, 아니 편집국장이 내린 지시를 수행할 것이다.

'그래, 어쩌면 이 기사가 한결이 부모에게는 위로가 될지 몰라. 사고인 줄 알았던 아들이 살해당했다는 소식을 들으면 얼마나 놀라고 화가 나겠어. 사실은 친구가 죄책감 때문에 그런 유서를 남겼다고 하면 조금은 위로가 될 거야. 한결이가 정말 좋은 친구를 둔 거니까.'

억지로 찾아낸 논리다. 그럼에도 조금은 내게 위로가 되었다. 하나의 논리를 지어내니 또 다른 논리도 생각났다.

'정우가 카펜타닐로 한결이를 죽이려고 했을지라도, 그날 그 사건이 일어난 것이 카펜타닐 때문인지는 확실하지 않아. 정말로 한결이는 미끄러져서 사고를 당했을지도 몰라. 한결이는 그날 버스 시간에 늦었고, 버스를 타려고 서둘렀고, 길이 미끄러운 겨울이었으니까. 아무리 익숙한 계단이라고 해도 가능한 사고야. 원래 사람은 익숙한 데서 큰 사고를 겪는 법이니까. 그 약통은 한결이가 죽은 뒤 폐기되었으니 카펜타닐이 든 약을 먹었는지 안 먹었는지는 확인할 방법도 없어. 진실이 무엇인지는 아무도 몰라. 그렇다면 좋은 쪽으로 생각하는 게 나아.'

나름 괜찮은 논리다. 손가락에 걸린 얼음 주문이 풀렸다. 손을 꼭 쥐었다가 폈다. 편집국장이 내린 지시대로 기사를 고쳤다. 내용뿐 아니라 혹시라도 편집국장이 거슬려 할 만한 표현은 모조리 수정했다. 나은주 이미지도 바꾸었다. 악독하게 공부만 강요하는 엄마가 아니라 자식이 꿈꾸는 이상과 교육 현실 사이에서 고민하는 엄마로 꾸몄다. 차에서 도시락으로 급하게 저녁을 해결하는 자식을 보며 안타까워하는 연민도 그려 냈다.

기사에서 지독한 쓴맛이 났지만 꾹 참고 기사를 편집국장에게 보냈다. 조금 뒤 '역시, 최 기자!' 하며 칭찬하는 문자가 왔다. 인정을 받았지만 예전처럼 기쁘지 않았다. 진실을 외면하고 타락해 버린 내 자신이 서글펐다. 그러나 감상에 빠질 여유는 없었다. 나는 곧바로 편집국장의 다음 지시도 이행해야 했다.

지훈 씨가 소개해 준 교수에게 전화를 걸었다. 사건 개요를 간단하게 설명한 뒤 죄책감으로 자신이 하지도 않은 일을 했다고 할 수 있는지, 거기에 살인도 포함될 수 있는지 문의했다. 답변은 간단명료했다. 사람은 한 것을 하지 않았다고 거짓말을 하기도 하지만, 하지 않은 것을 했다는 거짓말도 많이 한다는 것이다. 대부분은 죽여 놓고 죽이지 않았다고 거짓말을 하지만, 어떤 이들은 죽이지 않았으면서 죽였다고 거짓말을 하기도 하며, 그 동기로 죄책감이 작용할 가능성은 얼마든지 있다고 했다. 인터뷰를 마치고 인터넷을 검색해 보니 드물기는 하지만 외국에는 그런 사례가 있었다. 죄책감으로 거짓 살인 고백은 얼마든지 가능했다.

다음으로 유서에 거짓말을 남긴 국내 사례가 있는지 확인해야 했다. 주 형사는 유서가 다 진실은 아니라고 했다. 그때는 그냥 넘겼는데 생각해 보니 자신의 경험 같았다. 주 형사에게 전화를 걸었다.

"아까 대화를 나누던 중에 유서가 다 진실은 아니라고 하셨잖아요? 혹시 그렇게 말한 근거가 있으세요?"

"직접 겪었으니까요."

역시 내 예상이 맞았다.

"5년 전인데, 유서에 특정인의 범죄 사실이 적혀 있었어요. 죽은 사람이 남긴 유서이니 당연히 진실일 거라고 믿고 집요하게 조사했는데, 알고 보니 그게 꾸며 낸 거짓이었죠. 유서를 철썩 같이 믿고 수사했다가 엉뚱한 사람을 감옥에 보낼 뻔 했으니, 다시 생각해도 섬뜩해요."

더 자세히 알아볼 필요는 없다. 기사를 쓰는 데 그 정도 경험담이면 충분하다.

나는 편집국장이 지시한 기사를 재빠르게 작성했다. 써 놓고 보니 그럴 듯했다. 심리전문가 의견과 일선 형사가 겪은 경험담은 인터뷰 기사의 신뢰성을 뒷받침했다. 물론 가만히 따져 보면 타당하지 않았다. 죄책감으로 거짓 유서를 남길 가능성이 있다 해도, 그것이 정우가 거기에 해당한다는 근거는 되지 못하기 때문이다. 제대로 쓰려면 정우의 심리 부검[2]을 통해 그럴 가능성이 얼마나 되는지 확인해야 한다. 그렇지만 그것은 편집국장이 바라는 바가 아니고, 정우의 심리 부검을 하는 것도 불가능하다. 다시 머리가 어지러웠다. 머리를 흔들어 잡념을 털어 내고, 편집국장에게 그냥 기사를 보냈다.

조금 뒤 편집국장에게서 다시 칭찬하는 문자가 왔다. 내 타락을 확실하게 증명하는 낙인이다. 그 낙인 속에서 앞날이 보인다. 법조팀에 들어가서 펼칠 내 인생이 예상된다. 법조 기사는 편집국장이

---

2 심리 부검: 자살 유족의 진술과 기록을 통해 자살 사망자의 심리 행동 양상 및 변화를 확인하여 자살 원인을 추정·검증하는 체계적인 조사 방법(출처: 보건복지부).

직접 관리한다. 그곳에 나라는 존재가 들어설 여지는 아예 없다. 나는 과연 그런 생활을 견딜 수 있을까? 어쩌면 법조 팀에 들어가서 내가 그렇게 혐오하는 팀장처럼 될지도 모른다. 아니 그렇게 될 것이다. 거기에서는 그런 사람만 살아남고, 그런 사람만 편집국장의 수족이 되니까. 찬란한 미래라고 믿었던 편집국장의 약속은 그 어떤 것보다 무서운 사슬이다. 클릭 수를 노리며 별 의미 없는 기사를 쓰는 기자이지만, 그래도 마지막 양심은 지키며 산다고 믿었다. 그 양심마저 내려놓아야 하는 삶이 내 미래라니, 모든 것이 암담하다.

'그래 잠깐만 그렇게 살면 돼. 그러다 경력과 인맥이 쌓이면 그만두고 괜찮은 회사에 들어가자. 원래 계획이 그거잖아. 그럼 돼. 그러면 되는 거야.'

무너지는 나를 간신히 붙잡았다. 택시를 불러서 갈까 하다 눈총을 받을 것 같아서 대중교통을 이용하기로 했다. 집에 도착했을 때는 몸도 마음도 파김치였다. 지훈 씨가 보고 싶었다. 지훈 씨와 '청남수제맥주'에서 밤새 술을 마시며 이야기를 나누고 싶었다. 지훈 씨 삶 속으로 들어가고 싶었다. 한 침대에 누워 하루의 피곤함을 털어놓고 공감하며 사랑을 나누고 싶었다. 그 날따라 지훈 씨가 지독하게 그리웠다.

수요일 새벽, 뿌연 실눈으로 시간을 확인하려고 휴대폰을 켰다. 잠든 사이에 온 문자가 꽤 많았다. 일일이 확인하기 귀찮아서 그냥 휴대폰을 옆으로 치워 버리려다 문자 하나에 정신이 번쩍 들었다. 지훈 씨다. 침대에서 몸을 일으켰다. 눈을 꾹 감았다가 뜨면서 문자를 읽었다.

> 💬 취재, 내일 가능할까요?

내가 잠든 직후에 온 문자다. 밤에 조금만 버텼으면 지훈 씨와 문자를 나눌 수 있었다. 나는 어젯밤의 절망을 잊고 지훈 씨를 만날 생각에 들떴다. 재빨리 씻고 옷을 고르고 화장을 했다. 상큼하면서도 튀지 않는 이미지를 꾸미려고 애썼다. 언제든 나갈 준비를 마치고 7시가 되자마자 문자를 보냈다.

> 💬 어제 피곤해서 잠드는 바람에 방금 문자를 확인했어요.
> 💬 오늘, 취재 가능해요.
> 💬 제 답이 너무 늦었나요?
> 💬 아니, 너무 이른 시간인가……

당황해서 문자를 엉망진창으로 보냈다. 이 정도 문장밖에 못 쓰는 내가 한심했다.

> 💬 오늘, 가능해요.
> 💬 출근길부터 동행하며 취재하고 싶은데, 가능할까요?

좋다는 답이 바로 왔다. 좋아서 발을 동동 구르고 싶었다. 지훈 씨는 곧바로 주소를 보내 주었다. 택시를 타고 지훈 씨를 향해 출발했다. 편집국장에게는 30대 남성 직장인의 일상을 오늘 취재한다고 문자로 보고 했다. 편집국장이 내 계획을 승인하면서 기사 링크를 보내주었다. 내가 쓴 인터뷰 기사다. 기사도 댓글도 읽지 않았다. 지훈 씨를 만나는 설렘을 망치고 싶지 않았다.

택시에서 내리자마자 문자를 보냈다. 지훈 씨가 바로 나왔다. 담백하게 옷을 입은 지훈 씨에게서 다가오는 가을 향기가 났다. 가볍게 인사를 나누고 취재에 응해 주어서 고맙다고 말했다.

"딱히 취재 거리가 없을 텐데……."

"그냥 편하게 평소처럼 생활하면 돼요."

"그렇다면 다행이네요."

안심하는 표정이 귀여웠다.

"평소에는 회사까지 걸어서 출근하는데 혹시 불편하시면 택시를 탈까요?"

"아뇨. 괜찮아요. 저 걷는 거 좋아해요."

택시보다는 당연히 걷는 것이 좋았다. 같이 걸으면서 데이트, 아니 취재를 할 수 있으니까. 나는 회사까지 걸어가는 내내 그동안 생긴 궁금증을 담아 다양한 질문을 건넸고, 지훈 씨는 성실히 답했다. 물론 지훈 씨에게 허락받고 대화는 휴대폰으로 모두 녹음했다. 지훈 씨가 회사에 도착해서 업무를 준비하는 과정도 계속 함께했다. 지훈 씨가 회의에 들어간 뒤에야 인터뷰 기사의 반응을 확인했다.

반응은 편집국장이 예상한 대로다. 댓글에서 정우는 비극의 희생자이자 슬픈 우정의 표상으로, 동정과 추앙의 대상으로 평가받고 있었다. 또다시 라디오 시사프로그램에서 출연해 달라는 연락이 왔다.

나는 신문사 지침상 인터뷰 기사가 다 나간 뒤에 출연하겠다며 거절했다.

지훈 씨가 들어간 회의는 10시가 되어 끝났다. 회의가 끝나고 나오는 지훈 씨를 붙들고 회의 관련 대화를 나누었다. 그러고는 지훈 씨가 일하는 옆에 앉아서 지훈 씨를 지켜보기도 하고, 중간에 질문을 건네기도 했다. 점심 식사는 지훈 씨 팀원들과 함께했다. 나는 팀원들을 통해 지훈 씨에 대한 다양한 정보를 알아냈다. 지훈 씨 본인에게서는 알 수 없는 소중한 정보다. 오후에는 외근을 나가는 지훈 씨를 따라갔다. 카페에 들러서 가벼운 휴식도 즐겼다. 데이트하는 기분이었다.

회사로 돌아온 지훈 씨는 또 회의에 들어갔다. 다시 기사에 대한 여론의 반응을 확인했다. 전문가 인터뷰와 해설 기사가 일정한 간격으로 나가면서 여론은 편집국장이 의도한 대로 정확히 흘러가고 있었다. 지난번 인터뷰 조회 수에는 미치지 못했지만 반응은 여전히 뜨겁다. 세 번째 사건과 관련한 인터뷰를 빨리 올려 달라는 요청도 많다. 나는 나은주 전화번호로 연락했다. 그러나 이번에도 없는 번호라고 나왔다. 그새 또 전화번호를 바꾼 것이다.

회의를 마친 지훈 씨가 사무실로 돌아왔다. 일을 마무리하고 퇴근 준비를 하는 지훈 씨를 줄곧 지켜보았다. 업무를 마무리한 지훈 씨는 아침과 마찬가지로 집까지 걸어갔다. 늦여름의 선선함이 걸음걸이를 가볍게 해 주었다.

"퇴근 후에는 어떻게 시간을 보내요?"

"친구, 동료와 술 약속이 없으면 그냥 집에서 쉬는 편이에요. 맛있는 거 먹으면서 좋아하는 영화를 주로 봐요. 그때가 가장 마음이 편합니다."

"그걸 지켜봐도 될까요?"

"그건……."

"기획 의도가 생활 밀착형 취재라서요. 부탁해요."

지훈 씨는 손으로 얼굴을 쓸면서 고민하더니 마지못해 승낙했다.

익숙한 공동현관을 지나서 엘리베이터에 탔다. 4층까지 늘 걸어서 올라오던 나였기에 약간 어색했다. 복도를 지나 지훈 씨 옆에 섰다. 나는 항상 이 앞에서 더 발을 내딛지 못했는데, 드디어 그 금지선을 넘는다. 지훈 씨가 비밀번호를 눌렀다. 손놀림을 힐끗 확인했다. 문이 열리고 설레는 공기가 안에서 밖으로 흘렀다. 후덥지근한 공기를 식히려고 지훈 씨는 곧바로 에어컨을 틀었다.

"영양제를 많이 먹나 봐요?"

식탁 위에 가지런히 놓인 영양제가 눈에 띄었다.

"말씀드렸듯이 한번 프로젝트에 들어가면 체력 소모가 심하거든요. 운동할 짬을 내기가 쉽지 않은 여건이라 영양제를 꼬박꼬박 챙겨 먹어요."

"영양제 좀 알려 줄래요? 전 이런 거 안 먹어 봐서."

지훈 씨는 영양제를 하나씩 짚어 가며 어떤 효과가 있는지, 하루에 얼마씩 복용하는지 친절하게 설명했다.

"저도 생활이 불규칙한 편이라 요즘 몸이 안 좋은데……."

"몸이 나빠지기 전에 챙겨 드세요."

나는 영양제를 사진에 담았다.

"영양제를 잘 아는 것 같으니 나중에라도 조언 좀 부탁할게요."

그렇게 다시 연락할 고리를 만들었다.

그 방에 함께 머물며 지훈 씨가 좋아하는 영화 취향, 즐겨 먹는 요리까지 많은 부분을 알아냈다. 그러고도 더 많은 것을 알고 싶었다. 지훈 씨를 속속들이 파악하고 싶었다.

날이 점점 어두워졌다. 나는 맥주라도 한 잔 하면서 분위기를 바꾸고 싶었지만 지훈 씨가 불편해 하는 기색이 점점 짙어져서 생각을 고쳐먹었다. 첫날부터 과하게 밀어붙이면 좋을 것이 없다. 나는 취재에 응해 준 것에 감사를 전하며 일어섰다.

"기사 거리가 될 만 한지 모르겠네요."

"엄청 많아요. 그리고 이번 주말에 취재 부탁해도 될까요? 평일뿐 아니라 쉬는 날에는 어떻게 보내는지도 취재해야 하거든요."

지훈 씨가 곤혹스러운 표정을 지었다.

"꼭 이번 주가 아니어도 돼요."

"그럼…… 일정 봐서."

지훈 씨가 나오겠다는 것을 말리고 현관문을 닫았다. 문 앞에 서서 잠시 기쁨을 만끽했다. 하루를 온전하게 지훈 씨와 보냈다. 내 생애 가장 기쁜 하루로 기억할 만한 날이다. 현관문 도어록에 눈이 갔다. 지훈 씨 손이 움직이던 경로를 떠올렸다. 술에 취해 돌아온 날과 오늘 모두 같은 움직임이다. 도어록을 열고 확인해 보고 싶었지만 그럴 수는 없었다. 나는 휴대폰을 열고 움직임을 그대로 재생했다. 손의 움직임은 단순했다. 그대로 따라 하니 1379가 나왔다. 그 비밀번호를 지훈 씨 연락처에 저장했다. 버스를 타고 집으로 가는 길이 오랜만에 가벼웠다.

편의점에 들러 맥주를 샀다. 집으로 걸어가는데 뒤통수가 따가웠다. 묘한 불쾌감이다. 그러고 보니 이 느낌, 꽤 오랫동안 따라다닌 것 같다. 모른 척하다가 휙 뒤돌아보았다. 어떤 여자가 재빨리 몸을 틀었다. 얼굴은 못 보았지만 그 사람이 누구인지 대번에 알아차렸다. 임채윤, 공원아동폭행사건에서 구속된 문정국의 여자 친구다. 전에도 내 앞에 나타나서 협박하더니 이번에는 나를 미행했다. 아무래도 그대로 두면 더 위험한 짓을 저지를 여자 같았다. 저런 여자는 증거를 잡아서 경찰에 신고해야 한다. 내가 휴대폰으로 촬영하려고 하자 임채윤은 골목으로 숨어 버렸다.

집에 들어가 씻고 맥주를 마시는데 편집국장에게서 또 문자가 왔다. 다음 인터뷰 일정을 보고하라는 지시다. 나은주에게 연락했지만 없는 번호란 신호만 돌아왔다. 답답함이 점점 초조함으로 바뀌려던 때에 낯선 번호로 연락이 왔다.

"나은주예요."

초조함을 밀어내는 반가운 목소리다.

"또다시 번호가 바뀌었네요."

나는 애써 차분하게 대꾸했다.

"시아 씨, 난 시아 씨를 신뢰하고 싶어."

"저도 은주님을 신뢰해요. 그래서 은주님이 말한 대로 기사를 썼고."

"그래요? 데스크에서 그러라고 한 게 아니고?"

뜨끔했지만 그것을 인정할 수는 없었다.

"전 인터뷰를 충실히 반영했어요."

"좋은 기사야. 한결이 부모에게도······."

"저도 동의해요. 그럼 약속은······."

나는 빨리 약속을 잡고 싶었다. 불안에서 벗어나 미래를 확실히 해 두고 싶었다. 이번에는 마지막까지 다 인터뷰를 진행해서 완전히 마무리하고 싶었다.

"내가 부탁했지. 시아 씨도 약속했고."

"뭘요?"

"녹음 파일을 경찰에 넘기지 말라고."

"전 안 넘겼어요."

"거짓말."

가슴이 두근거렸다. 나은주 목소리가 확신에 차 있었기 때문이다.

"경찰의 협조를 얻으려면 어쩔 수 없었다는 점은 이해해. 그러면 나한테 지키지 못할 약속은 하지 말았어야지. 안 그래?"

그 순간, 뻔한 거짓말을 늘어놓다 들켜서 엄마에게 야단맞는 어린 아이가 된 것 같았다. 어린 시절 경험에 따르면 첫 거짓말이 문제가 아니라 뒤따르는 변명이 문제가 된다. 되지도 않는 변명을 늘어놓으면 그 때문에 엄마는 더 화가 난다. 엄마는 아이에게 관대하다. 솔직하게 자기 죄를 인정하기만 하면······.

"죄송해요."

마치 엄마의 자비를 그 자리에서 구하는 아이처럼 고개마저 살짝 숙였다.

"잘못을 인정했으니까 이번에는 넘어갈게."

나는 용서를 받고 가슴을 쓸어내리는 어린아이고, 나은주는 아이 잘못까지 포용하는 자상한 엄마다.

"주말보다는 평일에 기사가 나가는 게 낫겠지?"

나은주가 상냥하게 물었다.

나은주는 마치 여동생에게 말하듯이 자연스럽게 말을 놓았다. 원래부터 그랬던 것처럼 나도 그 말투를 자연스럽게 받아들이고 있었다.

"네. 아무래도…… 그렇죠."

나는 다소곳이 대답했다.

"다음 주 월요일에 나가면 너무 늦고, 금요일에 나가는 게 더 낫다면 내일 인터뷰해."

"시간과 장소는요?"

"그건 아침에 알려 줄게."

고비를 넘겼다. 나는 마음을 다잡았다. 이제 한 번이면 된다. 이 껄끄러운 관계도 내일이면 끝이다.

나는 맥주를 치우고 자료를 살폈다. 주 형사와 편집국장에게 내일 인터뷰를 한다고 알렸다. 주 형사가 예전에 보내온 자료를 통해 사건 개요를 정리하고, 나중에 보내 준 자료를 세밀하게 살펴보다 그대로 얼음이 되었다.

"이 사진은…… 바로 거기잖아!"

이규민과 관련한 인터뷰를 하고 마지막으로 걸어갔던 곳, 나은주가 모든 불행의 씨앗이 뿌려졌다고 한 곳, 바로 그곳이 송연지가 살해된 장소다.

그 장소는 나은주가 말한 대로 사람이 잘 찾지 않는 곳이었다. 아파트 단지 옆에 큰 공원이 있기에 그쪽은 사람들 왕래가 거의 없다. 더구나 묘하게 쑥 들어가서 지나가는 사람 눈에는 안쪽이 잘 보이지 않는다. 그 때문인지 몰라도 연지 시신은 죽은 지 2주일이 지나고 심하게 부패된 채 수풀 속에서 발견되었다. 지저분한 천막 조각과 부러진 나무판자가 많았는데, 그것으로 시신을 가려 놓았다. 시신의 윗도리는 그대로였으나 치마는 찢어지고 속옷은 발목까지 내려와 있었다. 하체에는 성폭행을 시도한 흔적이 발견되었고, 상체는 부패가 심해서 어떤 공격을 받았는지 밝히기 어려웠다. 그러나 두개골에는 돌멩이와 같은 강한 물체에 손상을 입은 흔적이 남아 있었다.

딱 한 번 충격이 가해졌는데 그것이 치명상이 되었다. 연지가 심하게 저항하자 범인이 흥분하여 머리를 돌로 쳐서 죽였다는 것이 경찰이 내린 결론이다. 잠정 결론이기는 했지만 증거를 종합했을 때 다른 결론은 내리기 어려웠다. 시신에서 범인으로 의심되는 DNA는 발견되지 않았다. 주변을 철저하게 수색해서 범행에 사용했을 법한 돌을 찾아 검사를 진행했지만, 사건 다음 날 내린 폭우에 씻겨 나간 탓에 DNA는 검출되지 않았다.

사건이 발생한 날, 연지는 5시에 학원에 도착했다. 6시까지 자기 주도 학습, 즉 자습 시간이었는데 아무에게도 말하지 않고 밖으로 나갔다. 짐은 모두 그대로 두고 나갔는데, 청소년이면 절대 몸에서 떼어 놓지 않을 휴대폰조차 학원에 놓고 나갔다. 당연히 사체 옆에서 개인 소지품은 발견되지 않았다. CCTV에 건물을 나가는 모습이 5시 5분에 찍혔다. 다른 CCTV에는 모습이 일절 찍히지 않았다. 그 뒤에 연지의 생존 흔적은 발견되지 않았다. 휴대폰을 뒤졌으나 의심이 갈 만한 정황이나 인물은 없었다. SNS도 마찬가지였다. 그날은 미세먼지가 무척 심해서 거리에 행인이 거의 없었기에 연지를 거리에서 목격한 사람도 나타나지 않았다. 실종된 연지를 찾는다는 안전 안내 문자도 발송했지만 제대로 된 제보는 들어오지 않았다.

시신이 발견되자 경찰은 수사를 벌였고 현장에 놓인 벌통에 주목했다. 사건 현장에서 발견된 찢어진 천막과 나무 조각도 모두 벌통과 관련된 물품이었다. 사람이 찾지 않는 그곳에 놓인 벌통을 관리하는 사람이 윤 씨였다. 벌통에서 머리카락을 발견했는데 윤 씨의 DNA가 검출되었다. 윤 씨는 사건이 벌어진 당일 알리바이가 불분명했으며, 성범죄 전과도 있었다. 그 전에는 아무리 길어도 열흘에 한 번꼴로 들렀던 윤 씨이나 연지가 사망한 그날 이후로는 그곳을 일절 찾지 않았다. 거짓말탐지기 조사도 받았는데 답변이 거짓으로 판정이 났다. 모든 정황 증거가 윤 씨를 가리켰지만 직접 증거가 없었다. 경찰은 윤 씨를 중요 용의자로 놓고 수사력을 집중했다. 그 와중에 윤 씨가 길 가는 여고생을 성폭행하려다 미행 중이던 경찰에게 현장에서 붙잡히는 사건이 발생했다. 경찰은 일단 그 건으로 윤 씨를 구속한 뒤 살인에 대한 추가 수사를 벌였다. 직접 증거도 없고 자백도 받아내지 못했지만 기소 의견으로 검찰에 넘겼다. 검찰은 정황 증거뿐이기에 고심하다가 결국은 기소를 결정했다.

기소까지 했는데 정우가 자살하면서 남긴 유서로 경찰서가 뒤집어졌다. 주 형사와 대화하며 경찰이 이규민과 정한결 사건에는 큰 관심이 없다는 사실을 알았다. 수사는 하지만 다시 조사한다고 해서 진상을 밝혀낼 방법이 없기 때문이다. 그러나 송연지 사건은 다르다. 범인을 검거해서 기소까지 했기에 가능한 빨리 유서의 진위 여부를 밝혀야 한다. 경찰이 나와 거래하면서까지 인터뷰를 시도해 보라고 요구한 이유도 거기에 있다.

유서에는 자신이 살해했다는 고백과 함께 정한결과 이규민을 살해한 방법이 세세하게 묘사되어 있었지만, 연지를 죽인 방법은 일절 언급 없이 그저 자신이 죽였다는 자백만 있었다. 경찰은 뒤늦게 정우의 그날 동선을 수사했다. 그날은 수요일이었는데 초고농도 미세먼지주의보가 날 만큼 미세먼지가 극심했다. 정우는 4시에 하교했다. 원래는 7시에 영어 학원에 가는 날이라 4시부터 7시까지는 특별한 일정이 없었다. 그런데 갑자기 수학 선생이 정우에게 교습소로 오라고 불렀다. 수학 선생은 정우를 중학생부터 가르쳤는데, 정우에게 모자란 점이 있다고 판단되면 불러서 보충 수업을 해 주는 경우가 종종 있었다. 교습소에서 보충 수업을 받은 정우가 교습소 밖에 설치된 CCTV에 찍힌 시간은 6시 25분이다. 거기에서 사라진 정우는 6시 55분에 영어 학원 건물 입구에 설치된 CCTV에 찍혔다. 복장은 동일했고 특이한 점은 없었다. 교습소에서 학원까지 잰걸음으로 가면 약 10분쯤 걸린다. 사건 현장은 교습소에서 영어 학원으로 가는 길에서 약간 벗어나 있었는데, 그곳에 들러서 영어 학원에 가려면 15분쯤 걸린다.

따라서 정우가 범인이라면 오후 6시 35분에서 6시 50분 사이에 범행을 저질렀을 것이다. 15분 만에 성폭행을 시도하고 돌로 쳐서 죽인 뒤 은폐까지 하는 것이 가능할까? 그리고 아무렇지 않게 학원에 가서 수업을 들을 수 있을까? 더구나 현장은 우발적인 살해처럼 보였다. 계획 살인이 아니라면 정우는 그곳에 우연히 들렀다는 말인데, 거기는 왜 갔을까? 경찰이 정우 집을 수색했지만 정우가 그날 입었던 옷과 신발은 집에 남아 있지 않았다. 연지와 관련한 그 어떤 흔적도 발견되지 않았다. 그날 정우를 가르친 학원 선생님도 별다른 점을 확인하지 못했다고 증언했다.

연지가 다니는 학원에서 사건 장소까지는 걸어서 20분 정도 걸린다. 만약에 송연지가 곧바로 그 장소에 갔다면 5시 30분 전에는 도착했을 것이다. 정우가 범인이라면 송연지가 6시 35분까지 그 장소에 있었다는 말인데 연지는 거기서 뭘 하고 있었을까? 휴대폰도 없이 혼자서 한 시간이 넘게, 미세먼지가 심해서 사람들이 외출을 삼가는 때에 고3 여학생이 나무와 풀밖에 없는 공간에서 혼자 머물렀다는 것은 언뜻 납득이 안 된다.

경찰 조사에 따르면 연지와 정우는 다른 고등학교를 다니며 초등학교와 중학교도 달랐다. 3월에 잠깐 같은 과학 학원에 다녔는데 실력 차이가 워낙 커서 둘은 같은 반에서 수업을 듣지 않았다. 어쩌다 마주칠 가능성이 없지는 않았지만, 학원에서 둘이 이야기를 나누거나 만나는 장면을 목격한 사람은 아무도 없었다. 연지는 잠시 학원을 다니다 그만두었다. 그 뒤로 연지와 정우가 우연이라도 만나는 모습을 목격한 사람은 아무도 없었다.

송연지 살인 사건의 의문점을 정리한 뒤에는 정우의 자살과 관련한 자료를 살폈다. 정우가 자살한 곳은 놀랍게도 경찰서 종합민원실 옆에 위치한 화장실이다. 교복을 입고 가방을 맨 채 들어온 정우는 화장실에서 양쪽 손목을 그었다. 오른쪽 손목은 동맥이 반쯤 잘렸고, 왼쪽 손목은 동맥이 완전히 잘렸다. 민원인이 화장실에 들렀다가 화장실 칸막이 밖으로 흐르는 피를 보고 신고했다. 정우를 발견한 경찰은 곧바로 병원으로 옮겼으나 이송 중에 사망했다.

손목을 그은 것은 엄마에게 보여 주려는 의도로 보였다. 정우는 엄마가 자기 앞에서 했던 행위를 그대로 따라 했다. 엄마를 향한 원망이 서린 자살 방식이다. 아무리 날카로운 칼이라 해도 스스로 동맥을 완전히 절단할 정도로 깊이 자를 수 있다는 것이 믿기지 않았다. 자살하려는 사람도 마지막 순간에는 움찔하는 본능이 작동하기 마련이다. 손목을 긋는 행위는 실패할 확률이 높다. 조금도 주저하지 않고 그렇게 깊숙이 손목의 동맥을 자르다니, 상상만 해도 으스스하다.

무엇보다 이해할 수 없는 점이 자살 장소다. 왜 하필 경찰서였을까? 자살을 시도하기에 가장 어려운 장소가 경찰서다. 만약에 자살에 실패하면 품에 지닌 유서가 곧바로 경찰에 넘어간다. 정우는 그만큼 확실하게 죽을 각오를 했을까? 아니면 자살에 실패해서 경찰에 자기 범행이 드러나길 원했을까? 그렇게라도 자신의 살인 행각을 멈출 수 있길 바랐을까?

자료를 다 정리하고 나니 새벽 3시였다. 알람을 맞추고, 걱정과 기대를 절반씩 품고서 잠자리에 들었다. 잠에서 깨니 오전 6시 55분이었다. 알람이 곧 울릴 시간이지만 알람 때문에 일어난 것은 아니다. 밖에 누가 찾아왔는지 벨 소리가 시끄럽게 울렸다. 그 시간에 찾아올 사람이 떠오르지 않았다. 인터폰 화면에 사람이 비치지 않았다. 나는 마이크에 대고 물었다.

"누구세요?"

답이 없었다.

"누구신데 아침부터……."

내 말을 끊으며 들리는 목소리에 몽롱하던 정신이 번개를 맞으며 깨어났다.

"나은주예요."

"네? 누구시라고요?"

"시아 씨, 나, 나은주라고."

"이 시간에 어쩐 일로?"

"어제 말했잖아. 아침에 인터뷰 시간 알려 준다고."

"그건 그렇지만……."

"계속 밖에 세워 둘 거야?"

어쩔 수 없이 문을 열었다.

안으로 들어온 나은주는 원룸을 쓱 둘러보더니 종이 가방을 식탁에 올려놓았다. 어떻게 대해야 할지 갈피를 잡지 못했다. 일단 밤새 작업하느라 바닥에 널려 있는 자료들부터 치웠다.

"죄송해요. 집이 지저분해서. 시원한 물이라도 한 잔 드릴까요?"

"그럼 좋지."

컵에 냉수를 따라 건네자 나은주는 목이 마른지 단번에 쭉 마셨다.

"여기서 인터뷰하려고 왔어."

"제 집에서는……."

"지난번에 시아 씨가 멀리 힘들게 왔잖아. 이번에는 편하게 배려하려고 내가 왔어."

 나은주는 계속해서 반말을 썼다. 어젯밤부터 쓴 말투이지만 오래전부터 그랬던 것처럼 나은주는 익숙하게 사용했다. 말투도, 예고 없는 방문도 거슬렸지만 겉으로 드러내지 않았다. 어쨌든 나은주가 직접 찾아온 마당에 이것은 무례한 행동이니 인터뷰를 나중으로 미루자고 말할 수는 없었다. 어쩌면 인터뷰를 완전히 마무리하기에는 카페보다 집이 적합할지도 모른다면서 상황을 합리화했다.

 "아침은 아직 안 먹었지?"

 "네, 벨 소리 듣고 방금 깨서……."

 "시아 씨와 같이 먹으려고 도시락이랑 샐러드 사 왔어. 같이 먹어도 괜찮지?"

 도시락을 먹는 내내 어색했다. 도시락을 다 비우지 못하고 둘 다 젓가락을 내려놓았다. 식탁을 정리하고 간단하게 씻은 뒤 식탁에 다시 마주 앉았다. 녹음 앱을 켜기 전에 편집국장에게 인터뷰에 들어간다는 문자를 보냈다.

 "오늘은 정우가 자살한 것까지 다 끝내면 좋겠어요."

 "그렇게 될 거야. 나도 아는 게 거의 없어서."

 나은주는 핸드백을 열어서 담배 케이스를 꺼내려다 멈추었다.

 "여기에서 담배 피우면 안 되나?"

 "네, 건물 전체가 금연이라……."

 나은주는 담배 케이스를 다시 핸드백에 집어넣었다. 나는 자세를 고쳐 앉고 첫 질문을 던졌다.

 "정우가 연지를 왜 죽였는지 아세요?"

* * * * *

그날 받은 충격이 아직도 생생하다. 요즘 아이들이 당돌하다지만 그렇게까지 할 줄은 상상도 못 했다. 과학 학원에서 정우는 선생님이 수업을 끝내고 내 준 문제를 혼자 풀고 있었다. 나는 그 순간을 참 좋아했다. 침묵 속에서 일정한 호흡과 필기구 움직임을 상상하면 마음이 편안하다. 침묵의 여유를 잔잔하게 즐기는데, 살구 향처럼 짙고 끈적끈적한 음성이 불청객이 되어 고요를 깨뜨렸다.

"여기에서 혼자 공부해?"

가까운 데서 갑자기 들리는 여자아이 목소리.

"어…… 머…… 그…….”

당황했는지 뭐라고 제대로 말을 잇지 못하는 정우.

"넌, 공부가 재밌어?"

낯선 숨소리와 간드러진 호흡에 흔들리는 도청기.

"그냥…… 어…… 재밌……어."

정우가 간신히 문장을 만들어 냈다.

"난, 재미없던데. 그런 건 그만하고…….”

옷이 부스럭거리더니 의자가 뒤로 끌렸다. 여자아이가 바짝 다가오자 정우가 의자를 뒤로 밀며 물러나는 것 같았다.

"혹시, 나랑 나쁜 짓 안 해 볼래?"

가슴이 무너져 내렸다. 천둥처럼 두근거렸다.

정우에게 여자 친구가 생기면 어떻게 할까 고민한 적은 있지만 이런 식으로 대놓고 여자아이가 다가오는 경우는 상상해 본 적이 없다.

귀가 먹먹하더니 환청처럼 잡음이 들렸다. 잠시 이어폰을 뺐다. 심호흡을 했다. 가쁘게 차오르던 호흡이 조금씩 가라앉았다. 다시 이어폰을 꼈다.

"어유, 입술도 귀엽고 달콤해. 히히, 나중에 또 해."

입술, 귀엽고, 달콤해, 나중에, 또 해……. 이건 그 여자아이가 정우에게 입을 맞추었을 때나 가능한 단어들이다. 공부하는 남자아이한테 다짜고짜 다가와 입을 맞추고 가는 여자아이라니…….

그 상황은 그렇게 끝났다. 잠시 흐트러진 정우는 다시 침묵의 집중 상태로 들어갔다. 그러나 나는 여유로운 상태로 돌아가지 못했다. 처음에는 당황했고, 점점 걱정되더니 마지막에는 화가 났다. 수많은 상념이 낡은 컴퓨터의 잡음처럼 어지럽게 날뛰었다.

제정신을 차린 그날 이후, 정우는 공부에 관한 한 옆길로 샌 적이 없다. 이규민과 정한결 때문에 살짝 흔들렸지만 큰 흐름은 꺾이지 않고 유지되었다. 옆으로 눈도 돌리지 않고 목표를 향해 차근차근 달려왔다. 폭력의 위협과 자유의 유혹은 견딜 만하다. 그러나 성욕은 다른 문제다. 정우는 파릇파릇한 청소년이다. 공부하느라 모든 욕망을 절제하며 지낸다. 입시에 성공하는 그 순간을 위해 모든 것을 미루었다. 정우라고 성욕이 없을 리 없다. 10대 후반의 청소년이면 자연스러운 욕구다. 그 강렬한 유혹에 흔들리지 않는다고 확신하기 어렵다. 올해 말까지만 버티면 그토록 바라던 정상에 오르는데, 못된 여자아이 하나 때문에 정우 인생을 망칠 수는 없었다. 관계가 깊어지기 전에, 정우의 욕망이 끓어오르기 전에 차단하기로 결심했다. 그러려면 먼저 그 여자아이가 누구인지, 정우를 흔들 만큼 위험한지 판단해야 했다.

　그날 밤 학원에서 돌아온 정우에게 여느 날처럼 특이한 일은 없었는지 물었다. 그 전까지는 대부분 솔직하게 말하던 정우였지만 그날은 주저하더니 없었다고 하고는 자기 방으로 들어갔다. 도청으로 이미 알고 있다고 밝힐 수 없기에 그냥 넘어갔다. 다음 날, 오후에 약속을 잡고 학원을 방문했다. 뻔한 내용으로 대화를 이어 가다 학습 분위기를 핑계로 대며 혹시 날라리 같은 여자아이가 없는지 은근히 물었다. 정우는 학원에서 중요하게 관리하는 수강생이기에 선생은 친절하게 다른 수강생들 정보를 알려 주었다. 그리 오래지 않아 정우를 유혹한 여자아이가 누군지 알아냈다.

　이름은 송연지. 정우와 다른 고등학교에 다니고, 3월에 새로 들어온 여학생이다. 과학 점수가 낮아서 내신 대비를 하러 들어왔는데 수업 태도가 그리 좋지 않아 선생들에게 지적을 종종 받았다. 학원 선생은 내 말에 숨은 의도를 알아차렸는지, 문제가 생기지 않도록 잘 관리할 테니 걱정하지 마시라고 말했다. 연지를 자세히 조사해 보니 평판이 좋지 않았다. 중학생 때부터 연애를 많이 했고 몸을 함부로 놀린다는 소문이 자자했다. 불안감이 증폭되었다. 다행히 3월이 가기 전에 연지가 학원을 그만두었고, 정우가 다니는 다른 학원에도 연지는 다니지 않았다. 생활 공간에서 부딪칠 기회가 거의 없고, 정우도 흔들리지 않고 공부에 몰두했기에 걱정이 커지지 않았다. 그럼에도 혹시나 하는 마음에 더 꼼꼼하게 도청하고, 더 세심하게 휴대폰을 살폈다. 인맥을 폭넓게 활용해서 정보도 꾸준히 수집했지만, 둘이 만나는 흔적은 나타나지 않았다.

나는 정우가 도청과 휴대폰 추적을 완벽하게 피해서 아무런 흔적을 남기지 않고 연지를 만날 가능성은 극히 낮으며, 정우가 도청과 휴대폰 동기화에 대해서는 모른다고 믿고 있었다. 따라서 연지가 잠깐 정우 인생에 끼어들었다가 사라졌다고 확신해야 하는데, 뭔지 모를 불길한 예감이 사라지지 않고 끈질기게 나를 괴롭혔다. 나는 3학년 1학기 중간고사를 주목했다. 만약에 몰래 여자아이를 사귄다면 중간고사에 어떤 형태로든 영향을 끼칠 것이라 여겼다. 다행히 정우는 중간고사에서 그 여느 때보다 안정된 점수를 얻었다. 그때서야 나는 불안감을 떨쳐 냈다. 그 사건은 연지가 벌인 수많은 질 나쁜 행동 가운데 하나로 여기고 경계심을 누그러뜨렸다.

　내가 연지라는 이름을 다시 들은 것은 살인 사건이 벌어졌다는 소문이 난 직후다. 솔직히 피해자 이름을 듣자마자 불안했다. 그 불안이 정우 때문은 아니다. 그때까지도 정우와 살인을 연결하는 것은 상상할 수도 없었기 때문이다. 내 걱정과 불안은 경찰이 연지 주변 인물을 샅샅이 조사하다 정우도 조사 대상에 포함될지도 모른다는 가능성 때문이다. 3학년 1학기 기말고사까지 무사히 마쳤기에 수시와 수능 준비에 온 힘을 다 쏟아야 할 시기인데, 경찰 조사를 받으면 마음이 심란해지고 스트레스를 받아 아무래도 방해가 될 수밖에 없다. 경찰 조사를 대비해서 스파이 앱은 포렌식에도 걸리지 않게 하는 기술을 사용하여 깨끗하게 지우고 도청 장치도 일단 떼어 냈다. 정우는 수사 대상이 되지 않았고, 얼마 지나지 않아 용의자가 잡혔다는 소식이 들렸다. 나는 안심했고 다시 스파이 앱을 설치하고, 도청 장치도 원래 자리에 돌려놓았다.

나는 정우가 자살한 그날까지 아무것도 몰랐다. 그 전까지는 종종 찾아오던 불길한 예감마저 느끼지 못했다. 기말고사까지 완벽한 성적을 거두자 내 관심은 온통 눈앞에 다가온 입시를 향했다. 수시 지원 전략을 짜느라 온갖 곳을 다니며 정보를 수집하고, 계속해서 학교 선생과 학원 강사를 만났다. 정우 성적이 워낙 탁월하고 생기부도 충실했기에 모두 합격은 당연하다고 말했다. 나도 그 말을 믿었다. 그러나 작은 방심이 큰 폭풍으로 돌아온다는 것을 여러 번 겪은 탓에 마냥 안심할 수는 없었다.

그날 아침도 상담으로 바빴다. 수시 여섯 곳 중 다섯 곳은 이미 정했고, 나머지 한 곳을 어떻게 할지를 두고 상담을 받으러 컨설팅 업체와 약속을 잡았다. 정우가 죽기로 각오하고 경찰서를 찾았을 때, 나는 한창 컨설팅 업체에서 상담을 받고 있었다. 도청 장치는 침묵 중이었고, 휴대폰은 독서실에서 멈춘 뒤 꺼졌다. 그것은 정우가 공부에 집중한다는 증거였다. 나는 그렇게 믿고 상담을 한 시간 정도 받았다. 상담을 마치고 나올 때 전화가 왔고, 낯선 번호였다. 전화에서 핏물이 쏟아졌고, 나는 그대로 기절했다.

* * * * *

헝클어진 채 풀리지 않던 궁금증이 몇 가지 해결되었다. 정우와 연지는 몰래 사귀던 사이다. 첫날 자기 입술에 뽀뽀를 한 연지에게 마음을 빼앗긴 정우는 이후 연지와 만나면서 철저하게 엄마를 속였다. 나은주는 침묵을 반겼다. 휴대폰이 독서실이나 학원에서 멈춘 뒤

꺼졌을 때 가장 안심했다. 정우가 그것을 모를 리 없다. 정우는 그 점을 역으로 이용해서 엄마를 속였다. 주변인들에게도 들키지 않게 조심했다. 언제든 엄마 귀에 들어갈 위험이 있기 때문이다. 시험도 최선을 다해 준비했다. 시험 점수에 문제가 생기면 엄마가 추궁할 것이고, 그러면 비밀 연애가 들통나기 때문이다. 정우는 한결이를 통해 이미 엄마의 속박에 답답함을 느꼈다. 만약 정우가 한결이를 죽였다고 해도, 한결이가 뿌려 놓은 자유의 씨앗이 더는 그 이전으로 돌아갈 수 없게 했을 것이다. 비밀 연애를 하는 동안 정우와 연지는 서로에게 핸드폰을 사용하지 않았다. 컴퓨터나 인터넷에도 아무런 흔적을 남기지 않았다. 그래서 연지가 죽고 경찰이 샅샅이 수사했음에도 연지 주변에서 정우의 흔적이 나오지 않았던 것이다.

그렇다면 그날 무슨 일이 있었을까? 아마 그들은 5시 조금 넘어서 그곳에서 만나기로 했을 것이다. 그곳은 사람들이 거의 안 찾고, 겉에서 잘 보이지 않는 지형이다. 그래서 이규민도 거기에서 담배를 몰래 피웠고, 정우도 그 장소의 은밀함을 알게 되었다. 그곳은 둘만의 비밀 연애 장소다. 그들이 그곳에서 무엇을 했을지는 뻔하다. 어느 정도까지 갔는지는 모르지만 키스 정도의 스킨십은 자연스럽게 나누었을 것이다.

만나기로 한 시간에 정우가 안 나왔다. 하필이면 수학 선생이 보충 수업을 한다고 급하게 불렀기 때문이다. 정우는 중학생 때부터 그 선생에게 수학을 배웠고, 그런 보충 수업은 종종 있었기에 별난 일은 아니다. 문제는 그 시간에 정우와 연지가 만나기로 약속했다는 점이다. 연지는 긴 시간을 꾹 참고 기다렸다. 이제나저제나 정우가 오기를 기다리는데, 한 시간이 지나도록 나타나지 않았다. 보충 수업을 마친 정우가 급하게 그곳으로 갔다. 연지는 짜증이 치밀 대로 치민 상태였다. 곧바로 학원에 가야 하는 정우는 급하게 욕망을 풀려고 했을 것이다. 이때 연지가 짜증을 내며 거부했을 테고, 다툼이 벌어지던 와중에 갑자기 화가 치민 정우가 돌로 연지를 때려서 죽였다.

마지막 지점에서 잠깐 의문이 들었다. 잠깐 다투었다고 돌로 쳐서 죽였을까? 정우에게 그 정도로 폭력성이 내재되어 있었을까?

"정우가 평소에, 아니 어릴 때 어떤 잠재된 폭력성을 보인 적이 있나요?"

내가 물었다.

"전혀. 여리고 착했어."

"학교에 적응하지 못했을 때 그런 성향이 생겼을 수도 있잖아요."

"그때도 못된 짓은 안 했어. 그냥 집중력이 약해지고 습관이 들지 않은 탓에 공부에 적응하지 못했을 뿐. 정우는 본성이 여리고 착해."

더 물어보았자 다른 대답이 나오지 않을 것 같아서 새로운 질문으로 넘어갔다.

"정말 정우가 연지와 몰래 사귀는 걸 눈치 못 챘나요? 아무리 몰래 사귀더라도 어떤 징조가 보였을 텐데. 10대 청소년이 흔적조차 남기지 않고 그 긴 시간 동안 비밀 연애를 하는 게 가능할까요? 더구나 은주님 같은 분의 감시 아래서……."

나은주는 가늘고 길게 한숨을 내쉬었다. 푸석한 얼굴이 더 메말라 보였다.

"차라리 도청을 하지 않았다면……, 휴대폰을 실시간으로 들여다

보지 않았다면……, 정우가 비밀 연애를 한다는 사실을 눈치챘을 거야."

후회의 감정이 진득하게 흘렀다.

"혹시 정우가 학원이나 독서실에서 공부할 때 방해가 된다며 휴대폰을 꺼 놓지 않았나요?"

"맞아. 위치 신호가 자꾸 꺼지기에 왜 그런지 궁금했어. 전화를 걸어서 통화가 안 되는 걸 빌미로 이유를 물었더니 방해받지 않으려고 꺼 놓는다고 했어. 난 그걸 믿었지. 휴대폰이 꺼져도 도청 장치가 있으니 괜찮다고 생각했고."

"학원에 평상복으로 간다면 도청 장치가 필통에만 남았을 테고, 그러면 속이기 쉬웠겠네요."

"사건이 터진 뒤에야 내 실수를 깨달았어. 내가 감시망에 지나치게 의존했구나, 정우는 그걸 역이용했구나. 하나의 수단에 과하게 의존하면 안 되는데, 그런 실수를 내가 저질렀구나!"

다음 질문으로 이어 가려던 내게 문득 의문 하나가 불쑥 튀어나왔다.

'정말 나은주가 몰랐을까?'

경찰의 도청 장치를 내가 갖고 있다는 것을 알아낸 나은주다. 내가 녹음 파일을 경찰에 넘긴 것을 알고 있는 나은주다. 몇 번 만나지 않은 내 행동도 꿰뚫어 본 나은주가 고3 아들이 비밀 연애를 하는 것을 몰랐다는 말을 믿어야 할까?

'만약 나은주가 알았다면…….'

만약이라는 단서를 붙이자 소름 돋는 결론이 나왔다. 내 생각이 나를 두렵게 했다. 내가 이런 생각을 하다니……. 온몸이 감전된 듯했다. 그럴 리 없다고 나를 설득했다. 그러나 한번 비집고 떠오른 생각은 밀어낼수록 더욱 강력하게 밀고 들어왔다. 말도 안 되는데…… 아니 말이 된다. 만약 그랬다면 그것이 정우의 행동을 설명해 준다. 정우가 왜 유서에 방법만 밝히고 살해 동기는 쓰지 않았는지 유서를 보면서 강하게 들었던 의문이다. 방금 떠오른 생각은 그 의문에 대한 명확한 답이다. 누가 이규민을, 정한결을, 송연지를 가장 죽이고 싶었을까? 결심을 집행할 실행력은 또 어떤가? 냉정한 살인과 분노에 찬 살해 방법을 동시에 행할 수 있는 사람은 누구인가? 대답은 하나다.

나는 내 앞에 있는 여자를 보았다. 저 여자가 정말 그랬을까? 저 여자는 담배를 피운다. 갑상선기능항진증 약을 먹는다. 아들 인생을 망칠지도 모를 여자아이가 끼어든 것을 알았다. 모든 것이 저 여자와 연결된다. 설명이 된다. 그러나 설명이 안 되는 것도 있다. 앞뒤가 딱 딱 맞아떨어지는 것도 있지만 도저히 납득이 안 되는 것도 있다. 머리가 뒤죽박죽이다.

'어쩌면 아침 일찍 불쑥 찾아온 데다 반말을 쓰는 것 때문에 반감이 들어서 이런 의심이 들었는지도 몰라!'

나는 깊은 숨을 들이마셨다.

'차분하게, 차분하게, 감정이 아니라 냉정한 이성으로…….'

애써 떨림을 가라앉히는 나를 나은주가 물끄러미 바라보았다. 나는 속내를 들키지 않으려고 온 에너지를 끌어모았다.

다시 질문해야 한다. 질문으로 내 의심이 타당한지 따져 보아야 한다.

"정우가 그 순간에, 왜 죽였을까요? 아무리 화가 났다고 해도 사귀던 여자아이를 돌로 쳐서 죽이기는 쉽지 않을 텐데."

"상상하기도 싫지만 어쩔 수 없이 상상하게 되고, 그때마다 괴로워. 정우와 연지는 그곳에서 몇 개월 동안 몰래 만나며 어떤 사랑을 나누었을까? 무슨 대화를 나누고 어떤 공감을 이루었을까? 정우는 연지에게 나에 대해 뭐라고 말했을까? 그걸 듣고 연지는 정우에게 뭐라고 말했을까? 정우는 나보다 연지를 더 소중하게 여겼을까? 그런 질문을 할 때마다 답답해."

나는 나은주 말에서 질투를 느꼈다. 이미 죽어버린 연지를 향한 질투! 자신이 세상에서 가장 사랑한 아들, 아니 사랑하는 남자를 빼앗아 간 여자를 향한 질투! 흔하디 흔하게 드라마에 나오는 소재인 바로 그 질투! 질투는 강력한 살해 동기다. 치정 못지않게 강력하다. 내 의심은 단순한 반감 때문이 아니다. 그 무엇보다 타당한 의심이다.

"제가 궁금한 건 그 순간에 정우가 왜 그랬냐는 거예요. 아무리 따져 보아도 그럴 이유가 없어요. 휴대폰을 이용하지 않고 만나 왔으니 서로 엇갈리거나 오래 기다리는 일은 잦았을 테니 새삼스러운 상황이 아니었을 거예요. 다투었다 해도 겨우 15분밖에 안 되는 다툼으로 여자 친구를 돌로 쳐서 죽였다는 게 납득이 안 돼요. 그래서 전……."

입술이 바짝 말랐다. 나는 차마 그 뒷말은 내뱉지 못했다.

"내가 어찌 알겠어. 늘 하던 사랑을 거부당하자 갑자기 화가 났을지, 아니면 강제 추행에 저항하는 여자아이를 제압하려다 그렇게 되었을지……."

나은주 말이 완전히 틀린 것은 아니다. 내가 경찰서를 몇 년 동안 취재하면서 배운 점이 있다면 세상에는 하찮은 동기로 끔찍한 범죄를 저지르는 사람이 의외로 많고, 살인은 꼭 그만한 분노가 쌓여야만 저지르는 범죄가 아니라는 사실이다. 몇 달 전에도 오랫동안 사귀던 애인을 홧김에 죽이고 시체를 산에 유기한 사건이 있었다. 정우도 그랬던 것일까? 나은주를 향한 내 의심은 부당할까?

다시 나은주를 보았다. 그 일을 자신이 벌였다면 경찰서에서 진술을 거부한 이유는 설명이 된다. 그러나 인터뷰에 응한 이유는 설명이 안 된다. 나라면 그냥 침묵으로 비밀을 간직하는 쪽을 택할 것이다. 어차피 증거는 하나도 없고, 입을 다물면 경찰은 아무것도 밝혀낼 수 없다. 인터뷰에 응한 이유는 자신이 하지 않았기 때문일 것이다. 내 의심은 '만약'이라는 조건에서만 성립된다. 다른 근거들이 따라붙으면서 내 의심은 살그머니 잦아들었다.

"은주님이 정우를 제일 잘 알잖아요. 은주님이 모르면 누가 알겠어요."

"그러게. 그게 나를 미치게 해."

나은주가 주먹을 꽉 쥐었다. 팔에 파란빛이 돌았다.

"내가 아는 건 하나야. 연지가 죽자 정우를 지탱하던 마지막 줄이 끊겼다는 것. 아마 그때부터 정우는 죽기로 결심했을 거야. 어리석은 엄마는 수시 지원 전략을 세우느라 아들이 자살하러 경찰서에 간 것도 몰랐는데……."

나은주가 눈을 감으며 고개를 돌렸다. 흔들리는 감정을 억지로 참는 몸짓이다.

"미안해. 나 담배 좀 피우고 올게."

나은주는 핸드백을 활짝 열어 담배 케이스를 꺼내더니 급하게 현관문을 열고 밖으로 나갔다. 핸드백 속이 훤히 보였다.

'저 핸드백 안에 무엇이 있을까?'

고개를 슬그머니 들어서 핸드백을 자세히 살폈다. 그 안에 휴대폰이 세 대나 있었다. 두 대는 모르지만 세 대는 누가 봐도 이상했다. 전에 인터뷰를 할 때 보면 나은주 휴대폰에는 비밀번호, 지문과 같은 잠금 설정이 아예 없었다.

'슬쩍 엿보면 어떨까?'

참기 힘든 유혹이다. 어쩌면 저 휴대폰 중에는 조금 전에 내게 찾아온 의문을 확실하게 해결할 답지가 있을지도 모른다. 답지만 보면 문제를 정확하게 풀 수 있다.

'답지를 볼까?'

느리게 손을 핸드백으로 향하다…… 주먹을 꽉 쥐며 멈추었다. 내가 왜 멈추었을까? 어쩌면 도청 장치를 일부러 껐던 그때와 같은 이유였을까? 명확하지 않다. 내가 한 행동이지만 이유는 나도 모른다. 이때 손을 멈추지 않았다면, 내 운명은 달라졌을까? 휴대폰과 핸드백을 뒤져서 그 안에 든 답지를 확인했다면?

손을 거두어들인 나는 생각의 방향을 나은주에서 이정우로 돌렸다. 정우에게 연지가 어떤 존재였을지 고민했다. 정우에게 연지는 엄마에게서 벗어나서 자유를 누리는 탈출구였을까? 억눌린 욕망을 푸는 대상이었을까? 나는 정우가 되어 보기로 했다.

숨 쉬기도 힘든 억압의 굴레를 쓰고 상실의 두려움에 갇혀 사는 십대 청소년을 떠올렸다. 주체성을 완전히 상실한 채 엄마 요구대로 수동적으로 사는 청소년이다. 그 어둠의 시간에 한 줄기 빛이 몰래 들어왔다. 짜릿한 일탈이며 해방구다. 어깨를 짓누르는 짐이 사라진다. 한결이에게서 머리로만 접했던 자유를 연지를 통해 몸으로 체험한다. 수동성에서 벗어나 자기 선택의 짜릿함을 맛본다. 일상에서는 다시 짐을 져야 하지만 그 순간만은 숨 쉬기가 편하다. 정우는 연지에게 의존하며 기쁨을 누렸다. 내가 지훈 씨를 그리워하고 옆에 두고 싶듯이, 정우도 그러하다. 가혹한 엄마의 굴레는 연지에 대한 의존을 심화시켰다.

어쩌면, 그래 어쩌면, 정우는 의존 대상을 엄마에서 연지로 갈아 탔는지도 모른다. 은주, 연지……. 자음 초성이 둘 다 'ㅇㅈ'이다. 우연의 일치일까? 정우에게 연지는 엄마의 대용품이다. 정우가 연지를 진정으로 사랑했다면, 엄마 품에서 벗어나 완전히 새로운 사랑을 찾았다면, 정우가 연지를 그렇게 죽였을 리 없다. 하지만 정우에게 연지는 그저 엄마를 대신하는 의존 대상이었고, 의존은 집착으로 이어진다. 집착, 집착! 집착이 심해지면?

그 순간, 느닷없이 전율이 일었다.

"이건 말도 안 돼. 말도 안 되는데……."

부정하고 싶었지만 깊이 따져 볼수록 이번 의심은 정확히 앞뒤가 맞아떨어졌다. 나은주를 향한 의심은 '만약'이라는 가정하에 생겼지만, 이 의심은 그 어떤 가정도 없이 내린 결론이다. 나은주를 향한 의심에는 빈 구멍이 많다. 그러나 이 의심은 그 어떤 빈 구멍도 없이 완벽하게 맞아떨어진다.

 나는 비밀을…… 보았다. 흑막 속에 깊이 감춘 진실이 내 앞에 드러났다. 진실은 공포였다. 파킨슨병 환자의 손처럼 손이 내 통제권을 벗어나서 정신없이 떨렸다. 그날 정우가 늦은 것 때문에 둘 사이에 사소한 갈등이 벌어졌고, 정우는 연지에게서 엄마를 보았다. 그리고 갑작스럽게 분노가 폭발해서 우발적으로 연지를 죽였다. 연지를 죽이며, 어쩌면 죽인 뒤에, 정우는 깨달았다. 자신의 분노는 연지가 아니라 엄마를 향하고 있음을……. 정우는 연지를 죽인 것이 아니다. 그렇게 엄마를 두려워하던 정우가, 엄마가 죽으면 어떻게 하나 걱정하던 정우가, 사실은 엄마를 죽이고 싶었던 것이다.

 정우는 자신이 두려웠다. 괴물이 된 자신이, 언젠가는 엄마를 죽일 수도 있음을……. 그때가 언제인지 모르지만 연지를 죽였듯이 엄마를 죽이려 들 것임을……. 그리고 그 순간이 닥치면 자신이 절대 절제하지 못할 것임을 알았다. 그랬기에 정우는 자기를 죽인 것이다. 엄마를 죽이지 않으려고, 엄마를 죽인 폐륜아가 되지 않으려고. 그것이 정우가 엄마를 사랑한 마지막 방법이다.

 정우는 엄마를 사랑했다. 엄마는 손목을 칼로 그으며 얼마나 정우를 사랑하는지 보여 주었다. 정우가 엄마에게서 배운 사랑은 목숨을 걸고 내던지는 사랑이다. 정우는 엄마에게 배운 대로 목숨을 내던졌다. 정우는 엄마를 끔찍하게 증오했다. 돌로 쳐서 죽이고 싶을 만큼 엄마가 미웠다. 그래서 자신에게 극도의 공포를 심어 준 방식대로, 엄마가 집착하는 대상인 자신을 죽였다. 그래서 정우의 자살은, 아니 자기 살해는 엄마에 대한 최고의 사랑이자 복수다.

죽음의 방법에 담긴 의미를 엄마가 누구보다 잘 안다는 점도 고려했다. 가장 큰 사랑이자 가장 큰 복수를 위해 정우는 경찰서를 택했다. 확실하게 죽기 위해서다. 자살 시도를 하다 실패하면 경찰에 붙잡힐 테고, 그것은 정우가 가장 꺼리는 시나리오였다. 완벽하게 죽어야 했다. 경찰서는 도망칠 데가 없는 곳이다. 정우는 스스로를 벼랑으로 내몰아서 엄마를 향한 완벽한 사랑을, 극도의 증오를 표출했다. 벼랑 끝에 스스로 서서 사랑과 증오의 걸음을 동시에 내딛었다.

이것을 나은주에게 말해야 할까? 이것을 기사로 써야 할까? 진실에 담긴 공포가 나마저 집어삼킬 것 같았다. 내 정신뿐 아니라 내 몸도 그 공포를 감당하기에는 턱없이 약했다. 그때 나은주가 현관 벨을 눌렀다. 손을 모았다. 얼굴을 쓸었다. 다시 벨이 울렸다. 손을 몇 번이나 쥐었다 폈다. 세 번째 벨 소리에 몸을 움직였다.

'들키면 안 돼. 들키면 절대 안 돼.'

그러나 손은 의지와 상관없이 떨렸다. 문에 달린 열림 글자마저 흔들렸다. 이를 앙다물고 간신히 현관문을 열었다. 안으로 들어온 나은주에게서 담배 냄새가 짙게 났다.

"미안해. 담배 냄새 싫지?"

"아, 아니에요."

나는 손을 탁자 아래로 내려서 감추었다.

"어디 아파?"

"아뇨. 괜찮아요. 선배한테 좀 까여서."

꽤 괜찮은 거짓말이다.

"선배가 뭐라고 그랬는데?"

"그 선배가 제 인터뷰 기사에 손을 대려고 해서 국장에게 건의했는데, 그것 때문에 절 안 좋게 봐요. 괜히 꼬투리 잡고."

"그런 사람은 무시해. 무능한 사람은 자기 지위가 능력인 줄 아니까."

대화를 나누니 떨림이 조금 진정된다. 나은주는 담배 케이스를 핸드백에 넣으려다 말고 잠시 살피더니 고개를 갸웃거렸다. 핸드백 안을 골똘히 들여다보다 이마에 주름을 잡더니 눈빛이 차가워졌다.

"조금 전에, 무슨 일이 있었어?"

나은주가 서늘한 기운을 내뱉었다.

"팀장과 통화 안 한 거 알아."

질문이 뾰족한 창이 되어 나를 겨냥했다.

"전…… 그냥 가만히, 아무것도……."

나는 또다시 나은주 앞에서 거짓말을 들킨 아이가 되고 있었다.

"그래, 알아. 가만히 있었다는 거. 아무것도 하지 않고 그냥 자리에 있었다는 거 알아. 그런데 뭘 알아냈잖아. 그치? 뭘 알아냈지?"

몸이 발끝부터 얼굴까지 모조리 떨렸다.

"말해. 시아 씨가 알아낸 비밀을……. 씨아 씨는 알아냈어. 내가 죽어라고 노력해도 찾지 못했던 걸 조금 전에 알아냈어. 말해."

입이 떨어지지 않았다.

"난 알고 싶어. 아니 알아야겠어."

나은주 눈빛이 흉기가 되어 내 몸을 난자했다. 나는 숨기지 못했다. 나는 진실을 있는 그대로 엄마에게 고해야 하는 어린아이니까.

"정우는 연지를 향해 돌을 휘두르지 않았어요. 정우가 그 순간에 돌을 휘두른 대상은 연지가 아니라…… 엄마였어요."

바로 앞에서 점점 까맣게 변하는 얼굴빛을 보며, 나는 내가 찾아낸 진실을 있는 그대로 '엄마'에게 털어놓았다. 한 점도 숨기지 않고 그대로 솔직하게 말했다. 완벽한 사랑이자 극도의 증오였다는 문장을 끝으로 진실의 문이 완전히 열렸을 때, 나은주는 더는 감정을 주체하지 못하고 핸드백을 들고 화장실로 뛰어갔다. 화장실 문이 잠기고 안에서 토하는 소리가 들렸다. 흐느낌과 물소리가 뒤섞여서 한참을 이어졌다. 나는 제자리에 가만히 앉아서 나은주가 그 슬픔을 충분히 토해 낼 때까지 기다렸다. 내 손은 더 이상 떨리지 않았다. 나는 그 어느 때보다 차분했고, 다시 어른이 되었으며, 기자라는 신분증을 목에 건 뒤로 가장 기자다운 태도로 앉아 있었다.

'기사는 하나만 쓰자. 이번 하나로 쓰고, 끝내자. 보충 기사도 쓰지 말자. 이걸로 마무리하자. 이걸로…….'

그렇게 마음먹고 녹음 앱을 껐다.

한참 시간이 흐른 뒤에야 나은주가 밖으로 나왔다. 더는 나은주를 인터뷰할 필요가 없었다. 저 반응이 모든 것을 말해 주었다. 화장실에서 나온 나은주는 비틀거리면서 현관으로 갔다. 내가 부축하려고 했지만 내 손을 거부했다. 신발을 신고 나은주가 긴 한숨을 내쉬었다. 어깨가 살짝 들썩이다가 제자리를 찾더니 문을 열고 밖으로 나갔다. 그리고 나에게 눈길 한 번 주지 않고 사라졌다. 나는 그런 나은주의 등을 물끄러미 보기만 했다. 독한 술을 마시고 싶었다. 술에 취해서 정신을 잃고 쓰러지고 싶었다.

떨리는 맥박을 가라앉히고 녹음 파일을 확인하는데 주 형사한테서 전화가 왔다.

"인터뷰 방금 끝났죠?"

나도 모르게 주위를 두리번거렸다. 내 원룸인데 누가 몰래 지켜보는 착각이 들었다. 집 안에 도청 장치를 심어 놓았을까? 설마, 경찰이 그럴 리는 없다. 그렇다면 밖에 나를 감시하는 경찰이 배치되어 있을까?

"절 감시하나 봐요?"

나는 냉랭하게 물었다.

"오해 마세요. 오늘 인터뷰를 한다고 했는데 저번처럼 저희들 통제권 밖에서 인터뷰가 벌어지면 안 되기에 어디로 가는지 미행하려고 붙여 놓았어요. 그런데 현장에서 방금 나은주가 그쪽 건물에서 나왔다는 연락을 받고 혹시나 해서 전화했습니다."

도청도 감시도 아니라니 다행이다.

"그래도 불쾌하네요."

"미안합니다. 녹음한 파일, 지금 보내 줄 수 있죠?"

나는 파일을 보내려다 망설였다. 내가 마지막에 나은주에게 사건의 진실을 밝히는 대목까지 모두 들어 있기 때문이다. 그 부분을 잘라 낼까 하다가 그냥 보내기로 했다. 어차피 경찰도 알아야 할 내용이다.

주 형사에게 파일을 보내고 편집국장에게 문자로 인터뷰를 마쳤다고 보고했다. 편집국장은 수고했다면서 빨리 기사를 쓰라고 했다. 어느 때보다 손가락이 자주 머뭇거렸다. 글이 나가다가 멈추고, 뒤로 물러나기를 반복했다. 수습기자 때 선배들에게 야단을 맞으며 기사를 쓸 때보다 더 괴로웠다. 기사 한 꼭지를 완성하는 데 그렇게 오랜 시간이 걸린 것도 처음이었다. 기사를 다 쓴 뒤에도 몇 번이나 고쳤다. 편집국장이 보낸 독촉 문자를 받고서야 수정을 멈추었다. 편집국장에게 기사를 보내려는데 주 형사에게서 다시 전화가 왔다.

"기사 다 작성하셨나요?"

"네. 방금. 이제 국장님께 보내려고요."

"혹시, 인터뷰 마지막에 최 기자가 나은주에게 말한 내용으로 기사를 썼나요?"

"당연하죠. 그게 인터뷰를 통해 제가 알아낸 결론이니까."

"그 기사 그대로 나가면 안 됩니다."

주 형사가 단호하게 요구했다.

"왜죠?"

"이제껏 프로파일러들이 분석했는데 그것과 결론이 상당히 다릅니다. 물론 아직 확정된 결론은 아니고 이후 수사를 통해 밝혀야 하지만, 방향이 완전히 다릅니다. 그대로 기사가 나가면 수사에 지대한 영향을 끼칠 수 있으므로 기사를 그 방향으로 쓰면 안 됩니다."

"지금, 경찰이 언론의 기사 방향에 간섭하는 건가요? 주 형사님이 지금 언론의 자유를 침해한다는 건 아시죠?"

"무리한 부탁인 거 압니다. 그렇지만 중요한 건 기사가 아니고 진실입니다."

"제가 알아낸 진실과 경찰이 판단한 진실이 다른가 보죠."

"최 기자, 부탁해요."

주 형사와 앞으로 관계를 이어 나가야 하기에 마냥 거부할 수는 없었다. 경찰이 어떤 결론을 내렸는지 궁금하기도 했다.

"경찰은 진실이 뭐라고 판단했는데요? 그걸 알아야 부탁을 받아들일지 말지 결정하죠."

주 형사는 잠시 망설이더니 조심스럽게 말을 꺼냈다. 내가 처음 의심했던 것과 같은 결론이었다. 내 의심과 마찬가지로 경찰은 '만약'에 기대고 있었다. 그 '만약'만 무너지면 경찰의 결론은 모두 허물어진다. 나는 경찰의 논리에 어떤 허점이 있는지 반박하지 않고 그냥 듣기만 했다. 고민해 보고 내가 알아서 결정하겠다 말하고는 전화를 끊었다.

나는 기사를 다시 한 번 읽었다. 그동안 내가 쓴 인터뷰도 다시 읽었다. 자료도 다시 보았다. 경찰이 내린 결론은 틀렸다. 내가 마지막에 내린 결론이 진실이다. 나은주 반응이 그것이 진실임을 확신하게 했다. 프로파일러들도 나은주 감정이 무너지는 장면을 보았다면 나와 같은 결론을 내렸을 것이다. 녹음으로 들었을 때와 직접 경험하는 것은 다르다. 경찰이 왜 고성능 도청 장치를 사용하고 멀리서라도 영상으로 찍으려 했는지 확실히 이해되었다. 따져 볼수록 내가 내린 결론이 맞다는 확신이 들었다. 나는 내가 쓴 기사를 하나도 고치지 않고 편집국장에게 보냈다. 기사를 보내고 냉장고에서 맥주를 꺼내 한 캔 마셨다. 맨정신에는 그 씁쓸함을 견디기 힘들었다. 맥주 한 캔을 다 마시고 캔 하나를 또 따려는데 국장한테서 전화가 왔다.

"최 기자, 기사가 왜 이 모양이지?"

내가 구구절절 설명하려고 했더니 편집국장이 버럭 짜증을 냈다.

"그만, 그만! 지금 뭐가 중요한지 모르겠어? 우리가 어떻게 여론을 만들어 왔는지 잊었어? 아직도 내가 일일이 가르쳐 주어야 하나?"

"무슨 말씀이신지?"

"이제껏 그 아이를 비극의 희생자로 만들어 왔어. 그렇게 애써서 만들어 놓았는데, 지금 이 기사는 뭐야? 사귀던 여자아이를 겁탈하려다 거부를 당하자 엄마에 대한 분노가 폭발해서 돌로 쳐서 죽였다고? 그런 사이코패스를 이제껏 비극의 희생자라고 분위기를 띄운 거야? 그걸 독자들이 보면 참 좋아하겠어. 그치?"

"그게 아니라 진실은……."

"야! 정신 차려! 뭐가 중요한지 아직도 모르겠어? 지난번에는 잘하는가 싶더니……. 도대체 그동안 기자하면서 뭘 배운 거야?"

나는 아무 대꾸도 하지 않았다. 편집국장은 거친 숨을 몰아쉬더니 목소리를 가라앉혔다. 내가 자기 말을 수용한다고 생각한 모양이다.

"잘 들어, 최 기자. 방금 담당 형사한테 연락받았어. 이제껏 담당 형사랑 협조 관계를 맺으면서 해 왔다고 들었어. 잘했어. 특종은 그렇게 따는 거야. 그런데 말이야. 그 형사 말이 내 생각과 똑같았어. 이러면 대박인데 하고 내가 설정했던 바로 그 방향 말이야. 내가 기자 생활을 20년 넘게 하면서 쌓인 촉이 있잖아. 내 촉이 이건데 하는 게 있었거든. 근데 딱 그 형사가 그 말을 하더란 말이야."

"이미 저도 들었습니다."

'그렇지만'을 붙이려다 그만두었다. 해 봤자 쓸모없는 저항이다. 편집국장이 원하는 대로 하면 대중은 열광하고 조회 수는 폭발할 것이다. 아마 이제껏 본 적 없는 조회 수를 기록할 것이고, 역대급 충격을 불러일으킬 것이다. 그러나 그것은 진실이 아니다. 내가 알아낸 진실이 아니다.

　편집국장은 내가 자기 요구를 완전히 받아들였다고 믿는지 차분하게 기사 방향을 다시 알려 주었다. 편집국장은 제목까지 불러 주며 그대로 쓰라고 했다. 전화를 끊고 기사 파일을 열었다. 국장이 불러 준 제목을 손가락으로 눌렀다. 지우고 다시 눌렀다. 다시 지웠다. 나는 국장이 내린 지시를 따를지 여부를 두고 심각하게 고민했다.

　지난번 기사도 이랬다. 그때는 어쩔 수 없이 국장의 지시를 받아들였다. 나름 그럴 듯한 논리도 찾아서 나를 합리화했다. 물론 국장의 예상대로 여론이 흘렀고, 조회 수도 잘 나왔다. 그러나 그것은 살인자에게 영웅의 가면을 씌우는 짓이다. 대중을 기만하는 행위다. 그래도 저번 기사는 이미 죽은 사람을 대상으로 했다. 가면을 씌워 보았자 정우는 이미 죽었다. 그러나 이번 건은 다르다. 나은주는 살아 있다. 단순 폭행 사건이 아니라 살인 사건이다. 그것도 연쇄살인이다. 이것은 공원아동폭행사건을 다룬 기사와는 차원이 다르다.

　그렇다고 내 고민이 이런 정의감에서 비롯된 것은 아니다. 물론 나은주를 희생양 삼으려는 편집국장의 지시가 꺼림칙했다. 그렇지만 예전의 나라면 이런저런 핑계를 찾아내서 내 굴종을 합리화한 뒤 편집국장이 시키는 대로 했을 것이다. 경찰도 편집국장과 같은 방향으로 수사하겠다고 하니 편집국장의 지시를 따르지 않을 이유가 없다. 경찰에게 책임을 떠넘기면 그만이다. 어차피 더는 나은주와 인터뷰하지 않아도 되니 나은주가 나를 책망하든 말든 상관없었다.

　내 갈등은 정의감이니, 진실 보도니 하는 차원이 아니다. 조금 전

나는 정우를 통해 나를 보았다. 내가 어떤 사람인지, 내가 그동안 무슨 짓을 저지르며 살았는지, 앞으로 내게 무슨 일이 벌어질지 깨달았다. 그 깨달음이 내 고민의 근본 원인이었다.

나는 어린 시절부터 부모와 세상에 순응하며, 수동적으로 인생을 살아왔다. 나를 잃어버리고 살다가 허무함에 괴로워하는 지금의 내가 되었다. 나는 내 일이, 내 삶이 허무했다. 클릭 수를 얻기 위해 몸부림치는 관종 집단의 허수아비, 정보 유통 업계의 충실한 종업원으로 지내는 삶에서 의미를 느낀다면 그 사람은 정신이상자와 다름없다. 나는 허무를 채우려고 지훈 씨에게 집착했다. 몰래 정보를 수집하고, 밤마다 집 앞에서 기다리고, 취재한다면서 사무실로 찾아가고, 몰래 사진을 찍고, 원하지 않는 선물을 보내고, 취재를 핑계로 집 안까지 들어갔다. 심지어 현관의 비밀번호까지 알아냈다. 다 미친 짓이다.

나는 정우와 동일한 정신 상태였다. 정우가 연지에게 의존했듯이 나도 지훈 씨에게 의존했다. 정우는 엄마에게서 벗어나고 싶었다. 그러려면 참된 자유인이 되어야 하는데, 정우는 의존 대상을 바꾸는 것으로 탈출구를 삼았다. 나도 마찬가지다. 이 허접하고 무의미한 삶에서 벗어나길 원했다. 그러려면 참된 자유인이 되어야 하는데, 나는 지훈 씨에게 의존해서 내 목표를 이루려 했다. 정우가 한 의존은 집착이 되었고, 채워지지 않은 욕구는 분노로 폭발했다. 지훈 씨가 행운의 부적이라는 내 믿음은 허상이다. 내가 상상하는 지훈 씨 모습은 허상이다. 시간이 흐르면 그 허상은 깨질 테고, 의존과 집착에 찌든 내 감정은 정우처럼 분노로 폭발할 것이다. 정우처럼 파멸하지 않으려면 집착에서 벗어나야 하고, 집착에서 벗어나려면 의존하려는 나약한 관성에서 벗어나야 한다. 내가 믿는 진실을, 내가 확인한 진실을 크게 소리쳐 알려야만 한다. 부당한 지시를 거부하고, 참된 나를 되찾아야 한다. 핑계를 찾으며 굴복하지 말고 당당해야 한다.

나는 기사를 송고하는 인터넷 페이지를 열었다. 내게 신문사 첫 화면이나 포털 대문에 기사를 뜨게 하는 권한은 없다. 그러나 내가 담당하는 온라인 섹션에는 바로 송고할 수 있는 권한이 있다. 언론은 클릭 수를 먹고 산다. 당연히 속도가 중요하다. 빠르게 기사를 올리고 단 한 번이라도 클릭을 더 많이 받으려고 경쟁한다. 질로 승부가 안 되니 양으로 승부한다. 최대한 많은 기사를 빠르게 올린다. 그러니 데스크에서는 그 모든 기사를 일일이 확인하고 검토할 수가 없다. 그랬다가는 치열하게 벌어지는 속도 경쟁에서 밀린다. 중요한 정치, 경제 기사, 사설 등은 데스크가 나름 꼼꼼하게 관리하지만 스포츠, 연예인, 사건 사고, 가십 기사는 일선 기자에게 바로 올릴 수 있는 권한을 준다. 나는 그 권한을 이용하기로 했다. 나는 기사를 복사해서 넣었다. 마우스만 누르면 기사는 올라간다. 때마침 퇴근 시간이니 포털 대문에 걸리지 않더라도 많은 사람이 볼 것이다.

나는 마우스를 누르려다 말고 다시 머뭇거렸다. 편집국장이 시키는 대로 할까? 내 선택에 따를까? 마지막 갈등이었다. 어떤 불이익이 올지는 뻔하다. 그냥 시키는 대로 하고 싶었다. 나는 정의로운 기자가 아니니까. 나는 선배에게 무시당하지 않으려고 공원아동폭해 사건을 조작했던 기레기니까. 남의 기사를 베끼고, SNS나 뒤져서 대충 기사인 척 꾸미는 정보 유통업 종사자니까. 나는 힘이 없어. 그러니까 윗사람이 시키는 대로 하면 돼. 그렇게만 하면 이 일도 그냥 끝나. 그럼 되는데…… 그러면 그냥 아무렇지 않게 이 일은 지나가는데…….

관성대로 살려는 유혹은 강했지만, 그 유혹을 밀어낸 최후의 힘은 정우에게서 왔다. 정우는 엄마를 사랑해서 자신을 죽였다. 엄마를 증오해서 자신을 살해했다. 마지막 파멸만은 막으려고 스스로를 무너뜨렸다. 지금 관성에서 벗어나지 못하면, 앞으로 나는 지금보다 더 지훈 씨에게 집착할 것이다. 집착은 모든 것을 파괴하기에, 결국 나도 정우처럼 될 것이다. 정우는 자살 외에는 방법이 없었지만, 나는 그저 이 기사를 보내기만 하면 된다. 칼로 손목을 긋지 않아도 된다. 붉은 피를 흘리지 않아도 된다. 손가락 하나 까딱하면 끝이다. 나는 손짓 하나면 의존과 수동에서 벗어날 수 있다. 더는 집착 따위에 휘둘리는 나약한 '최시아'가 아니게 된다. 나는 단호하게 마우스를 눌렀다.

기사를 올리고 곧바로 그동안 활동한 온갖 커뮤니티에 관련 기사의 링크를 올렸다. 내가 활동하는 SNS에도 기사를 올렸고, 기존 인터뷰 기사를 공유하거나 반응한 유명인들의 SNS를 찾아서 링크를 댓글로 달았다. 신문사가 조치를 취하기 전에 퍼트리려는 목적이다. 내가 의도한 대로 마지막 인터뷰란 호기심이 빠른 전파를 가능하게 했다.

"야! 너, 뭔 짓을 한 거야?"

기사를 올리고 30분이 지나서야 편집국장에게서 전화가 왔다. 30분이라니 예상보다 늦었다. 그만큼 언론사는 느리다. 너무 많은 기사를 쏟아 내기에 편집국장조차 자기 신문사에서 어떤 기사를 올렸는지 다 파악하지 못한다. 저녁 식사 시간이어서 관리 체계가 예민하게 작동하지 못한 점도 작용했다. 물론 나는 그 점도 노렸다.

편집국장이 길길이 날뛰며 나에게 욕을 퍼부었다. 기사를 당장 내린다고 큰소리쳤다. 그러나 편집국장은 기사를 내리지 못했다. 이미 수많은 커뮤니티와 SNS로 퍼져 나갔고, 심지어 다른 언론사에서도 이미 내 기사를 원천으로 해서 복사 기사까지 내고 있었기 때문이다. 이럴 때 원천 기사를 삭제하면 엉뚱한 곳이 클릭 수를 가져가 버린다. 이미 기사가 나갔기 때문에 편집국장이 원하는 방향으로 고치는 것도 불가능하다. 같은 신문사에서 하나의 인터뷰를 정반대 방향으로 고쳐서 내보내는 것은 심각한 자해 행위이기 때문이다.

조회 수가 올라가자 내 기사는 포털 대문에 걸렸다. 조회 수는 꽤 높게 나왔지만, 이전 기사와 달리 댓글이 그리 많이 달리지 않았다. 그나마 달리는 댓글도 갈피를 잡지 못하고 헤맸다. 받아들일 만한 진실일 때는 좀비 떼처럼 목표를 향해 휘몰아친다. 대다수가 그 방향이 옳다고 달리니 덩달아서 날뛴다. 자기가 누르는 문장들이 흉기가 되어 광장을 피로 물들여도 그것이 정의의 복수라고 믿는다. 그러나 직면하기 싫은 진실을 마주하면 사람은 침묵한다. 침묵 속에서 각자의 태도를 조심스럽게 모색한다.

극소수는 그 진실을 받아들인다. 나는 고통스럽지만, 기자가 된 뒤 처음으로 진실을 있는 그대로 받아들였다. 지훈 씨를 향한 내 행위는 집착의 광기였으며, 내 허전함을 채우려는 대용품이었음을 인정했다. 고통스럽지만 받아들였다. 나와 달리 대다수 사람은 침묵 속에서 머리를 굴린다. 어떡하든 스스로를 합리화하려고 애쓴다. 괴로움에서 벗어날 피난처를 찾으려고 발버둥을 친다. 또 다른 극소수는 아무것도 모르면서 제멋대로 광기를 뿜어낸다. 그러나 그 광기는 대중의 지지를 받았을 때와 같은 폭주를 일으키지 못한다. 소수의 빗나간 의견으로 취급받으며 시끄럽게 묻힌다.

 나는 늦게까지 인터넷에 올라오는 반응을 살피다 잠들었다. 금요일 아침, 일찍 출근했더니 편집국장이 호출했다. 편집국장은 세상에 돌아다니는 온갖 욕을 다 입에 올렸다. 욕 사전이라도 검색해서 밤새 익힌 사람 같다. 기자가 된 뒤로 참 많은 욕을 먹었지만 그렇게 심하게, 길게 욕을 먹은 적은 없었다. 편집국장은 법조 팀은 꿈도 꾸지 말라고 했다. 방송사나 유튜브 채널에 출연하는 것도 금지했다. 그런데 나가고 싶으면 퇴사하라고 했다.
 편집국장에게 먹은 욕으로 귀가 얼얼한데 지훈 씨에게서 문자가 왔다. 아무래도 주말에는 취재에 응하기 어렵겠다는 내용이다. 미안하다고 덧붙였는데, 내가 더 미안했다. 내 욕심과 집착에 괴로워했을 지훈 씨에게 진심으로 미안했다. 괜찮다고 하면서 기존에 취재한 내용으로만 기사를 쓰겠다고 알렸다. 나는 지훈 씨를 취재한 파일을 열고 세심하게 다듬었다. 내 사심을 지우고, 지훈 씨라는 인격도 되도록 가린 채 우리 사회 30대 남성의 진솔한 삶이 드러나게 하는 데 주안점을 두었다.
 팀장에게 기사를 올렸더니 손짓으로 불렀다. 팀장은 거만하게 앉아 비웃음을 날리며 자신이 마치 승리자인 것처럼 나에게 잔소리를 늘어놓았다. 겉으로는 아무렇지 않은 척했지만 속으로는 팀장을 비웃었다. 나는 팀장이 승리의 기분을 누릴 시간을 충분히 배려한 뒤 왜 불렀는지 물었다.

"그 기획은 취소니까 그만해."

"그 회사에 약속까지 다 했는데……."

"국장님 지시니까 따라. 아, 이번에도 우리 잘나가는 최 기자님은 안 따를 작정이신가?"

아무래도 팀장과 편집국장이 작당해서 나를 괴롭히려는 것 같다. 치사하게 이런 식으로 복수하다니, 억울했지만 방법이 없다. 그 뒤에 이어진 지시는 더 어처구니가 없다. 팀장은 나에게 수습기자나 하는 일을 시켰다. 따졌지만 팀장은 나를 괴롭히겠다는 의도를 숨기지 않았다. 지훈 씨에게는 사정이 생겨서 기사가 취소되었다고 알렸다. 나중에 이 미안함은 보상하겠다고 말했더니 괜찮다며 거절했다. 기사가 안 나가는 것을 은근히 좋아하는 기색이다. 그 반응이 조금 서운했다.

나는 주말과 휴일에도 쉬지 못하고 사건 현장을 돌아다녀야 했다. 이른 새벽부터 한밤중까지 온갖 곳을 돌아다니고 나니 몸이 파김치가 되었다. 저녁에 들어오면서 지친 몸을 위해 지훈 씨가 추천한 영양제를 샀다. 월요일부터는 다시 예전으로 돌아갔다. 새벽부터 경찰서를 돌아다니며 사건을 물어 와서 기사를 썼다. 다른 기자가 쓴 기사를 베끼고, 대충 인터넷을 긁어다 붙이고, SNS를 인용하는 허접한 기사는 쓰지 않았다. 그러다 보니 예전에 비해 기사 개수가 현저히 줄어들었다. 팀 단톡방에서 팀장은 대놓고 나를 깠다. 기사를 그렇게 적게 쓰려면 신문사에 왜 다니느냐고 구박했다. 그럼에도 내가 취재한 기사만 썼다. 사람들의 호기심과 광기에 부합하는 기사는 쓰지 않았다. 기사 하나하나에 정성을 들였다. 그러나 내 정성은 조회 수로 나타나지 않았다.

마지막 인터뷰 기사가 나가고 두 달 뒤, 경찰은 송연지 살해 사건의 범인은 이정우라고 밝혔다. 검찰은 윤 씨의 살인죄 기소를 취하하는 대신 다른 성범죄 혐의를 추가해서 기소했다. 그것은 윤 씨가 그날 자신이 저지른 다른 범죄를 자백했기 때문이다. 송연지가 살해당한 날 윤 씨는 다른 성폭행 범죄를 저질렀고, 그것을 감추려고 계속 거짓말을 하고 알리바이를 꾸며 대는 바람에 의심을 샀던 것이다.

나는 지훈 씨 집 앞으로 찾아가는 습관도 점점 줄였다. 찾아가더라도 건물이 멀리 보이는 공원에 앉아 맥주를 마시며 지훈 씨를 떠올리는 정도에서 멈추었다. 편집국장이 내린 지시를 거부한 뒤 곧바로 끊으려 했으나 쉽지 않았다. 그만큼 삶의 관성은 무섭다. 찾아가는 횟수를 점점 줄이다 마침내 완전히 끊었다. 그렇게 나는 의존과 집착의 늪에서 깨끗하게 벗어났다.

한바탕 꿈이었다. 공원아동폭행사건부터 나은주 인터뷰까지 격렬한 꿈이었다. 나는 꿈을 꾸기 전이나 후나 남들이 보기에는 여전히 그렇고 그런 기자였다. 그러나 내가 보는 나는 다른 기자로 변해 있었다. 여전히 삶은 팍팍하고 신문사 생활은 재미없지만, 내 기사에 진실을 담고자 노력하는 기자가 되었다. 세상을 바꾸겠다는 웅대한 목표는 아니지만 소박해도 진실한 기사를 쓰려고 노력했다. 타인의 시선이 아니라 내 스스로가 만족하는 내가 되는 길을 향해 한 걸음씩 천천히 걸어갔다.

6
파멸의 소용돌이

"최시아 씨?"

"네, 제가 최시아인데요?"

사망자가 15명이나 발생한 화재 사건의 중간 수사 결과를 발표하는 현장이었다. 늘 그러하듯이 공사를 단축하려는 목적으로 안전 규정을 지키지 않은 것이 원인이었다. 규정만 제대로 지켰어도 그런 대규모 인명 피해는 발생하지 않았다. 경찰은 안전 규정을 위반하고 화재 방지 시설도 제대로 하지 않은 업주와 현장 관계자를 구속했다고 밝혔으며, 관련 현장에 대해 관계 기관과 함께 일제 지도 점검을 벌이겠다는 뻔한 대책을 내놓았다.

질의응답으로 오가는 대화도 예전에 찍은 영상을 되풀이하듯이 반복되었다. 기자들은 예전과 똑같은 질문을 던졌고, 경찰도 누구나 다 아는 대답만 내놓았다. 기자회견이 거의 마무리되자 방송국 기자들은 방송 화면용 촬영을 하느라 바빴다. 그 틈새를 비집고 나가려는데 여자 두 명과 남자 한 명이 나를 가로막으며 불렀다.

"당신을 김지훈 씨 살해 혐의로 긴급 체포합니다."

나를 막아선 여자가 경찰 신분증과 함께 체포 영장을 보여 주었다. 신분증도 체포 영장도 눈에 들어오지 않았다. 내가 그런 말을 들을 것이라고는 상상조차 해 본 적이 없기에 멍해지면서 그 어떤 대응도 하지 못했다.

주변에 있던 카메라들이 일제히 나를 향했다. 기자회견장을 빠져나가던 기자들도 내 주변으로 몰려들었다. 그러거나 말거나 경찰은 낮고 뚜렷하게 미란다원칙을 읊었다. 매서운 냉기의 파동이 귀를 얼렸다.

"당신은 묵비권을 행사할 권리가 있고, 당신이 하는 말은 당신에게 불리한 증거가 될 수 있으며, 당신은 변호사를 선임할 권리가 있습니다."

주변에 있던 사진 기자들이 연신 사진을 찍어 댔다. 방송국 카메라들이 나에게 초점을 맞추었다. 기자들은 무슨 일이냐며 형사들에게 마이크를 들이댔다. 양쪽에서 붙잡은 여자 형사들이 나를 끌고 가려고 했지만 밀려드는 기자들 때문에 그들은 한 걸음도 나아갈 수 없었다. 무슨 상황인지 파악해야 했다. 그때 경찰차가 보이고 익숙한 얼굴이 나타났다.

"주 형사님, 주 형사님! 김지훈 씨가 어떻게 됐는데요? 김지훈 씨가 죽었어요?"

주 형사는 내 시선을 외면하더니 손짓을 했다. 경찰차 뒤에서 몇몇 경찰이 나오더니 기자들을 밀치고 나를 경찰차로 끌고 갔다. 나는 거듭 주 형사를 부르며 어떻게 된 일인지 물었으나 아무런 대답도 돌아오지 않았다.

내가 경찰차에 갇히자 주 형사가 기자들에게 둘러싸였다. 오른쪽에 앉은 형사가 내 손목에 수갑을 채웠다. 경찰차는 빠르게 현장을 빠져나갔다.

'정신 차려, 최시아! 지금 넋을 잃으면 안 돼.'

나는 주먹을 꽉 쥐었다.

"형사님들, 도대체 왜 절 체포한 거죠?"

"들으셨잖아요. 김지훈 씨 살해 혐의입니다."

"김지훈 씨가 살해당했는데…… 용의자가 저라고요?"

형사는 더는 내 질문에 대꾸하지 않았다. 경찰차는 빠르게 달렸고, 곧이어 내가 취재하러 숱하게 들렀던 경찰서가 나타났다. 경찰서에 이런 꼴로 끌려올 줄은 꿈에서도 떠올린 적이 없었다. 취재하러 들렀던 경찰서는 기사 아이템을 얻을 원천이었기에, 그곳에 들어서면서 두려움을 느낀 적은 한 번도 없었다. 처음으로 경찰서가 두려웠다.

나는 유치장에 갇혔다. 갇히기 전에 경찰이 영장을 보여 주며 휴대폰을 압수했다. 쇠창살은 무뚝뚝하게 내 현실을 일깨웠다. 나는 살인 용의자였다. 긴급 체포를 했다는 말은 내 혐의가 그만큼 명확히 증명되었다는 뜻이다. 나는 지훈 씨를 죽이지 않았다. 최근 한 달 동안은 지훈 씨 근처에도 가지 않았다. 지훈 씨를 향한 감정도 완전히 정리했다. 그렇다고 경찰이 무조건 내 말을 믿어 줄 리 없다. 나는 냉정해지려고 애썼다. 수많은 형사 사건을 접하면서 피의자가 초기에 어떻게 대처하느냐가 얼마나 중요한지 배웠다.

경찰이 내가 죽였다고 확신한다면 어떤 증거가 발견되었다는 말이다. 경찰이 실수하지 않았다면 살해 현장에서 발견된 증거가 내가 범인임을 가리키고 있을 것이다. 취재하러 지훈 씨 집에 방문했을 때 내 머리카락이나 다른 어떤 것이 떨어졌던 것일까? 그 정도로 경찰이 나를 긴급 체포하지는 못한다. 나로 확정할 만한 명확한 증거가 있다면 그것은 누가 나를 범인으로 몰아가려고 꾸민 음모가 있을 때만 가능하다. 나는 몹시 위험한 상황에 놓여 있었다. 내가 죽이지 않았으니 괜찮다고 순진하게 안심할 단계가 아니다. 진실만 믿고 순진하게 대처하다 억울한 옥살이를 한 사람이 어디 한두 명이던가?

'변호사가 필요해. 그것도 유능한 변호사가.'

나는 형사를 불렀다. 변호사를 선임해야겠으니 압수해 간 휴대폰을 돌려 달라고 했다. 경찰은 압수 물품이라 안 된다고 했다. 나는 지인의 전화번호만이라도 알려 달라고 했다. 법률 쪽으로 잘 아는 지인에게 연락했다. 내 사정을 설명하고 유능한 변호사를 알아봐 달라고 부탁했다. 경찰은 취조에 들어가면 설명하겠다면서 내게 그 어떤 정보도 제공하지 않았다. 나는 변호사가 오면 그때 취조에 응하겠다고 대응했다. 상황이 어느 정도 정리되자 차분히 생각했다.

나를 범인으로 몰 만큼 원한을 품은 사람은 누굴까? 아무래도 원한을 품었다면 내가 쓴 기사가 원인일 가능성이 높다. 나는 어렵지 않게 용의자를 추려 냈다. 첫 용의자는 임채윤이다. 나를 끊임없이 미행했고 대놓고 내게 복수를 선언했다. 임채윤은 나를 미행하면서 내가 지훈 씨를 좋아한다는 사실을 알아냈을 것이다. 임채윤에 이어 김현지도 후보자다. 김현지는 공원아동폭행사건에서 증언한 언어치료사다. 내가 인터뷰 기사를 비트는 바람에 큰 피해를 입었다. 나에게 앙심을 품지 않으면 도리어 이상하다. 그들을 수사하면 음모를 꾸민 증거가 드러날 것이다. 그 외에 내 기사에 불만을 품었을 만한 사람이 더 있을까?

나는 공원아동폭행사건이 벌어지기 전에는 특별히 주목받을 만한 기사를 쓴 적이 없다. 단독을 달고 나간 기사도 거의 없다. 늘 남들과 같은 기사를 썼기에 특기할 만한 기자가 아니었다. 나은주 사건을 겪은 뒤에는 기사에 진실을 담으려고 노력했지만, 특종이나 단독을 당당하게 내걸 만한 기사는 못 건졌다. 자연히 미움을 살 만한 기사도 없었다. 나은주 인터뷰로 내가 원한을 살 만한 사람이 있는지 떠올렸다. 이규민 엄마가 생각났지만 사회적 지위를 고려하면 내게 이런 식으로 복수할 사람은 아니다. 결국 용의자는 임채윤과 김현지뿐이다. 둘이 공범일 수도 있고, 둘 중 한 명이 범인일 수도 있다. 이를 밝혀내야 한다. 그러려면 유능한 변호사뿐 아니라 기자도 필요하다. 나는 기자다. 나름 인맥을 넓게 쌓았으니 억울함을 호소하면 기사로 써 줄 기자가 몇 명은 될 것이다.

변호사가 온 뒤에야 사건이 어떻게 되었는지 정확히 파악했다. 지훈 씨는 연락도 없이 이틀 동안 회사에 출근하지 않았다. 절대 그럴 사람이 아니기에 팀 동료가 집을 방문했다. 아무리 두드리고 전화를 걸어도 연락이 되지 않았다. 동료는 회사에 연락했고, 회사 측은 이상하다고 여겨 실종 신고를 했다. 경찰은 신고를 받자마자 지훈 씨 집으로 가서 문을 강제로 열었다. 그리고 거실에서 쓰러져 죽은 지훈 씨를 발견했다. 외부 침입 흔적은 없었고, 몸에는 특별한 상흔이 없었다. 범죄 흔적이 발견되지 않았기에 경찰은 돌연사로 여기며, 국립과학수사연구원에 부검을 의뢰했다.

부검 결과, 사인은 마약이었다. 원인은 카펜타닐, 바로 이규민과 정한결을 죽게 만든 바로 그 카펜타닐이다. 카펜타닐이란 말을 들었을 때 머리가 아득해졌다. 그리고 내가 어떻게 범인으로 몰렸는지 대충 짐작했다. 내 예상은 맞았다. 우리 집에서 펜타닐이 발견되었고, 지훈 씨가 먹는 영양제 통에서 펜타닐이 숨겨진 알약 하나가 발견되었다. 약통 바닥에는 펜타닐 가루도 살짝 뿌려져 있었다. 경찰은 나를 체포하는 바로 그 시각에 내 원룸을 수색했고 거기서 펜타닐을 찾아냈다. 또 내 원룸에는 지훈 씨를 죽이는 데 사용된 영양제와 같은 영양제가 있었다.

증언이나 정황도 내게 불리했다. 지훈 씨 직장 동료는 화분을 선물하고 취재를 요구한 나를 지훈 씨가 부담스러워했다고 진술했다. 신문사 팀장도 나에게 불리한 내용만 증언했다. 김지훈을 취재한다는 사실을 숨긴 채 취재 계획서를 제출했으며, 과거에 청소년 펜타닐 사건을 취재하면서 구입처 정보를 세세하게 습득했고, 펜타닐을 직접 구입한 적도 있다고 밝힌 것이다. 지훈 씨 옆집에 사는 이웃은 내가 현관문에 서 있다가 재빨리 도망치는 모습을 목격했다고 증언했다.

내가 나은주를 인터뷰하면서 소개한 범죄 수법이 동일하게 사용되었다는 점도 내게는 불리했다. 경찰은 내가 정우와 동일한 수법을 사용했다고 여겼다. 나는 바로 그 점이 내가 범인이 아니라는 증거라고, 범인이라면 내가 취재한 사건과 똑같은 방식으로 하겠냐고 따졌지만 받아들여지지 않았다. 지훈 씨를 밀착 취재하는 날에 찍은 영양제 사진은 내 말의 신뢰성을 무너뜨렸다.

경찰이 나를 범인으로 지목한 핵심 증거는 CCTV와 내 휴대폰에 저장된 비밀번호였다. 건물 CCTV에는 수차례에 걸쳐 내가 드나드는 모습이 찍혀 있었다. 처음에는 얼굴이 보이고, 나중에는 얼굴을 가렸지만 누가 봐도 나였다. 내 휴대폰에 저장된 지훈 씨 연락처에는 건물의 공동현관 비밀번호뿐 아니라 지훈 씨 집 현관의 비밀번호도 저장되어 있었다.

나는 벗어날 구멍이 없는 함정에 빠졌다. 모든 증언과 증거가 나를 범인으로 몰아갔다. 지훈 씨를 죽일 동기가 없다고 강조했지만 지훈 씨를 향한 내 집착의 증거는 차고 넘쳤고, 남자를 향한 집착은 수많은 살인 사건에서 동기로 작용해 왔기에 내 반박은 힘을 잃었다. 처음에는 지훈 씨에게 집착했으나 나중에는 포기했다고 주장했지만 아무도 믿어 주지 않았다. 그 집착이 가져올 미래가 두려워 편집국장이 내린 지시까지 거부하며 진실한 기사를 썼다는 내 양심의 외침은 허공으로 흩어졌다.

나는 임채윤과 김현지가 기사에 앙심을 품고 나를 함정에 빠뜨렸다고 주장했다. 그들은 나와 체구도 비슷하니 나인 척 꾸미고 지훈 씨 집으로 들어가서 범행을 저질렀고, 내 원룸에도 몰래 들어와서 펜타닐을 가져다 놓는 방식으로 나를 함정에 빠뜨렸다고 말했다. 특히 임채윤이 나를 미행했고, 내가 사는 곳 근처까지 찾아와 나를 협박한 적도 있다고 밝혔다. 나에게 원한을 품었으니 그런 음모를 꾸밀 가능성이 충분하며, 나를 미행하면서 지훈 씨도 알았을 것이라고 강조했다. 경찰은 그 가능성도 염두에 두고 수사하겠다고 했지만 제대로 수사할 의지는 없어 보였다.

그러다 내 무죄를 증명할 중요한 단서를 잡았다. 지훈 씨 집에 들어간 내 모습이 마지막으로 찍힌 날짜가 문제였다. 그 당시 나는 근처 공원에서 맥주를 마시며 한참 동안 앉아 있다가 그냥 떠났다. 공원에 CCTV가 있다면 건물 CCTV에 찍힌 바로 그 시간에는 내가 공원에 앉아 있던 모습이 찍혔을 것이다. 그것이 드러나면 건물 CCTV의 영상만으로 나를 범인으로 지목할 수 없게 되며, 누가 나를 음모에 빠뜨렸다는 주장에 힘이 실린다. 나는 거기에 큰 기대를 걸었다. 그러나 안타깝게도 공원 CCTV에는 내가 공원을 향해 걸어가는 모습은 찍혔지만 공원 안에 앉아서 술을 마시는 모습은 찍혀 있지 않았다. 건물 CCTV로 추정한 범행 시간은 내가 공원 CCTV에 찍히지 않은 시간과 정확히 일치했다. 심지어 건물 CCTV에 찍힌 복장이 공원 CCTV에 잠깐 찍힌 내 복장과 똑같았다. 내게 유리한 증거라고 여겼던 것이 도리어 내가 범인이라는 확증을 심어 주는 새로운 증거가 되고 말았다.

나는 구속 기소되었다. 나를 아는 기자들도 나를 위한 기사를 쓰지 않았다. '충격', '단독'을 달고 나를 범인으로 확정하는 기사가 유통되었다. 모든 증거가 나를 가리키니 반박할 방법이 없었다. 변호사조차 혐의를 인정하고 반성하는 태도로 재판에 임해야 감형을 받을 수 있다며 설득했다. 내가 안 죽였다고 아무리 주장해 봤자 메아리 없는 외침이었다. 심지어 가족이나 친구들조차 나를 범인으로 확신했다. 나는 변호사에게 임채윤과 김현지를 조사해 달라고 부탁했다.

나를 면회하는 이들에게 모두 그렇게 부탁했다. 그러나 나를 믿고 조사를 제대로 해 주는 사람은 없었다. 나는 외톨이였다.

나는 기자로서 숱한 범죄자를 다루었다. 억울하게 누명을 썼다는 사람도 만났다. 기사에서는 제법 그들을 이해하는 척했지만 내가 겪어 보니 그것은 이해가 아니었다. 당해 보지 않으면 모른다. 세상 모두가 나를 믿지 않는 이 저주받은 현실을 겪지 않으면 그 억울함과 참담함을 절대 모른다. 구치소에 갇혀 철문을 등지고 울었다. 이렇게 내 삶이 끝나는구나! 도대체 어디에서 어긋났을까? 무엇이 나를 이렇게 엉망으로 만들었을까? 그때, 공원아동폭행사건 때, 진실을 보도했다면 이럴 일은 없었을까? 팀장이 시키는 대로 하지 않고 내가 취재한 대로 김현지 인터뷰를 내보냈다면 이렇게 되지 않았을까? 클릭 수를 위해, 욕을 덜 먹으려고 진실을 왜곡한 대가를 치르는 것일까? 그런데 왜, 왜 나만 그래야 하는데? 거의 모든 기자가 그렇게 사는데 왜 나만 이 꼴을 당해야 하는데? 나는 달라졌는데 왜 당해야 해? 겨우 기자다운 기자가 되어 가고 있었는데 도대체 왜?

내 슬픔과 절망을 아무도 위로해 주지 않으니 소리 내어 울지도 못했다. 침묵의 통곡은 더없이 서러웠다.

첫 재판을 앞두고 변호사가 접견을 왔다. 변호사는 죄를 인정하고 반성하는 태도로 재판에 임하면 안 되겠냐고 거듭 제안했지만, 단호히 거절했다. 첫 재판은 정신없이 지나갔다. 나는 혐의를 강력히 부인했다. 검찰은 증거를 일일이 들이밀며 나를 범인으로 몰아갔고, 변호사는 정황 증거일 뿐이라며 맞섰다. 특히 집에서 펜타닐이 발견되었지만 그것으로 카펜타닐도 내가 구입했다는 증거는 되지 않는다는 점이 중요한 반론이었다. 만약 내가 김지훈을 죽였다면 휴대폰에 저장된 사진이나 문자 기록 등을 모두 지웠을 텐데, 하나도 지우지 않고 남겨 두었다는 점도 내가 범행을 저지르지 않았다는 증거라고 주장했다. 재판을 받고 나오는데 방청석에 임채윤과 김현지, 주 형사의 얼굴이 보였다. 임채윤은 비릿하게 웃었고, 김현지는 팔짱을 낀 채 나를 노려보았으며, 주 형사는 내 시선을 피했다.

그다음 날, 주 형사가 면회를 왔다. 내 안부를 묻더니 나은주 씨 이야기를 꺼냈다.

"어제 나은주 씨도 법정에 왔었어요."

나는 아무런 반응도 하지 않았다. 나은주에게 관심을 쏟을 여력이 내게는 없었다.

"재판 끝나고 잠깐 이야기도 나눴죠."

내 반응을 기다리지 않고 주 형사는 말을 이어 나갔다.

"나은주 씨는 자신이 범인으로 지목되기를 바랐대요."

어이없어서 헛웃음이 나왔다.

"엄마로서 자식이 연쇄살인마로 낙인이 찍힌 채 기억되지 않길 바랐다고 했어요. 그게 엄마의 마음이라고. 그래서 일부러 인터뷰를 하면서 범인으로 의심될 만한 말과 행동을 했대요."

살인죄를 뒤집어쓴 채 구치소에 갇힌 나에게 한가하게 죽은 자식의 이미지 따위를 고민하는 여자는 관심 밖이었다. 그럼에도 내 의지와 무관하게 그때의 일이 떠올랐다.

마지막 인터뷰 기사를 쓰는 날, 주 형사는 내게 전화를 걸어 경찰이 의심하는 진짜 용의자는 나은주라고 밝혔다.

"프로파일러들이 유서를 분석한 뒤 나은주를 대면하고는 처음부터 범인으로 의심했어요."

"그럼 유서를 해석하기 힘들었다는 말은 거짓이었어요? 처음부터 저를 이용하려고?"

"나은주 입을 어떻게 열게 할까 고민하다 프로파일러 중 한 분이 인터뷰를 제안했어요. 기자가 인터뷰를 제안하면 받아들일 거라면서, 잘만 하면 인터뷰에서 실마리를 잡을 수 있을 거라고 했죠. 그래서 제가 나은주 씨에게 먼저 제안했어요. 인터뷰를 해 볼 생각이 있냐고."

"나은주 씨가 승낙했군요."

"맞아요. 그때 나은주 씨가 조건을 붙였죠. 자기가 원하는 기자로 해 달라고. 그러면 고민해 보겠다고."

한 방 맞은 느낌이다.

"나은주 씨가 저를 지목했군요."

"저희야 상관없었어요. 공원아동폭행사건 때문에 제가 한 번은 최 기자에게 은혜를 갚아야 할 처지이기도 했고."

나은주가 어떻게 경찰의 도청을 알았는지 궁금했는데, 이런 사연이 숨겨져 있었기 때문이다. 나은주에게 대단한 통찰력이라도 있는 줄 알았던 내가 우스웠다.

"나은주 씨가 왜 저를 택했대요?"

"그건 모르겠어요. 짐작하기로는 공원아동폭행사건에서 여론을 반전시킨 기사를 쓴 게 인상이 깊었나 보다 했죠."

당황했지만 들키지 않으려고 얼른 경찰이 나은주를 범인으로 여기는 이유를 물었다.

"저는 최 기자님도 나은주를 범인으로 의심하는 줄 알았는데."

"잠시 의심하기는 했지만 이내 아니라고 결론을 내렸죠. 아무튼 알고 싶네요. 경찰이 왜 그렇게 결론을 내렸는지."

주 형사는 나은주를 범인으로 의심한 이유를 다양하게 제시했다.

먼저 주 형사가 강조한 것은 동기다. 나은주에게는 이규민, 정한결, 송연지를 죽일 동기가 분명했다. 이규민은 정우를 괴롭혔고, 정한결은 위험한 자유 의지를 심어 주었으며, 송연지는 아들을 빼앗아 갔다. 가만히 따지고 보면 정우보다 나은주가 살해 동기는 훨씬 강력하다. 사건을 계획하고 잔인하게 추진하는 힘도 나은주가 월등하다. 나은주는 아들 앞에서 손목을 그으며 죽으려고 했던 엄마다. 언제든지 죽을 수 있는 사람이다. 그런 엄마가 자식의 앞날에 방해되는 걸림돌을 그대로 둘 이유가 없다. 주 형사가 제시한 동기는 이미 내가 충분히 검토했던 것들이다.

이어서 주 형사는 정황 증거를 제시했다. 첫째, 나은주는 이규민이 담배를 피우는 장소를 알았다. 이규민은 멋진 담배 케이스를 들고 다녔는데 나은주도 비슷한 담배 케이스를 들고 다녔다. 이규민이 피우던 담배와 나은주가 피우는 담배는 같은 제품이다. 나은주가 이규민이 늘 담배 피우는 장소에 그 케이스를 가져다 두고 이규민이 자연스럽게 가져가게 했다면 어떨까? 그리고 그 담배 필터에 펜타닐과 카펜타닐을 삽입해 두었다면? 충분히 가능한 시나리오이기는 하지만, 우연에 기대어 살인을 계획한 것은 나은주에게 어울리지 않는다.

둘째, 정한결이 먹는 갑상선기능항진증 약과 나은주가 먹는 약이 똑같다. 지역아동센터에서 나은주는 정한결을 만난 적 있고, 같이 밥도 먹었으며, 시간을 보내기도 했다. 두 달 동안 둘 모두를 차에 태워서 데려다주고, 정우를 데려오기도 했다. 도청을 통해 정한결이 갑상선기능항진증 약을 먹는다는 것도 알았다. 따라서 나은주가 약을 이용한 범죄 수법을 떠올리는 것은 자연스럽다. 그럴듯한 추리다. 그렇지만 동기가 문제다. 내가 나은주 말을 모두 믿지는 않지만, 한결이와 정우가 얽혔을 때 나은주 초점은 한결이가 아니었다. 한결이가 뿌린 자유의 바이러스는 이미 정우에게 전파되었고, 그 바이러스에 대한 내성을 키우는 것이 나은주의 목적이었다. 한결이를 제거한다고 이미 전파된 바이러스가 사라지지 않는다는 것은 나은주가 더 잘 알았다. 한결이가 죽으면 정우는 엄마를 의심할 테고, 그 바이러스는 통제 불능 상태로 증폭될 위험도 있었다. 그래서 한결이 사건은 방법이 아니라 동기에 결함이 있었다.

셋째, 송연지는 나은주가 가장 싫어한 대상이다. 나은주는 둘이 사귀는지 몰랐다고 했지만, '만약에' 알았다면 나은주에게는 강력한 살해 동기가 생긴다. 3월부터 사건이 벌어진 7월까지 짐작도 못했다는 것은 믿기 어렵다. 나은주가 둘이 어디서 어떻게 만나는지 속속들이 알고 있었다면 그날은 들키지 않고 살해하기 적당한 날이다. 무엇보다 그 잔인한 살해 수법은 나은주를 의심하게 한다.

그러나 나는 나은주가 그렇게 위험한 도박을 감행하지는 않을 것이라는 점에 생각이 미쳤고, 내 의심을 거두어들였다. 나은주는 부동산 투자도 안전한 쪽으로 바꾸었다고 했다. 위험한 도박을 피하려고 했다. 정우를 기를 때도 살얼음판을 걷듯이 조심했다. 그런데 송연지를 죽였을 때의 위험은 이득에 비해 지나치게 컸다. 이미 정우는 기말고사까지 완벽한 성적을 거두었다. 수시 지원을 준비하는 단계에 들어갔고, 그대로면 대학입시 성공은 보장되어 있었다. 송연지와 몰래 사귀지만 성적은 흔들림이 없었다. 나은주에게는 정우 미래보다 중요한 것은 없었다. 그 상황에서 송연지를 죽이면 정우가 받을 충격은 엄청나다. 무엇보다 경찰이 수사하면 송연지와 정우가 사귄 흔적이 나올 가능성이 있고, 수사가 정우에게 도달하면 그 뒤로는 어떻게 될지 모른다. 무엇보다 나은주가 그날 움직였다면 아파트 CCTV를 피할 방법이 없다. 나은주는 그런 위험을 감수할 사람이 아니다. 만약에 나은주가 송연지를 죽이려고 했다면, 그런 위험한 방법보다는 훨씬 교묘한 방법을 썼을 것이다.

무엇보다 가장 말이 안 되는 점이 있다. 그것은 바로 엄마가 살해한 방법을 정우가 어떻게 알아냈느냐는 것이다. 엄마가 죽였을지도 모른다고 정우가 의심할 수는 있다. 그렇지만 정우가 엄마의 살해 수법을 정확히 파악할 방법은 없다. 이규민은 추리를 통해 짐작한다고 해도 정한결은 누가 봐도 사고사다. 거기에 엄마가 개입했을 것이라고 어떻게 의심하겠는가?

내 기사와 무관하게 경찰은 나은주를 수사했다. 그러나 경찰의 의심을 뒷받침할 그 어떤 증거도 밝혀내지 못했다.

"전, 여전히 나은주가 범인이라고 생각해요."

수사 결과를 발표하는 기자회견장에서 주 형사는 나에게 그렇게 털어놓았다. 나는 선입견을 떨치지 못하는 고집이라고 치부하며 무시하고 말았다.

그때가 까마득한 옛날 같았다. 시간상으로는 그리 오래되지 않았지만 내가 처한 상황 때문에 수십 년 전 사건처럼 느껴졌다. 나는 살인자로 지목되어 모든 것을 잃고 절망하는데 나은주는 스스로 살인자로 지목되길 바라다니……. 아무리 자식을 위한다지만 납득하기 어렵다. 굳이 나은주를 길게 화제로 올리고 싶지 않았지만, 나는 익숙했던 기자의 습성으로 반론을 꺼내고 말았다.

"의도야 그렇지만, 그러다 정말 범인으로 몰리면 어쩌려고 그랬대요?"

"수사 결과가 보여 주었잖아요. 나은주 씨는 범인이 아니란 걸. 수사를 제대로 하면 자신이 범인이 아니라는 게 드러난다는 사실을 나은주 씨도 알았어요."

"큰 여론의 흐름이 형성되면 경찰도 그걸 무시하기 힘들고, 그러면 무고하게 자신이 범인으로 지목되어 재판에 넘겨질 가능성도 있잖아요. 그런 위험까지 감수하다니, 아무리 그래도 그렇지 죽은 자식의 이미지를 위해 그런 모험을 했을까요?"

"나은주 씨는 돈이 많아요. 아마 최고의 변호사를 고용했겠죠."

"지나치게 위험한 모험이에요. 무죄를 받는다고 해도 여론은 유죄로 볼 텐데……."

"맞아요. 나은주 씨는 바로 그걸 원했어요. 수사나 재판에서는 무죄를 받아도 여론으로 유죄를 선고받는 것, 기사로 자신이 범인으로 낙인찍히는 것, 그래서 아들이 연쇄살인마라는 낙인에서 벗어나게 하는 것. 편집국장이 최 기자에게 아마 이렇게 제안했을 거예요. 나은주는 괴물로, 정우는 비극의 순교자로 만들자고."

그랬다. 편집국장은 정우를 효자이자 피해자이며 순교자로 묘사하라고 지시했다. 살인은 모두 나은주가 벌였으며 정우는 그것을 알고 나서 더 이상 엄마가 살인하지 못하게 막으려고 스스로 죽음을 택한 것이라고. 정우가 엄마를 너무나 사랑해서 스스로 죽은 것이라고.

나는 아니라고 했다. 정우는 엄마를 사랑하면서 증오했다고, 자신이 엄마를 죽일까 봐 두려워서 스스로 죽었다고, 자신이 엄마에게 배운 뒤틀린 사랑의 방식을 그대로 엄마에게 되돌려 주었다고 생각했다. 나은주는 내가 반대하고 편집국장이 원한 기사가 세상으로 나가길 원했다. 나는 진실을 보았고 그것을 기사로 썼으나, 나은주는 거짓이 기사로 나가서 대중이 그렇게 믿길 바랐다.

내가 여전히 기자였다면 주 형사가 전하는 말에 무척 흥미를 보이며 조회 수가 어느 정도 나올지 가늠했을 테지만, 나는 살인죄로 재판을 받는 피고인이다.

"제가 궁금한 게 하나 있는데, 그날 왜 인터뷰를 최 기자 집에서 했어요? 예전에도 몇 번 물어보려다 기회를 놓쳐서……."

주 형사는 이런 것을 물어봐도 되나 싶은 표정으로 질문했다.

"나은주 씨가 찾아왔어요."

"그 전에 약속 안 했어요?"

주 형사가 당황하며 반문했다.

"전날 인터뷰 약속을 잡기는 했는데 장소와 시간은 나은주 씨가 아침에 알려 주기로 했어요. 이른 아침에 갑자기 현관문을 두드리며 나타나서 저도 당황했고."

"최 기자 집이 어딘지 알고 있었나 보네요."

그때도 그것이 이상했는데 워낙 인터뷰가 급해서 제대로 따져 보지 못했다. 나은주는 내가 거기 사는지 어떻게 알았을까? 신문사에 물어본다고 내 거주지를 알려 주었을 리는 없다. 나은주에게 내가 사는 곳이 어디라고 꺼낸 적도 없다. 공동현관은 비밀번호를 눌러야 열린다. 그런데 나은주는 공동현관을 자연스럽게 통과했다. 처음 방문했을 때는 우연히 나오는 사람과 겹쳐서 그럴 수도 있다. 그러나 담배를 피우고 다시 돌아왔을 때도 그랬을까? 나은주는 내가 사는 건물의 공동현관 비밀번호를 알고 있었을 가능성이 높다.

의구심을 떨쳐 내려고 했지만 그럴수록 찐득찐득하게 의심이 엉겨 붙었다. 나은주는 내가 경찰에 파일을 넘긴다는 것을 알았다. 그때는 나은주가 넘겨짚었다고 생각하면서도 거짓말을 들킨 어린아이처럼 주눅이 들어서 사실대로 털어놓고 말았다. 따지고 보니 단지 경찰을 통해 인터뷰를 제안받았다는 사실만으로는 내가 도청 장치를 들고 있다는 것을 추론하기는 쉽지 않다. 지방대로 나은주를 만나러 갔을 때 내가 택시에서 내리자마자 연락이 왔다. 그때는 우연인 줄 알았다. 김지훈에 대한 내 감정을 나은주가 속속들이 알고 있는 듯한 대화도 있었다.

만약에, 만약에 나은주가 내 휴대폰에 스파이 앱을 설치해 놓았다면? 정우에게 했듯이 스파이 앱을 설치해 놓았다면 이 모든 것이 명확하게 설명된다. 나은주에게 스파이 앱은 익숙하다. 수년 동안 정우를 감시하는 데 사용했으니 누구보다 그 사용법에 능통했다. 스파이 앱을 통해 지훈 씨를 향한 내 집착, 건물 비밀번호, 영양제 종류, 내 이동 경로까지 손바닥 보듯이 들여다보았다면 범행을 꾸미기 손쉽다. 내가 지훈 씨 집 근처로 가는 날을 노려 나처럼 꾸미고 지훈 씨 집으로 들어가서 카펜타닐이 든 영양제 알약을 넣고 나오는 나은주가 떠올랐다. 정우가 이규민에게 했듯이 펜타닐 가루도 일부러 영양제 바닥에 묻혀 놓았다. 몸매와 키가 나와 비슷하니 CCTV로는 구별이 안 된다. 우리 집에 온 날, 화장실에 펜타닐도 몰래 숨겨 놓았다.

문제는 내 휴대폰에 스파이 앱을 설치할 기회를 언제 잡았냐는 점이다. 나은주와 인터뷰했던 순간을 세세하게 떠올리다 어떤 한 장면에서 멈추었다. 이규민과 관련한 인터뷰를 할 때였다. 나는 꽤 오랫동안 휴대폰을 나은주 앞에 놓고 주문하러 갔다. 이것저것 많이 시키고 주문이 나오길 기다렸다 받아 오느라 시간이 오래 걸렸다. 그 시간이면 스파이 앱을 설치하기에 충분했을 것이다. 그 카페의 메뉴와 나오는 시간을 훤히 꿰고 있다면 일부러 시간이 오래 걸리는 메뉴를 고르는 것은 어렵지 않다. 만약에 그때 스파이 앱을 설치하지 못했다면 나은주는 다른 방법을 써서라도 내 휴대폰에 스파이 앱을 설치할 기회를 만들어 냈을 것이다.

만약 나은주가 스파이 앱으로 나를 감시했다면 그 이유는 무엇일까? 처음부터 나에게 이런 짓을 저지르려는 의도는 없었을 것이다. 주 형사 말대로 자신이 범인으로 의심받길 바랐다면 설명이 된다. 나를 속속들이 파악해서 자기 뜻대로 교묘하게 조종할 목적이었을 것이다. 정우를 몇 해 동안 그렇게 감시하고 통제하는 데 익숙해진 사람이니 나조차 그런 식으로 감시하고 통제하려고 했던 것이다.

생각이 거기에 미치자 다급하게 주 형사를 불렀다.

"주 형사님, 나은주예요. 나은주가 범인이라고요."

"나은주는 일부러 그런 거라니까요. 수사에서 증거도 발견되지 않았고."

"그 셋을 죽인 범인을 말하는 게 아니라, 저를 함정에 빠뜨린 범인이 나은주라고요."

주 형사의 이마에 주름이 깊이 팼다.

"나은주가 제 핸드폰에 스파이 앱을 심어 놓고 감시한 게 틀림없어요."

나는 그렇게 판단한 근거를 열거하며 주 형사가 설득되길 간절히 바랐다. 주 형사를 설득한다면 검찰과 판사도 설득할 수 있기 때문이다. 주 형사는 주름진 이마를 만지며 내 이야기를 묵묵히 듣더니 고개를 좌우로 저었다.

"포렌식에서 그런 흔적은 없었습니다."

동기화된 휴대폰을 나은주가 가지고 있다면 내 휴대폰에 설치된 스파이 앱과 사용 흔적을 제거하는 것은 마음만 먹으면 언제든 가능했을 것이다.

"포렌식이 완벽하지는 않잖아요. 다른 경로로 수사해 보면……."

"포렌식에서 증거가 나오지 않았다면 주장해도 의미 없다는 건 최 기자가 더 알잖아요. 만약 나은주가 범인이라고 해도 그동안 처리한 솜씨로 볼 때 다른 디지털 증거를 남겼을 리도 없고."

마지막 희망이 무너지는 것 같아 숨이 탁 막혔다.

"무엇보다 동기가 없어요. 나은주가 왜 최 기자를 모함에 빠뜨리겠어요."

주 형사가 핵심을 짚었다. 처음에 김현지나 임채윤을 의심했던 까닭은 그들에게 강한 동기가 있기 때문이다. 나은주를 의심하려면 동기를 알아내야 한다. 나은주는 왜 그랬을까? 왜 나를 살인자로 몰았을까? 굉장한 분노가 아니면 그런 음모를 꾸밀 리가 없다. 도대체 무엇 때문에 내 인생을 송두리째 무너뜨리고 싶은 분노에 휩싸였을까?

내가 동기를 말하지 못하자 주 형사는 쓴웃음을 짓더니 자리에서 일어났다.

"참, 공원아동폭행사건의 그 부모 기억하죠?"

아빠가 박병석이고, 엄마가 안소연이던가?

"박병석이 얼마 전에 자기 아들을 심하게 때려서 구속되었고, 안소연은 장기간 아동학대가 의심되어 수사 중입니다. 구속되었던 문정국은 1심에서 무죄를 받고 풀려났어요. 최 기자가 쓴 기사는 거짓이었습니다. 여론 때문에 어쩔 수 없이 문정국을 범인으로 잡아넣은 경찰만 바보가 된 거죠."

그 사건의 담당자 중 한 명이 바로 주 형사다. 주 형사가 굳이 이 소식을 전한 까닭은 분명하다. 그런 거짓 기사를 쓰는 내 주장을 믿지 못하겠다는 뜻이다.

"오늘 여기 온 건 사실 이 말을 하기 위해서였어요. 자꾸 남에게 죄를 뒤집어씌우려고 애쓰지 말고 솔직하게 인정하세요. 그게 그나마 선처를 받는 길이에요."

나는 고개를 푹 숙인 채 주 형사를 바라보지도 못했다. 그렇게 주 형사는 떠났다.

후회가 나를 짓눌렀다. 그때 팀장이 뭐라고 하던 김현지를 인터뷰한 기사를 있는 그대로 내보내야 했다. 팀장에게 욕을 안 먹으려고 진실을 비튼 것이 이 비극의 시작이다. 내 기사를 보고 대중은 휘둘렸지만 나은주는 내 왜곡을 꿰뚫어 보았다. 자기 뜻대로 사건을 왜곡하게 만들기에 나만큼 적합한 기자가 없다고 판단한 나은주가 나를 선택했다. 그런데 내가 그 기대를 저버렸다. 나은주가 조종한 대로, 뜻하는 대로, 편집국장과 경찰이 넘어갔듯이 나도 그래야 했다. 그것은 나은주로서는 엄청난…… 배신……이었다. 아! 나를 이 함정에 빠뜨린 동기가 바로 거기에 있었다!

나은주는 정우가 살인마로 기억되지 않게 하려고 인터뷰에 임했을까? 절대 아니다. 나은주는 자신을 위해 인터뷰에 응했다. 나은주는 인터뷰를 할 때뿐 아니라 그냥 대화를 나눌 때도 계속 '저'가 아니라 '나'라고 자신을 지칭했다. 나은주는 자신이 더 철저하게 정보를 파악하지 못한 것을 후회한 적은 있지만 정우 앞에서 손목을 그은 것, 정우를 철두철미하게 감시한 것, 자기 뜻대로 조종한 것은 후회하지 않았다. 도리어 그것들을 잘했다고 믿었다.

'나는 정우의 행복을 위해서만 살아왔을 거예요.'

나은주를 처음 만났을 때 들은 말이다. 왜 그런 표현을 썼는지 인터뷰에서 끝내 알아내지 못했는데, 이제 확실하다. 나은주는 정우의 행복을 위해 이제껏 살아왔다고 믿었지만, 정우의 죽음으로 그 믿음이 흔들렸던 것이다. 그것은 정우의 죽음만큼 나은주에게는 견디기 힘든 고통이었다. 나은주는 자기가 틀리지 않았음을 증명하는 것이 무엇보다 중요했다. 나은주는 자신이 괴물을 길러 내지 않았음을, 자식을 훌륭하게 키워 냈음을 확인받고 싶었다. 그것이 나은주가 인터뷰에 응한 이유다.

엄마의 악행을 막으려고 스스로 죽음을 택한 자식을 기른 엄마, 이것이 나은주가 기대하던 멋진 가면이다. '괴물을 기른 엄마'보다는 '훌륭한 자식을 기른 괴물 엄마'로 평가받고 싶었던 것이다. 나은주는 그 가면을 쓰고 남은 생을 살아갈 힘을 얻을 것이다. 비록 수많은 사람이 손가락질해도 자신은 그런 자식을 기른 엄마라는 자부심으로 살아갈 것이다. 나은주에게는 자신보다 중요한 사람이 없으므로……

그날 나은주는 핸드백을 열어 놓고 밖으로 나갔다. 휴대폰도 세 대나 넣고 왔다. 잠금 설정도 풀어 놓았다. 모든 것이 대놓고 들여다보라는 신호였다. 핸드백 안에는 펜타닐이, 휴대폰 세 대에는 그 어떤 증거가 저장되어 있었을 것이다. 모든 것이 자신을 의심하게 하려는 의도였다. 나은주는 내가 살필 충분한 시간을 주려고 담배를 오랫동안 피워 일부러 천천히 들어왔다. 나는 멍청하게도, 핸드백과 휴대폰을 살피지 않았다. 의심스러운 휴대폰을 세 대씩이나 보았음에도 그냥 참았다. 나은주는 그것을 알았다. 그 순간 나은주 표정이 싸늘해졌다. 나은주는 내가 자기 의도대로 움직이지 않았을 뿐 아니라, 어떤 진실에 다가갔음을 알아챘다.

그리고 나를 통해 나은주가 마주치기 싫었던 심연의 진실이 떠올랐다. 그 진실을 직면하면서 나은주를 지탱하던 토대가 무너졌다. 자신은 잘못하지 않았다는 믿음이 처참하게 붕괴되었다. 자기 잘못으로 정우가 괴물이 되었고, 마침내 자신이 정우를 죽음으로 몰아넣었다는 사실을 받아들여야 했다. 그 순간 나은주는 나를 이렇게 만들기로 결심했을 것이다.

이규민, 정한결, 송연지를 가장 죽이고 싶었던 사람은 나은주다. 엄마가 대놓고 말은 안 했지만 정우는 누구보다 그것을 잘 알았다. 정우는 엄마가 바라는 대로 그들을 죽였다. 그러니 첫 인터뷰 기사를 읽고 독자들이 보인 반응이 맞았다. 나은주가 살인자다. 직접 손을 쓰지 않았지만, 나은주가 죽인 것이나 마찬가지다. 첫 기사를 보고 나은주는 모처럼 잠을 푹 잤다고 했다. 그때는 도대체 이해할 수 없었는데, 이제는 안다. 나은주는 자기 의도대로 사람들이 반응하는 것에 만족감을 느껴 깊이 잠들었던 것이다. 나는 마지막 기사에서 나은주가 바라는 대로 엄마가 살인자라고 적어야 했다. 그것이 참된 진실이기 때문이다. 나는 진실의 한 면밖에 보지 못했다.

정우는 괴물이 된 자신이 무서웠다. 앞으로 자신이 벌일지도 모를 잔인한 짓이 무서웠다. 그러나 정우가 무엇보다 무서워한 대상은 엄마다. 죽여서 없애고 싶을 만큼 무서워했다. 정우가 무서워한 엄마, 나는 그 엄마인 나은주가 보인 집착이 얼마나 공포스러운지 제대로 깨닫지 못하고 있었다. 그런 괴물을 취재하면서, 그 광기가 얼마나 무서운지 누구보다 생생하게 느꼈으면서, 그 광기가 내게 미칠 영향은 간과했다. 지훈 씨를 향한 집착이 불러올 파멸이 두려워 편집국장에게는 온 힘을 다해 저항했으면서 나은주의 집착이 내뿜는 독기에는 아무런 방비도 안 했다. 그것이 결국 내가 그토록 두려워하던 파멸을 불러왔다.

정우가 남긴 유서는 이런 문장으로 끝난다.

차라리 파멸하길.

정우는 무엇이 파멸하길 원했을까? 자신의 죽음으로 엄마가 파멸의 나락으로 떨어지길 바랐을까? 아니면 세상이 파멸해 버리길 바랐을까? 그 저주의 과녁이 무엇인지는 모르지만 내 운명은 파멸의 소용돌이에 휘말려 버렸다. 이 소용돌이에서 벗어날 방법은 없을까? 정우가 택한 길로 가야만 하는 것일까?

절망으로 잘린 손목에, 참혹한 핏물이 흐른다.

• 작가의 말 •

슬픔: 괴물을 키우는 교육

어느 날, 단골로 가는 치킨 집 사장님과 자식 키우는 이야기를 나누었습니다. 이런저런 대화를 주고받다가 사장님에게서 동네에 떠도는 어떤 소문을 들었습니다. 공부를 통 하지 않던 한 아이가 엄마가 죽겠다고 위협한 뒤 정신을 차리고는 열심히 노력해서 성적을 크게 올렸다는 소문이었습니다. 치킨 집 사장님은 아주 부러워하며 그 소문을 전했습니다. 저는 그 소문에도 놀랐지만, 그것을 부러워하던 사장님의 태도에 더욱 놀랐습니다. CCTV로 모든 수업을 지켜볼 수 있다는 광고를 자랑스럽게 내 건 학원과 그런 광고가 먹히는 환경에 기겁했던 기억이 겹쳤습니다. CCTV로 아이를 감시하고, 목숨을 담보로 공부를 강요하며 괴물을 키우는 우리 교육 현실에 참담한 슬픔을 느낍니다.

분노: 자살 당하는 사회

저는 축구를 좋아해서 중계도 즐겨 보지만 관련 기사도 챙겨 봅니다. 그런데 볼 만한 가치가 있는 기사보다 쓰레기 같은 기사가 월등히 많습니다. 제 귀한 시간을 낭비하게 만든 기사를 보면 그런 기사를 쓴 기자가 밉습니다. 다른 분야의 기사도 별로 다르지 않습니다. 조회 수를 높이기 위해 자극적인 제목으로 치장하고, 사실인지 검증하지도 않은 채 원초적 흥미를 자극하는 뉴스가 넘쳐 납니다. 학교 폭력을 폭로했다가 쏟아지는 가짜 뉴스에 견디지 못하고 자살한 인플루언서, 펜을 칼처럼 휘두르는 하이에나 같은 언론에 자살을 당하는 배우, 이런 이들의 비극을 접할 때마다 잔인한 언론에 처참한 분노를 느낍니다.

참담한 슬픔과 처참한 분노가 이 소설에서 만났습니다. 사악한 교육과 타락한 언론이 만나 어떻게 삶을 망가뜨리는지 이야기하고 싶었습니다. 우리 사회에서 교육과 언론은 오랫동안 개혁의 대상이었지만 한 번도 개혁된 적이 없습니다. 과연 우리에게 새로운 희망이 열릴까요? 소설의 결말로 제 답을 대신합니다.

時雨

전지적
감시자 시점

전지적 감시자 시점

지은이 | 박기복
발행인 | 김경아

2024년 5월 1일 1판 1쇄 인쇄
2024년 5월 8일 1판 1쇄 발행

이 책을 만든 사람들
책임 기획 | 김경아
기획 | 김효정

북 디자인 | KHJ북디자인
표지 삽화 | 발라
경영 지원 | 홍종남
기획 어시스턴트 | 홍정훈, 한선민, 박승아
제목 | 구산책이름연구소
책임 교정 | 김윤지
교정 | 주경숙, 이홍림

종이 및 인쇄 제작 파트너
JPC 정동수 대표, 천일문화사 유재상 실장, 알래스카인디고 장준우 대표

펴낸곳 | 행복한나무
출판등록 | 2007년 3월 7일. 제 2007-5호
주소 | 경기도 남양주시 도농로 34, 301동 301호(다산동, 플루리움)
전화 | 02) 322-3856 팩스 | 02) 322-3857
홈페이지 | www.ihappytree.com | bit.ly/happytree2007
도서 문의(출판사 e-mail) | e21chope@daum.net
내용 문의(지은이 e-mail) | sioobook@gmail.com
※ 이 책을 읽다가 궁금한 점이 있을 때는 지은이 e-mail을 이용해 주세요.

ⓒ 박기복, 2024
ISBN 979-11-88758-99-9
"행복한나무" 도서번호 : 178

※ [The 힐링®] 시리즈는 "행복한나무" 출판사의 문학 브랜드입니다.
※ 이 책은 신저작권법에 의거해 한국 내에서 보호를 받는 저작물이므로 무단 전재 및 복제를 금합니다.